S. FISCHER

Charlotte McConaghy

Zugvögel

Roman

Aus dem Englischen
von Tanja Handels

S. FISCHER

Aus Verantwortung für die Umwelt hat sich der S. Fischer Verlag zu einer nachhaltigen Buchproduktion verpflichtet. Der bewusste Umgang mit unseren Ressourcen, der Schutz unseres Klimas und der Natur gehören zu unseren obersten Unternehmenszielen. Gemeinsam mit unseren Partnern und Lieferanten setzen wir uns für eine klimaneutrale Buchproduktion ein, die den Erwerb von Klimazertifikaten zur Kompensation des CO_2-Ausstoßes einschließt. Weitere Informationen finden Sie unter: www.klimaneutralerverlag.de

FSC
www.fsc.org
MIX
Papier aus verantwortungsvollen Quellen
FSC® C083411

Deutsche Erstausgabe
Erschienen bei S. FISCHER
3. Auflage September 2020

Die Originalausgabe erscheint unter dem Titel ›Migrations‹ bei Flatiron Books, an imprint of Macmillan, 120 Broadway, New York

Das Zitat auf S. 72 stammt aus Margaret Atwoods Essay ›Vögel essen‹ in: Atwood, ›Das Zelt: Geschichten‹, übersetzt von Malte Friedrich. Mit freundlicher Genehmigung des Berlin Verlags, 2006.

Satz: Dörlemann Satz, Lemförde
Druck und Bindung: CPI books GmbH, Leck
Printed in Germany
ISBN 978-3-10-397470-6

Für Morgan

Vergiss die Sicherheit.
Lebe, wo du zu leben fürchtest.
– Rumi

Teil Eins

1

Die Tiere sterben. Bald sind wir hier ganz allein.

Damals hat mein Mann eine Kolonie Sturmschwalben entdeckt, an der felsigen Küste des unbezähmbaren Atlantiks. In der Nacht, als er mich dorthin mitnahm, wusste ich noch nicht, dass sie zu den Letzten ihrer Art gehörten. Ich wusste nur, wie ungestüm sie in ihrer nächtlichen Höhle waren, wie verwegen sie über das mondhelle Wasser schossen. Wir blieben eine Zeitlang bei ihnen, und in diesen wenigen Stunden im Dunkel konnten wir uns einreden, wir wären wie sie, genauso wild und frei.

Damals, als die Tiere verschwanden, wirklich und wahrhaftig verschwanden, nicht nur als Warnung vor einer düsteren Zukunft, sondern jetzt, jetzt und hier, im Zuge eines Massensterbens, das wir sehen und fühlen konnten, beschloss ich, einem Vogel übers Meer zu folgen. Vielleicht hoffte ich ja, er würde mich dorthin führen, wohin sie alle geflüchtet waren, die anderen seiner Art, all die Lebewesen, die wir getötet zu haben glaubten. Vielleicht dachte ich auch, ich könnte herausfinden, welch grausamer Trieb mich dazu zwang, alles zu verlassen, Menschen, Orte, immerzu. Oder ich hoffte einfach nur, die letzte Reise dieses Vogels würde mir einen Ort zeigen, wo ich hingehörte.

Damals waren es Vögel, die meinem ungestümeren Ich auf die Welt halfen.

Grönland, zur Nistzeit

Ein Glück, dass ich gerade hinsehe, als es passiert. Ihr Flügel kappt den hauchdünnen Draht, und der Deckel des Korbs schließt sich sanft über ihr.

Ich setze mich aufrechter hin.

Erst reagiert sie gar nicht. Und weiß doch irgendwie, dass sie nicht mehr frei ist. Die Welt um sie her hat sich ein klein wenig verändert oder auch sehr stark.

Ich nähere mich langsam, will sie nicht verschrecken. Der Wind brüllt, beißt mir in Wangen und Nase. Überall auf den vereisten Felsen sitzen ihre Artgenossen, sie kreisen in der Luft, weichen mir aber eilig aus. Meine Stiefel knirschen, und ich sehe, wie sie die Federn schüttelt, ein erstes zögerliches Flattern, der Moment der Frage: Soll ich versuchen zu entkommen? Das Nest, das sie mit ihrem Gefährten gebaut hat, wirkt primitiv, ein paar Grashalme und Zweige, in eine Felsspalte gestopft. Sie braucht es nicht mehr – ihre Jungen tauchen bereits selbst nach Futter –, trotzdem kehrt sie noch zurück, wie alle Mütter, kann einfach nicht loslassen. Ich halte den Atem an, strecke die Hand vor, um den Korb anzuheben. Sie flattert nur einmal, ein plötzliches Aufwallen von Widerstand, ehe sich meine kalte Hand um ihren Körper schließt und die Bewegung ihrer Flügel unterbindet.

Jetzt muss ich schnell sein. Aber ich habe geübt, und so bin ich es auch, rasch schlingen meine Finger den Ring um ihr Bein, schieben ihn über das Gelenk hinauf bis unter das Gefieder. Sie stößt einen Laut aus, den ich nur zu gut kenne, einen Laut, wie ich ihn fast jede Nacht im Traum von mir gebe.

»Tut mir leid, wir sind gleich fertig.«

Ich zittere, mache aber weiter, es ist sowieso zu spät, du hast sie ja schon angefasst, sie gebrandmarkt, ihr dein Menschen-Ich aufgezwungen. Wie abscheulich!

Der Plastikring schließt sich fest um ihr Bein, hält den Peilsender am Platz. Er signalisiert mir mit einem Blinken, dass er funktioniert. Und gerade als ich sie wieder loslassen will, wird sie plötzlich ganz still, so dass ich ihren Herzschlag in meiner Hand spüre.

Es lässt mich innehalten, dieses Klopfen.

So flink, so flüchtig.

Ihr Schnabel ist rot, als hätte sie ihn in Blut getunkt. Für mich gibt ihr das eine Stärke. Ich setze sie in ihr Nest zurück und entferne mich, nehme den Käfig mit. Ich will, dass sie hinausplatzt in die Freiheit, ich will den Zorn in ihren Schwingen sehen, und da ist sie schon, die reinste Pracht, als sie sich erhebt. Die Beine rot, passend zum Schnabel. Eine seidig schwarze Haube. Ein Schwanz wie zwei Klingen und dazu diese Flügel, ihre scharfen Kanten, die Eleganz.

Ich sehe zu, wie sie kreist, wie sie versucht, den neuen Teil von sich zu begreifen. Der Peilsender behindert sie nicht – er ist kaum größer als der Nagel meines kleinen Fingers und wiegt praktisch nichts –, aber sie lehnt ihn trotzdem ab. Plötzlich stürzt sie mit schrillem Kreischen auf mich los. Ich grinse vor Freude und ducke mich, um mein Gesicht zu schützen, aber sie wiederholt den Angriff nicht. Sie kehrt in ihr Nest zurück und macht sich dort breit, als gäbe es immer noch ein Ei zu hüten. Die letzten fünf Minuten haben für sie nie stattgefunden.

Seit sechs Tagen bin ich allein hier. Gestern Nacht wurde mein Zelt ins Meer geweht, nachdem Wind und Regen es mir weggerissen hatten. Mehr als ein Dutzend Mal haben mir die Vögel, die als die wachsamsten am Himmel gelten, in Kopf und Hände gehackt. Aber meine Mühen haben mir drei beringte Küstenseeschwalben eingebracht. Und das Gefühl von Salz in den Adern.

Oben auf der Anhöhe bleibe ich stehen, um noch einmal zurückzuschauen, und für einen Moment legt sich der Wind. Weit und überwältigend erstreckt sich das Eis, umrissen vom schwarz-weißen Meer und einem fernen, grauen Horizont. Selbst jetzt, mitten im Sommer, treiben riesige kobaltblaue Eisschollen träge vorbei. Und Dutzende Küstenseeschwalben sprenkeln das Weiß von Himmel und Erde. Die letzten, womöglich die letzten auf der ganzen Welt. Wenn ich fähig wäre, irgendwo zu bleiben, dann hier. Aber die Vögel werden nicht bleiben – und ich auch nicht.

Glücklicherweise ist mein Mietwagen warm, die Heizung läuft auf Hochtouren. Ich halte meine steifgefrorenen Hände vor das Gebläse, spüre das Prickeln in der Haut. Auf dem Beifahrersitz liegt ein Ordner mit Papieren, ich blättere sie mit steifen Fingern durch, suche nach dem Namen. Ennis Malone. Kapitän der *Saghani*.

Ich habe es schon bei sieben Kapitänen von sieben anderen Schiffen probiert, aber mir scheint fast, der beharrlich verrückte Teil in mir wollte, dass es nicht klappt, seit ich den Namen dieses letzten Schiffs gelesen habe. *Saghani*: ein Wort der Inuit für »Rabe«.

Ich überfliege die Fakten, die ich bisher herausfinden konnte. Malone kam vor neunundvierzig Jahren in Alaska zur Welt. Seine Frau heißt Saoirse, sie haben zwei kleine Kinder. Sein Schiff gehört zu den letzten, die noch offiziell berechtigt sind, den Atlantischen Hering zu fischen, und dieser Tätigkeit geht er mit seiner siebenköpfigen Besatzung nach. Dem Hafenplan zufolge soll die *Saghani* ab heute für zwei Nächte in Tasiilaq vor Anker liegen.

Ich gebe Tasiilaq in mein Navigationssystem ein und mache mich langsam auf den Weg die kalte Straße entlang. Die Fahrt in die Stadt wird den ganzen Tag dauern. Ich lasse den nördlichen Polarkreis hinter mir und fahre nach Süden, überlege mir, wie ich vorgehen will. Bisher hat jeder Kapitän, den ich gefragt habe, abgelehnt. Sie halten nichts von ungeschulten Fremden an Bord. Und sie schätzen es auch nicht, wenn von der Routine abgewichen, die Route verändert wird – Seeleute, musste ich feststellen, sind abergläubische Zeitgenossen. Gewohnheitstiere. Erst recht jetzt, wo ihr Lebensstil ständigen Bedrohungen ausgesetzt ist. So wie wir nach und nach die Tierwelt an Land und in der Luft ausgerottet haben, wurden die Meere von den Fischern praktisch leer geräumt.

Mir wird ganz anders bei dem Gedanken, an Bord eines dieser erbarmungslosen Schiffe zu sein, mit Menschen, die die Weltmeere verwüsten, aber sonst bleiben mir keine Möglichkeiten mehr, und außerdem wird die Zeit knapp.

Rechts von mir erstreckt sich ein grünes Feld, von tausend weißen Klecksen durchsetzt, die ich erst für Baumwollkapseln halte, aber das liegt nur am Fahrttempo, das alles verwischt: In Wirklichkeit sind es elfenbeinfarbene Wildblumen. Links von mir bricht sich das dunkle Meer. Eine ganz eigene Welt. Ich könnte diese Mission auch vergessen, versuchen, den Zwang zu überwinden. Mir irgendwo ein Häuschen auf dem Land suchen und dort Zuflucht finden. Gärtnern, spazieren gehen, zusehen, wie die Vögel allmählich verschwinden. Flüchtig schießt mir der Gedanke durch den Kopf. Doch das Süße daran würde mir schnell sauer werden, und selbst ein so gewaltiger Himmel wie dieser würde sich bald anfühlen wie ein Käfig. Ich werde nicht bleiben; selbst wenn ich es könnte, würde Niall mir das doch nie verzeihen.

Ich nehme mir ein billiges Hotelzimmer und werfe meinen Rucksack aufs Bett. Hässlicher gelber Teppichboden, aber ein Blick auf den Fjord, der am Fuß des Berges leckt. Jenseits des Wassers erheben sich graue Gipfel, von Schneeadern durchzogen. Es ist weniger Schnee als früher. Die Welt ist wärmer. Während mein Rechner hochfährt, wasche ich mir das salzige Gesicht, putze mir die pelzigen Zähne. Die Dusche ruft, aber erst muss ich noch meine Aktivitäten protokollieren.

Ich notiere die Beringung der drei Seeschwalben, dann öffne ich, vor lauter Nervosität mit angehaltenem Atem, das Ortungsprogramm. Der Anblick der blinkenden roten Punkte lässt mich erleichtert zusammensacken. Ich konnte nicht wissen, ob es wirklich funktionieren wird, aber da sind sie, drei kleine Vögel, die zum Überwintern gen Süden fliegen und mich, wenn alles nach Plan läuft, mitnehmen werden.

Nachdem ich geduscht, mich gründlich abgeschrubbt und warm angezogen habe, stopfe ich ein paar Unterlagen in den Rucksack und mache mich auf den Weg, bleibe nur kurz an der Rezeption stehen, um die junge Empfangsdame zu fragen, wo die beste Kneipe ist. Sie mustert mich, versucht wahrscheinlich, mich altersmäßig in eine Vergnügungskategorie einzuordnen, und sagt mir dann, ich solle es mit der Bar am Hafen probieren. »Es gäbe auch noch das *Klubben*, aber das ist Ihnen vielleicht doch zu … hip.« Sie lässt ein Kichern folgen.

Ich lächele und komme mir uralt vor.

Der Weg durch die Stadt ist hügelig und malerisch. Kunterbunte Häuser stehen auf unebenem Gelände, rot, blau und gelb, was für ein Kontrast zur Winterwelt ringsum. Wie fröhliches Spielzeug sprenkeln sie die Hänge; unter dem Blick der gebieterischen Berge wirkt alles kleiner. Ein Himmel ist ein Himmel ist ein Himmel, und trotzdem ist er hier noch etwas mehr als das. Größer. Ich setze mich ein Weilchen hin und sehe den Eisbergen zu, die durch den Fjord treiben, ich kann einfach nicht aufhören, an die Seeschwalbe zu denken, an ihren Herzschlag in meiner Hand. Ich spüre es immer noch, dieses trommelnde Klopfen, und wenn ich die Hand an die Brust lege, stelle ich mir unseren Puls im Gleichtakt vor. Meine Nase spüre ich allerdings nicht mehr, also mache ich mich auf den Weg zur Bar. Ich würde alles, was ich habe (zum gegenwärtigen Zeitpunkt ist das nicht besonders viel), darauf verwetten, dass die Besatzung eines frisch eingelaufenen Fischerboots jede wache Minute damit verbringt, einen draufzumachen.

Obwohl es schon spät am Abend ist, scheint die Sonne immer noch hell – sie wird um diese Jahreszeit gar nicht untergehen. Neben einem Dutzend dösender Hunde, die draußen vor der Kneipe an Abflussrohren festgemacht sind, lehnt ein alter Mann an der Mauer. Muss wohl ein Einheimischer sein, denn er trägt keine Jacke über dem T-Shirt. Ich friere schon, wenn ich ihn nur anschaue. Im Näherkommen sehe ich etwas am Boden liegen, bücke mich und hebe eine Brieftasche auf.

»Ist das ihre?«

Ein paar der Hunde wachen auf und mustern mich unergründlich. Der Mann tut es ihnen gleich, und mir wird klar, dass er längst nicht so alt ist, wie ich dachte, und außerdem sturzbetrunken. »*Uteqqissinnaaviuk?*«

»Ähm … tut mir leid. Ich wollte nur …« Ich halte ihm die Brieftasche hin.

Als er sie sieht, lächelt er breit. Und überraschend warm. »Lieber Englisch, was?«

Ich nicke.

Er nimmt die Brieftasche und steckt sie ein. »Danke, Schätzchen.« Er ist Amerikaner, seine Stimme ein tiefes, fernes Grollen, das langsam anschwillt.

»Nennen Sie mich nicht ›Schätzchen‹«, entgegne ich nachsichtig und sehe ihn mir verstohlen genauer an. Hinter dem grau melierten Haar und dem dichten schwarzen Bart dürfte er höchstens Ende vierzig sein, nicht sechzig, wie es auf den ersten Blick aussah. Seine hellen Augen sind von Fältchen umrahmt. Er ist groß, hält sich aber gebeugt, als hätte er sein Leben damit verbracht, nicht so wirken zu wollen. Er hat etwas Raumgreifendes an sich. Raumgreifende Hände und Füße, Schultern, Brustkorb, Nase und Bauch.

Und er schwankt leicht.

»Brauchen Sie Hilfe? Soll ich Sie irgendwohin bringen?«

Darüber muss er wieder lächeln. Er hält mir die Tür auf und lässt sie dann zwischen uns zufallen.

In dem kleinen Vorraum schäle ich mich aus Mantel, Schal, Mütze und Handschuhen und hänge alles auf, um es griffbereit zu haben, wenn ich wieder aufbreche. In diesen schneereichen Ländern ist das Ausziehen der warmen Kleidung ein Ritual. Drinnen, im Gedränge der Kneipe, spielt eine Frau Lounge-Musik auf dem Klavier, und mitten im Raum prasselt ein Feuer. Unter einer hohen Decke mit schweren Holzbalken sitzen Männer und Frauen an Tischen und auf Sofas verstreut, in der Ecke spielen ein paar Jungs Poolbillard. Das Ganze wirkt moderner als die meisten anderen, unbestreitbar charmanten Kneipen, in denen ich war, seit ich in Grönland bin. Ich bestelle ein Glas Rotwein und schlendere zu den Barhockern am Fenster hinüber. Von dort aus habe ich wieder einen Blick auf den Fjord, das macht es mir leichter, drinnen zu sein. Ich bin nicht gern drinnen.

Mein Blick wandert über die Gäste, auf der Suche nach einer Gruppe Männer, die die Besatzung der *Saghani* sein könnte. Auf den ersten Blick springt mir niemand ins Auge – die einzige Gruppe, die groß genug wäre, besteht aus Männern und Frauen, sie spielen *Trivial Pursuit* und trinken Stout dazu.

Ich habe noch kaum einen Schluck von meinem überteuerten Wein getrunken, da sehe ich ihn wieder, den Mann von vorhin. Er steht jetzt ganz nah am Wasser, der Wind reißt an seinem Bart und an seinen nackten Armen. Neugierig beobachte ich ihn, bis er direkt in den Fjord hineintritt und unter der Wasseroberfläche verschwindet.

Mein Weinglas kippt beinahe um, als ich vom Hocker springe. Nichts deutet darauf hin, dass er wieder auftaucht. Jetzt nicht und jetzt nicht und jetzt immer noch nicht. Großer Gott – er taucht tatsächlich nicht wieder auf. Mein Mund öffnet sich, will schreien, klappt dann aber wieder zu. Stattdessen renne ich los. Durch die Tür, auf die Veranda, die Holzstufen hinunter, die vom Eis so glitschig sind, dass ich fast auf dem Hintern lande, und weiter, hinein in den kalten Schneematsch am Ufer. Irgendwo in der Nähe lässt ein Hund sein schrilles, panisches Bellen hören.

Wie lange braucht man, um zu erfrieren? In solchem Wasser bestimmt nicht lange. Und er ist immer noch nicht wieder aufgetaucht.

Ich stürze mich in den Fjord und …

Oh.

Da fliegt sie hin, meine Seele, durch die Poren nach draußen gesaugt.

Die Kälte ist brutal und vertraut. Einen Moment lang packt sie mich und zwingt mich in eine Zelle, die bekritzelte, steinerne Zelle, die ich so gut kenne wie einen Liebhaber, denn ich habe vier Jahre in ihr verbracht, und weil mich die Kälte dorthin zurückschickt, verschwende ich viel zu viele kostbare Sekunden mit dem Wunsch, tot zu sein, es soll einfach alles vorbei sein, jetzt sofort, ich kann nicht mehr warten, es gibt nichts mehr in mir, was nicht am Ende wäre …

Mit einem Schlag schießt mir Klarheit in die Lunge. Beweg

dich, befehle ich mir. Mit Kälte bin ich immer gut klargekommen – früher bin ich zweimal täglich darin geschwommen, aber das ist so lange her, dass ich es längst vergessen habe, ich habe zugelassen, dass ich verweichliche. Ich manövriere mich und meine wasserdurchtränkten Klamotten hin zu dem massigen Körper unter mir. Mit geschlossenen Augen sitzt er auf dem Grund des Fjords und verhält sich nervenaufreibend ruhig.

Langsam schieben sich meine Hände unter seine Achselhöhlen. Ich stoße mich vom Boden ab und zerre ihn mit einem gewaltigen Keuchen an die Oberfläche. Jetzt bewegt er sich wieder, holt tief Luft, paddelt auf der Stelle und hält mich im Arm, als hätte er mich gerettet und nicht umgekehrt. Wie zum Teufel ist das jetzt passiert?

»Was machen Sie denn da?«, keucht er.

Für einen Moment gibt es keine Worte mehr; mir ist so kalt, dass es schmerzt. »Sie waren am Ertrinken.«

»Ich bin nur kurz reingesprungen, um wieder nüchtern zu werden!«

»Was? Nein, Sie …« Ich ziehe mich ans Ufer. Allmählich bricht sich die Wirklichkeit wieder Bahn. Ich klappere so heftig mit den Zähnen, dass ich wohl wie eine Wahnsinnige wirke, als ich jetzt auch noch lachen muss. »Ich dachte, Sie brauchen Hilfe.«

Ich kriege die logische Überlegung nicht mehr richtig zusammen, die mich hierhergebracht hat. Wie lange habe ich gewartet, bis ich losgerannt bin? Wie lange war er unter Wasser?

»Schon das zweite Mal heute Abend«, sagt er. Und dann:

»Tut mir leid. Sehen Sie mal zu, dass Sie sich aufwärmen, Schätzchen.«

Aus der Kneipe sind Leute nach draußen gekommen, um zu sehen, was der ganze Aufruhr soll. Verwundert drängen sie sich auf der Veranda. Lieber Himmel, wie peinlich! Ich muss wieder lachen, aber es hört sich eher nach Röcheln an.

»Alles klar, Boss?«, ruft jemand mit australischem Akzent.

»Alles bestens«, sagt der Mann. »Kleines Missverständnis.«

Er hilft mir hoch. Die Kälte ist jetzt in mir und – Scheiße, tut das weh! Ich habe schon so gefroren, aber es ist ewig her. Wie steckt er das bloß so gut weg?

»Wo wohnen Sie?«

»Sie waren so lange unter Wasser.«

»Starke Lunge.«

Ich stolpere die Uferböschung hoch. »Ich geh mich mal aufwärmen.«

»Brauchen Sie …?«

»Nein.«

»Hey!«

Ich bleibe stehen, schaue über die Schulter.

Seine Arme und Lippen sind blau, aber das scheint ihn nicht zu stören. Unsere Blicke treffen sich. »Danke fürs Retten.«

Ich hebe die Hand. »Immer gern.«

Obwohl die Dusche so heiß gestellt ist, wie es geht, friere ich immer noch. Meine Haut ist rot und wund, fast verbrüht, aber ich spüre es nicht. Nur die zwei Zehen am rechten Fuß kribbeln, als würde die Wärme allmählich zurückkehren – seltsam, nachdem sie mir vor Jahren amputiert wurden. Aber ich spüre diese beiden Phantomzehen häufig, und gerade im Moment finde ich es viel verstörender, wie leicht es meinen Geist wieder zurück in die Zelle verschlagen hat. Es macht mir Angst, wie leicht es mir gefallen ist, einfach ins Wasser zu springen, statt Hilfe zu rufen.

Mein Ertrinkungstrieb.

Nachdem ich alles an Kleidung angezogen habe, was ich besitze, setze ich mich mit Stift und Papier an den wackligen Tisch und schreibe einen krakeligen Brief an meinen Mann.

Jetzt ist es also passiert. Ich habe mich so gründlich blamiert, dass es keinen Ausweg mehr gibt. Ein komplettes Dorf hat mit angesehen, wie sich eine dahergelaufene Ausländerin in den eiskalten Fjord stürzt und völlig grundlos einen Mann belästigt, der gar nicht weiß, wie ihm geschieht. Aber immerhin ist es eine gute Geschichte.

Und versuch jetzt bloß nicht, das wieder als Vorwand zu nehmen, mich zum Heimkommen zu überreden.

Heute Morgen habe ich den dritten Vogel beringt und das Brutgebiet wieder verlassen. Ich habe mein Zelt eingebüßt und beinahe auch meinen Verstand. Aber die Peilsender funktionieren, und ich habe einen Mann ausfindig gemacht, dessen Schiff groß genug für die Reise sein könnte, darum bleibe ich jetzt in Tasiilaq, bis ich ihn überredet habe, mich mitzunehmen. Ich glaube nicht, dass ich noch eine andere Chance kriegen werde, und ich weiß nicht, wie ich die Welt in eine Form bringen soll, mit der ich klarkomme. Anscheinend macht kein Mensch je, was ich von ihm will. An einem Ort wie diesem wird man sich der eigenen Machtlosigkeit sehr bewusst. Ich hatte nie Macht

über dich, ich habe ganz sicher keine Macht über die Vögel und über meine eigenen Füße erst recht nicht.
Ich wünschte, du wärst jetzt hier. Du kannst jeden zu allem überreden.

Ich halte inne und starre auf die hingekritzelten Worte. Sie kommen mir albern vor, wie sie so auf dem Briefpapier stehen. Irgendwie bin ich in zwölf Jahren schlechter darin geworden, meine Gefühle auszudrücken, und das sollte doch nicht so sein – nicht bei dem Menschen, den ich am meisten liebe.

Das Wasser war so kalt, Niall. Ich dachte, es bringt mich um. Und einen Moment lang wollte ich das sogar.
Wie sind wir nur so weit gekommen?
Du fehlst mir. Das zumindest weiß ich genau. Ich schreibe dir morgen wieder.
F x

Ich stecke den Brief in einen Umschlag, schreibe die Adresse darauf und lege ihn zu den anderen, die ich noch nicht abgeschickt habe. Langsam kehrt das Gefühl in meine Gliedmaßen zurück, ich spüre ein unkontrolliertes Pochen in den Adern, in dem ich die innige Verbindung von Aufregung und Verzweiflung erkenne. Wenn bloß ein Wort für dieses Gefühl existieren würde! Ich kenne es so gut, vielleicht sollte ich ihm selbst einen Namen geben.

Die Nacht ist jedenfalls noch jung, und ich habe etwas zu erledigen.

Ich weiß nicht mehr genau, wann ich das erste Mal von der Überfahrt geträumt habe, seit wann sie zu mir gehört wie der Drang zu atmen. Lange schon, zumindest fühlt es sich so an. Ich habe selbst nichts dafür getan – es hat mich einfach komplett verschlungen. Anfangs war es nichts als ein unmöglicher, närrischer Traum: die Vorstellung, mir einen Platz auf einem Fischerboot zu sichern und mich von dessen Kapitän so weit nach Süden bringen zu lassen, wie es nur geht; die Idee, einem Vogel auf seinem Flug zu folgen, der längsten Reise, zu der ein Lebewesen von Natur aus fähig ist. Aber der Wille ist eine große Kraft, und meiner wurde schon als entsetzlich bezeichnet.

2

Geboren wurde ich als Franny Stone. Meine irische Mutter hat mich in einer australischen Kleinstadt zur Welt gebracht, wo sie einsam und ohne Geld zurückgeblieben war. Bei der Geburt wäre sie fast gestorben, das nächste Krankenhaus war zu weit weg. Aber sie schaffte es, Überlebenskünstlerin durch und durch. Ich weiß nicht, wie sie das Geld dafür aufgetrieben hat, aber kurz darauf zogen wir nach Galway, wo ich die ersten zehn Jahre meines Lebens in einem Holzhaus verbrachte, so nah am Meer, dass ich meinen raschen Kinderpuls dem Rauschen der Spring- und Nipptiden anpassen konnte. Ich glaubte damals, wir hießen Stone, weil wir in einer Ortschaft lebten, die von niedrigen Steinmauern umgeben war, sie schlängelten sich silbrig über die hügelig gelben Felder. Sobald ich laufen konnte, wanderte ich an diesen kurvigen Wällen entlang, strich mit den Fingern über ihre rauen Ränder und war überzeugt, sie müssten mich dorthin führen, wo ich wirklich herkam.

Denn eins war mir von Anfang an klar: Ich gehörte nicht dazu.

Ich wanderte. Durch Kopfsteinpflasterstraßen und auf Pferdekoppeln, wo das lange Gras mir zuflüsterte, wenn ich hindurchging. Die Nachbarn fanden mich in ihrem Garten, wo ich die Blumen erforschte, oder irgendwo weit draußen in den Hügeln, wo ich einen der Bäume erklomm, die vom Wind so gebeugt waren, dass ihre brüchigen Finger seitlich über den Boden streiften. Sie sagten: »Auf die musst du aufpassen, Iris, die hat Wanderfüße, und das ist ein Jammer.« Mam konnte es nicht leiden, wenn mich jemand so kritisierte, aber sie sagte immer ehrlich, dass mein Vater sie verlassen hatte. Diese Wunde trug sie wie ein Ehrenabzeichen. Es passierte ihr schon ihr Leben lang: Menschen verließen sie, und das war nur mit Stolz zu ertragen. Trotzdem sagte sie fast jeden Morgen zu mir, falls ich sie jemals verlassen sollte, dann sei es vorbei, dann sei sie endgültig verflucht, dann werde sie aufgeben.

Also blieb und blieb ich, bis ich eines Tages nicht mehr bleiben konnte. Ich war aus einem anderen Holz geschnitzt.

Wir hatten kein Geld, gingen aber oft in die Bibliothek. Mam sagte immer, in den Seiten eines Romans lebe die einzige Schönheit, die die Welt uns zu bieten habe. Den Tisch deckte sie mit Tellern, Gläsern und Büchern. Wir lasen beim Essen, während sie mich badete und wenn wir bibbernd im Bett lagen und dem Wind lauschten, der durch die undichten Fenster heulte. Wir lasen, während wir auf den niedrigen Steinmauern entlangbalancierten, die Seamus Heaney in seinen Gedichten berühmt gemacht hat. Es war ein Weg, fortzugehen, ohne wirklich fortzugehen.

Und dann, eines Tages, gleich am Rand von Galway, wo das ewig wechselnde Licht das Blau aus dem Wasser stiehlt und es über die langen Grashalme breitet, begegnete ich einem Jungen, und er erzählte mir eine Geschichte. Es war einmal, vor langer Zeit, eine Frau, die ihr Leben lang Federn aushustete, und eines Tages, als sie längst grau und knorrig war, erwuchs aus der Frauengestalt die eines schwarzen Vogels. Von da an hielt die Dämmerung sie in ihrem Bann, und der große gähnende Schlund der Nacht verschluckte sie ganz und gar.

Das erzählte er mir, und dann küsste er mich, der Junge, mit Essiglippen von den Chips, die er gegessen hatte, und ich kam zu dem Schluss, dass das meine Lieblingsgeschichte schlechthin war und ich auch ein Vogel werden wollte, wenn ich grau wurde.

Wie hätte ich danach nicht mit ihm fortlaufen können? Ich war zehn Jahre alt; ich packte meinen Schulranzen mit Büchern voll, nahm ihn auf die Schultern und machte mich auf den Weg, nur kurz, zu einer Erkundungstour, ein klitzekleines Abenteuer, nichts weiter. Noch am selben Nachmittag wehten wir mit dem Unwetter davon und schlängelten uns an der Westküste Irlands entlang, bis seine große, weitverzweigte Familie beschloss, ihre Autos und Wohnwagen landeinwärts zu lenken. Ich wollte nicht weg vom Meer, darum schlich ich mich davon, ohne dass es jemand merkte, und verbrachte zwei Tage an der stürmischen Küste. Hier gehörte ich hin, hierher hatten all die silbrigen Mauern mich geführt. Zum Salz, zum Meer und zu den Windböen, die einen forttragen konnten.

Aber dann schlief ich nachts ein und träumte von Federn in meiner Lunge, so vielen, dass ich fast daran erstickte. Hustend und verängstigt wachte ich auf und wusste, dass ich einen Fehler gemacht hatte. Wie hatte ich sie bloß verlassen können?

Der Weg bis zum nächsten Dorf war länger als jeder,

den ich bisher gegangen war, und die Bücher wurden mir so schwer. Ich ließ sie nach und nach am Straßenrand zurück, eine Spur aus Wörtern hinter mir. Ich hoffte, sie würden jemand anderem helfen, den eigenen Weg zu finden. Eine dicke, freundliche Dame aus der Bäckerei gab mir Sodabrot zu essen, dann kaufte sie mir eine Busfahrkarte und wartete mit mir, bis der Bus kam. Anstatt zu reden, summte sie vor sich hin, und die Melodie blieb mir im Kopf, so dass mir noch lange, nachdem sie an der Haltestelle zurückgeblieben war, ihre tiefe Stimme im Ohr klang.

Als ich nach Hause kam, war meine Mutter fort.

Und damit war es vorbei.

Vielleicht hatten die Federn sie ja geholt, so wie sie es mir im Traum zugeflüstert hatten. Vielleicht war mein Vater zurückgekommen und hatte sie mitgenommen. Oder die Kraft ihrer Traurigkeit hatte sie unsichtbar werden lassen. So oder so, meine Wanderfüße hatten sie verlassen, wie sie es mir immer prophezeit hatte.

Ich musste fort aus dem Haus meiner Mutter und wurde nach Australien zurückgeschickt, um dort bei meiner Großmutter väterlicherseits zu leben. Seither sah ich keinen Sinn mehr darin, an einem Ort zu bleiben. Das versuchte ich nur noch ein einziges Mal, viele Jahre später, als ich einem Mann namens Niall Lynch begegnete und wir uns mit Haut und Haaren und Körper und Seele liebten. Für Niall versuchte ich es, so wie ich es für meine Mutter versucht hatte. Ich versuchte es wirklich. Aber der Rhythmus der Gezeiten ist nun mal das Einzige, was wir Menschen noch nicht zerstört haben.

Tasiilaq, Grönland, zur Nistzeit

Zweiter Anlauf. Diesmal steht kein Mann draußen vor der Kneipe, nur die Hunde, die mich schläfrig beäugen und sich dann desinteressiert abwenden, als ich ohne Leckereien an ihnen vorbeimarschiere.

Bei meinem Eintreten ist es, als ginge ein eigentümliches Rauschen durch die Gäste, und dann fangen sie fast einmütig plötzlich zu applaudieren an. Ich sehe ihn breit grinsend an einem der Tische sitzen, er klatscht mit den anderen. Auf dem Weg zum Tresen klopfen mir mehrere Leute auf die Schultern, so dass ich schließlich lachen muss.

Am Tresen wartet jemand lächelnd auf mich. Er ist um die dreißig, attraktiv, das lange dunkle Haar zum Knoten gebunden. Die untere Zahnreihe ist auffallend schief. »Die Drinks für die Dame gehen heute auf uns«, sagt er zum Barmann, und wenn da nicht noch ein anderer Australier ist, dann war er es, der vorhin von der Veranda zu uns heruntergerufen hat.

»Das ist doch gar nicht nötig …«

»Sie haben ihm das Leben gerettet.« Wieder lächelt er, und ich kann nicht sagen, ob er mich verarschen will oder tatsächlich glaubt, dass es so abgelaufen ist. Egal, sage ich mir – ein Gratisdrink ist ein Gratisdrink. Ich bestelle noch ein Glas Rotwein und gebe ihm dann die Hand.

»Ich bin Basil Leese.«

»Franny Lynch.«

»Der Name Franny gefällt mir.«

»Der Name Basil gefällt mir auch.«

»Und, Franny, geht's Ihnen so weit gut?«

Die Frage gefällt mir nicht. Sie würde mir nicht einmal gefallen, wenn ich an der Pest erkrankt wäre und im Sterben läge. »War ja letztlich nur kaltes Wasser.«

»Stimmt, aber es gibt so 'ne und solche Kälte.«

Basil greift einfach nach meinem Glas und trägt es zu seinem Tisch, also gehe ich mit. Er sitzt mit dem »Ertrinkenden« – der inzwischen auch wieder trockene Kleidung trägt – und ein paar anderen zusammen. Ich lerne Samuel kennen, einen korpulenten Herrn Ende sechzig mit üppiger roter Lockenpracht, und Anik, einen schlanken Inuk. Dann deutet Basil auf drei jüngere Gestalten am Billardtisch. »Die beiden Trottel da drüben sind Malachai und Daeshim. Die neuesten und dümmsten Mitglieder der Besatzung. Und die Frau heißt Lea.«

Ich sehe einen nachlässig gekleideten Koreaner und einen schlaksigen Schwarzen. Auch die Frau, Lea, ist schwarz und überragt beide Männer. Die drei stecken mitten in einer hitzigen Diskussion über Billardregeln, also wende ich mich wieder dem Ertrinkenden zu, in der Hoffnung, auch seinen Namen zu erfahren, aber Basil ist schon dazu übergegangen, sich wortreich über das Essen zu beklagen, das man ihm vorgesetzt hat.

»Es ist verkocht, sie waren zu großzügig mit dem Oregano, und viel zu viel Butter ist auch dran. Ganz zu schweigen von der armseligen Beilage. Und schaut mal – schaut euch nur an, wie beschissen das alles angerichtet ist!«

»Was erwartest du denn, wenn du Würstchen mit Kartoffelstampf bestellst?«, fragt Anik gelangweilt.

Samuel hat den belustigten Blick nicht von mir gelassen.

»Wo sind Sie her, Franny? Ich kriege Ihren Akzent nicht einsortiert.«

In Australien klinge ich irisch. In Irland denken alle, ich wäre Australierin. Seit jeher wabere ich irgendwo dazwischen, kann mich keinem richtig anschließen.

Ich trinke einen Schluck Wein, verziehe das Gesicht, weil er so süß ist. »Man könnte mich als irische Australierin bezeichnen.«

»Wusste ich's doch«, sagt Basil.

»Und was führt eine Irin nach Grönland, Franny?« Samuel lässt nicht locker. »Sind Sie Dichterin?«

»Dichterin?«

»Sind denn nicht alle Iren Dichter?«

Ich muss lächeln. »Das würden wir wohl alle gern glauben. Ich erforsche die letzten Küstenseeschwalben. Sie brüten hier an der Küste, fliegen aber bald nach Süden, den ganzen Weg bis zur Antarktis.«

»Dann sind Sie also doch Dichterin«, sagt Samuel.

»Und Sie sind Fischer?«, frage ich.

»Heringsfischer.«

»Dann sind Sie Enttäuschungen ja gewöhnt.«

»Tja, da könnten Sie recht haben.«

»Ein aussterbender Berufsstand«, kommentiere ich. Sie sind immer wieder gewarnt worden. Wie wir alle. Die Fische werden verschwinden. Das Meer ist praktisch leer. Ihr habt genommen und genommen, und jetzt ist nichts mehr da.

»Noch nicht.« Zum ersten Mal meldet sich der Ertrinkende zu Wort. Bisher hat er nur schweigend zugehört, und ich wende mich ihm zu.

»Es gibt nicht mehr viele freilebende Fische.«

Er neigt bestätigend den Kopf.

»Wozu das dann also noch?«, will ich wissen.

»Weil es das Einzige ist, was wir können. Und ohne Herausforderungen macht das Leben keinen Spaß.«

Ich lächele, obwohl es sich hölzern anfühlt. In mir brodelt es, und ich male mir aus, welche Wirkung dieses Gespräch wohl auf meinen Mann hätte, der immer für den Artenschutz gekämpft hat. Sein Spott und seine Abscheu würden keine Grenzen kennen.

»Der Käpten hat sich den Goldenen Fang in den Kopf gesetzt«, erklärt mir Samuel augenzwinkernd.

»Und was soll das sein?«

»Der Weiße Wal«, sagt Samuel. »Der Heilige Gral, der Jungbrunnen.« Er macht eine so ausladende Geste, dass ihm etwas Bier über die Hand läuft. Ich glaube, er ist nicht mehr ganz nüchtern.

Basil wirft dem Älteren einen ungehaltenen Blick zu und erläutert dann: »So nennt man einen riesigen Fang. Wie man ihn früher oft an Land gezogen hat. Genug, um das Boot voll und uns alle reich zu machen.«

Ich mustere den beinahe Ertrinkenden. »Dann jagen Sie also im Grunde dem Geld nach.«

»Das Geld ist es nicht«, sagt er, und ich nehme es ihm fast ab.

Als Nachklapp schiebe ich die Frage hinterher: »Wie heißt denn Ihr Schiff?«

Und er antwortet: »*Saghani*.«

Da muss ich lachen, ich kann nicht anders.

»Ich bin Ennis Malone«, fügt er hinzu und streckt mir die Hand hin. Die größte Hand, die ich jemals gedrückt habe. Wettergegerbt wie Wangen und Lippen, und unter den Fingernägeln ist der Dreck eines ganzen Lebens eintätowiert.

»Da rettet sie dir das Leben, und du sagst ihr nicht mal deinen Namen?«, sagt Basil.

»Ich habe ihm nicht das Leben gerettet.«

»Aber Sie wollten«, sagt Ennis. »Kommt aufs Gleiche raus.«

»Sie hätten ihn einfach ertrinken lassen sollen«, meint Samuel. »Wär ihm recht geschehen.«

»Sie könnten ihm auch Steine an die Füße binden – dann ertrinkt er schneller«, wirft Anik ein, und ich sehe ihn fassungslos an.

»Kümmern Sie sich nicht um den«, sagt Samuel. »Hat 'nen ziemlich makabren Humor.«

Aniks Miene legt nahe, dass er eigentlich gar keinen Humor hat. Er verabschiedet sich.

»Außerdem bleibt er ungern lange an Land«, erläutert Ennis, während wir alle dem Inuk nachsehen, der sich elegant aus der Kneipe schlängelt.

Malachai, Daeshim und Lea kommen an den Tisch. Die Männer wirken verärgert, sitzen beide mit dem gleichen Stirnrunzeln und vor der Brust verschränkten Armen da. Lea ist belustigt, bis sie mich sieht; dann flackert Argwohn in ihren braunen Augen.

»Was ist denn jetzt wieder?«, fragt Samuel die jungen Männer.

»Dae sucht sich gern mal aus, an welche Regeln er sich

hält«, sagt Malachai mit breitem Londoner Akzent. »Und wenn er richtig schlecht drauf ist, denkt er sich seine eigenen aus.«

»Sonst wär's ja langweilig«, entgegnet Daeshim in amerikanischem Tonfall.

»Langeweile ist was für Leute ohne Phantasie«, meint Malachai.

»Quatsch, Langeweile ist gut – die macht erfinderisch.«

Sie schauen einander von der Seite an, und ich kann sehen, wie beide mit dem Grinsen kämpfen. Dann verschränken sich ihre Finger, der Streit ist beigelegt.

»Und wer ist das?«, fragt Lea. Ich glaube, sie hat einen französischen Akzent.

»Das ist Franny Lynch«, sagt Basil.

Ich gebe allen die Hand, und die Mienen der Jungs hellen sich auf.

»So so, der Selkie«, bemerkt Lea. Ihre Hand ist kräftig und ölverschmiert.

Ich stutze, staune über die Anspielung und ihren Widerhall über ein ganzes Leben.

»Seehundmenschen, die es immer wieder ins Wasser zieht. Nur dass sie die Menschen normalerweise nicht retten, so wie Sie, sondern sie ertränken.«

»Ich weiß, was Selkies sind«, sage ich leise. »Aber ich habe noch nie gehört, dass einer von ihnen jemanden ertränkt hätte.«

Lea zuckt die Achseln, lässt meine Hand los und lehnt sich wieder zurück. »Wahrscheinlich, weil sie so listig und verschwiegen sind, was?«

Da irrt sie sich, aber ich lächele nur leicht, und mein eigener Argwohn ist geweckt.

»Lassen wir das«, sagt Daeshim. »Ich hätte eine Frage, Franny. Halten Sie sich an Regeln?«

Erwartungsvolle Blicke ruhen auf mir.

Die Frage erscheint mir irgendwie absurd, fast muss ich schon wieder lachen. Stattdessen nehme ich einen Schluck Wein, und dann sage ich: »Ich habe es immer versucht.«

Irgendwann geht Ennis zum Tresen, um eine weitere Runde zu holen, Samuel verschwindet zum vierzehnten Mal aufs Klo (»Kommt ihr mal in mein Alter, dann findet ihr das nicht mehr witzig«), Daeshim und Lea gehen raus auf die kalte Veranda, um eine zu rauchen, und ich bleibe eingezwängt in der Sofaecke neben Malachai zurück, obwohl auch ich lieber draußen rauchen würde. Die Kneipe hat sich ein wenig geleert – die Pianistin hat Feierabend gemacht.

»Wie lange bist du schon hier?«, fragt mich Malachai mit seiner tiefen Stimme. Er strahlt etwas Sprunghaftes aus, wie ein aufgeregter Hundewelpe, hat dunkelbraune Augen und Finger, die im Takt der Musik trommeln, selbst wenn keine zu hören ist.

»Seit einer Woche erst. Und ihr?«

»Wir haben vor zwei Tagen angelegt. Morgen früh geht's weiter.«

»Wie lange bist du schon auf der *Saghani*?«

»Seit zwei Jahren. Mit Dae.«

»Und ... gefällt's euch?«

Er lässt die weißen Zähne aufblitzen. »Ach, du weißt

schon. Es ist hart, man leidet, und manchmal will man nachts nur noch heulen, weil einem alles weh tut und man nicht wegkann und einem alles so klein vorkommt, so was von scheißklein. Aber man liebt es trotzdem. Es ist unser Zuhause. Wir haben uns vor ein paar Jahren auf einem Trawler kennengelernt, Dae und ich, aber dort haben sie nicht gerade gut darauf reagiert, als wir zusammengekommen sind. Die Besatzung hier stört das nicht, die sind wie eine Familie.« Malachai schweigt kurz, und sein Lächeln wird belustigter. »Lauter Spinner, ich kann dir sagen.«

»Inwiefern?«

»Samuel hat keine Ruhe gegeben, bis er in jedem Hafen von hier bis Maine ein Kind hatte, und er sagt ständig Gedichte auf, um den Leuten zu zeigen, dass er's kann. Basil hat in Australien bei irgendeiner Kochshow gearbeitet, ist aber rausgeflogen, weil er nichts Normales zubereiten konnte – nur dieses komische Molekularzeugs, das man in den schicken Restaurants bekommt.«

Ich muss grinsen. »Kocht er für euch?«

»Er hat alle anderen aus der Kombüse verbannt.«

»Dann esst ihr ja wenigstens gut.«

»Wir essen selten vor Mitternacht, weil er stundenlang da drin rummacht, und meistens kommt dann am Ende nur ein Teller mit so 'ner Art Sand voller Blütenblätter raus und gerade mal genug, dass man 'nen schlechten Geschmack im Mund bekommt. Außerdem kann er echt arschig sein. Und Anik, meine Güte, frag lieber gar nicht erst nach dem! Er ist unser Erster Offizier – hast du ihn vorhin noch gesehen? Tja, weißt du, er war in seinem früheren Leben ein Wolf. Aber wenn du ihn am nächsten Tag wieder fragst, dann war er ein Adler oder eine Schlange, je nachdem, wie beschissen es ihm gerade geht. Ich hab ewig gebraucht, um zu kapieren, dass er mich verschaukelt. Der mag nichts und niemanden. Ehrlich nicht. Aber so sind sie halt, die Skiffer. Eigenbrötler, alle wie sie da sind.«

Ich merke mir den Begriff »Skiffer«, um ihn später danach zu fragen. »Und Dae?«

»Der wird entsetzlich seekrank, Gott steh ihm bei. Ich sollte nicht drüber lachen, das ist nämlich echt nicht witzig. Aber inzwischen gehört es zu seinem Tagesablauf – aufstehen, kotzen, mit dem Tag weitermachen, kotzen, schlafen gehen. Dann wieder aufstehen und alles noch mal von vorn.«

Ich vermute, dass Malachai sich das alles nur ausdenkt, habe aber trotzdem Spaß daran. Seiner Stimme höre ich an, wie sehr ihm alle am Herzen liegen. »Und Lea?«

»Die hat Haare auf den Zähnen, und sie ist die Abergläubischste von uns allen. Man darf kaum mal rülpsen, ohne dass sie gleich mit irgendwelchen düsteren Prophezeiungen daherkommt, und letzte Woche konnten wir erst zwei Tage später ablegen, weil sie keinen Fuß auf das Schiff setzen wollte, bis der Mond richtig stand.«

»Und was ist mit Ennis?«

Malachai zuckt die Achseln. »Der ist eben Ennis.«

»Und was heißt das, ›eben Ennis‹?«

»Ach, weiß ich auch nicht. Er ist unser Kapitän.«

»Aber er ist kein Spinner?«

»Nee, nicht so richtig.« Malachai überlegt, wirkt ein wenig peinlich berührt. »Natürlich hat er auch sein Päckchen zu tragen, wie wir alle.«

Das glaube ich sofort, immerhin saß er gerade auf dem Grund eines Fjords, als ich ihn kennenlernte. Ich warte darauf, dass Malachai weitererzählt. Er trommelt jetzt wie wild mit den Fingern.

»Also, erst mal ist er ein Spieler.«

»Sind das nicht alle Männer?«

»Nee, so meine ich das nicht.«

»Hm. Wie dann? Sportwetten? Pferderennen? Black Jack?«

»Alles. Ich habe schon erlebt, dass er sich komplett darin verliert. Sein Verstand … Der schaltet dann einfach ab.« Malachai schweigt, und ich merke ihm an, dass er glaubt, schon zu viel verraten zu haben.

Ich lasse das Thema Ennis ruhen. »Und warum machst du's?«, frage ich.

»Was?«

»Warum verbringst du dein Leben auf See?«

Er überlegt. »Irgendwie fühlt es sich einfach an wie das richtige Leben.« Er lächelt schüchtern. »Außerdem, was soll ich sonst machen?«

»Und die Proteste stören dich gar nicht?« In letzter Zeit habe ich das Gefühl, dass die Nachrichten nur noch von gewalttätigen Protesten an den Fischereihäfen in aller Welt handeln: *Rettet die Fische, rettet die Meere!*

Malachai wendet den Blick ab. »Doch, klar.«

Ennis kommt mit den Getränken zurück und reicht mir ein Glas Wein.

»Danke.«

»Und was sagt dein Mann dazu, dass du hier abhängst?«, fragt Malachai und deutet mit dem Kopf auf meinen Ehering.

Ich kratze mich zerstreut am Arm. »Er arbeitet im selben Bereich, er versteht das.«

»Wissenschaftler, ja?«

Ich nicke.

»Wie heißt das mit den Vögeln noch mal?«

»Ornithologie. Zurzeit unterrichtet er, und ich mache die Feldforschung.«

»Da weiß ich doch gleich, was nach mehr Spaß klingt«, sagt Malachai.

»Mal, du bist der größte Angsthase diesseits des Äquators.« Basil setzt sich wieder zu uns. »Du fändest es bestimmt toll, irgendwo gemütlich und sicher in einem kleinen Seminarraum zu hocken. Wobei du dafür natürlich erst mal lesen lernen müsstest …«

Malachai zeigt ihm den Mittelfinger, und Basil grinst.

»Und was sagt er wirklich?«, fragt mich Ennis.

»Wer?«

»Ihr Mann.«

Mein Mund öffnet sich, aber es kommt kein Ton heraus. Ich seufze. »Er findet es furchtbar. Ich lasse ihn immer allein zurück.«

Später sitzen Ennis und ich am Fenster und blicken auf den Fjord, der uns verschluckt hat. Hinter uns betrinkt sich seine Besatzung eifrig weiter und hat sich das *Trivial Pursuit*-Spiel unter den Nagel gerissen, das bereits zahlreiche Streitigkeiten ausgelöst hat. Lea beteiligt sich nicht an den Sticheleien, gewinnt aber mit großer Süffisanz fast jede Runde. Samuel sitzt lesend am Kamin. An jedem anderen Abend würde ich jetzt mit ihnen spielen, sie triezen und anstacheln, um zu sehen, wie sie ticken. Aber heute habe ich eine Aufgabe. Ich muss an Bord ihres Schiffes kommen.

Die Mitternachtssonne hat die Welt in Indigoblau getaucht, und etwas an diesem Licht erinnert mich an das Land, in dem ich aufgewachsen bin, dieses ganz bestimmte Galway-Blau. Ich habe ein gutes Stück von der Welt gesehen, und am meisten verblüfft mich, dass es kein Licht zweimal gibt, egal wo man hinkommt. Australien ist hart und hell. Galway hat etwas Verwaschenes, einen zarten Dunstschleier. Hier ist alles kalt und klar umrissen.

»Was würden Sie sagen, wenn ich Ihnen jetzt erzählen würde, dass ich Fische für Sie finden kann?«

Ennis zieht die Brauen hoch. Er schweigt eine Zeitlang, dann sagt er: »Wahrscheinlich reden Sie von Ihren Vögeln, und dann würde ich sagen, das ist verboten.«

»Verboten ist es nur wegen der Schleppnetze, wie die großen Fischdampfer sie früher verwendet haben, die haben alles Meeresleben ringsum eingefangen und getötet und die Vögel gleich mit. Aber Sie verwenden die doch gar nicht mehr, mit Ihrem kleinen Schiff. Den Vögeln würde nichts passieren. Sonst würde ich das gar nicht vorschlagen.«

»Ich sehe, Sie sind gut informiert.«

Ich nicke.

»Also, Franny Lynch, wovon reden wir hier wirklich?«

Ich hole die Unterlagen aus meinem Rucksack und setze mich wieder auf den Barhocker neben Ennis. Lege die Papiere zwischen uns, streiche sie zumindest ein klein wenig glatt. »Ich erforsche die Flugrouten der Küstenseeschwalbe, unter besonderer Berücksichtigung der Frage, wie der Klimawandel ihre Fluggewohnheiten verändert. Ich würde denken, damit kennen Sie sich auch aus – davon sterben ja die Fische.«

»Und alles andere«, sagt er.

»Und alles andere.«

Er überfliegt die Unterlagen, ich könnte ihm aber nicht verdenken, wenn er sie nicht komplett begreift – es handelt sich um trockene Zeitschriftenartikel mit dem Stempel der Universität.

»Wissen Sie, was es mit den Küstenseeschwalben auf sich hat, Ennis?«

»Ich habe sie hier oben schon gesehen. Sie brüten gerade, stimmt's?«

»Richtig. Von allen Tieren legt die Küstenseeschwalbe die weitesten Wege zurück. Sie fliegt innerhalb eines Jahres von der Arktis bis in die Antarktis und wieder zurück. Ein erstaunlich langer Flug für so einen kleinen Vogel. Und da Küstenseeschwalben etwa dreißig Jahre alt werden, ist die Strecke, die sie in ihrem Leben zurücklegen, dreimal so lang wie der Hin- und Rückweg zum Mond.«

Er sieht mich an.

Unser gemeinsames Schweigen ist erfüllt von der Schönheit zarter, weißer Flügel, die ein kleines Lebewesen so weit tragen. Wenn ich an den Mut denke, der darin liegt, kommen mir fast die Tränen, und vielleicht liegt ja auch in seinem Blick die Andeutung, dass er das zumindest ein wenig begreift.

»Ich will ihnen folgen.«

»Zum Mond?«

»In die Antarktis. Über den Nordatlantik, die Küste Amerikas entlang, von Norden nach Süden, und weiter bis in die eisigen Gewässer des Weddell-Meers, wo die Vögel Rast machen.«

Er mustert mein Gesicht. »Und dafür brauchen Sie ein Schiff.«

»Genau.«

»Warum kein Forschungsschiff? Wer finanziert denn Ihre Studie?«

»Die National University of Ireland in Galway. Aber sie haben mir die Finanzierung gestrichen. Ich habe nicht mal mehr ein Team.«

»Warum?«

Ich wähle meine Worte mit Bedacht. »Die Vogelkolonie, die Sie hier an der Küste gesehen haben. Berichten zufolge ist es weltweit die letzte.«

Seufzend, aber nicht überrascht atmet er aus. Das Aussterben der Tiere braucht man niemandem mehr zu erklären; seit Jahren schon sehen wir in den Nachrichten Meldungen über zerstörte Lebensräume, eine Spezies nach der anderen wird zunächst als gefährdet und schließlich als offiziell ausgestorben eingestuft. Es gibt keine Affen mehr in freier Wildbahn, keine Schimpansen, keine Gorillas oder andere Menschenaffen, im Grunde keins der Tiere mehr, die einst die Regenwälder bevölkert haben. Die Großkatzen der Savanne sind seit Jahren nicht mehr gesichtet worden, so wenig wie die anderen exotischen Lebewesen, auf die wir früher bei Safaris einen Blick erhaschen konnten. Im nicht mehr ganz so eisigen Norden gibt es keine Bären mehr, im viel zu heißen Süden keine Reptilien, und der weltweit letzte Wolf, von dem man wusste, ist vergangenen Winter in Gefangenschaft gestorben. Es ist so gut wie nichts Wildlebendes mehr übrig, und dieses Schicksal ist uns allen zutiefst bewusst.

»Die meisten Fördereinrichtungen haben die Vögel längst abgeschrieben«, sage ich. »Sie konzentrieren sich jetzt auf andere Forschungsgebiete, in Bereichen, wo sich tatsächlich noch etwas bewegen lässt. Prognosen zufolge wird es die letzte Reise sein, die die Seeschwalben überhaupt unternehmen. Man rechnet damit, dass sie sie nicht überleben werden.«

»Aber Sie glauben, sie werden überleben«, sagt Ennis.

Ich nicke. »Ich habe drei von ihnen mit Peilsendern ausgestattet, aber die zeigen nur an, wo die Vögel gerade sind. Sie haben keine Kamerafunktion, offenbaren uns nichts über das Verhalten der Tiere. Irgendwer muss bezeugen, wie sie es schaffen zu überleben, damit wir daraus lernen und ihnen helfen können. Ich glaube nicht, dass wir diese Vögel wirklich verlieren müssen. Ich weiß, dass es nicht so ist.«

Er gibt keine Antwort, betrachtet nur weiter den Stempel der NUI auf den Papieren.

»Wenn es irgendwo in diesem Meer noch Fische gibt, dann werden die Vögel sie verdammt nochmal finden. Sie suchen die Brennpunkte auf. Nehmen Sie mich mit nach Süden, dann folgen wir ihnen.«

»So weit nach Süden fahren wir nicht. Von Grönland bis Maine und zurück. Das war's.«

»Aber Sie könnten doch weiterfahren, nicht? Und wenn es nur bis Brasilien ist …«

»*Nur* bis Brasilien? Haben Sie eine Vorstellung, wie weit das ist? Ich kann nicht einfach fahren, wohin ich will.«

»Warum nicht?«

Sein Blick ist geduldig. »Beim Fischen gibt es Vorschriften. Gebiete und Methoden, Gezeiten, die ich gut kenne, Häfen, an die ich liefern muss, um mein Geld zu kriegen. Eine Besatzung, deren Lebensunterhalt von Fang und Auslieferung abhängt. Ich musste meine Route sowieso schon ändern, weil so viele Häfen schließen. Wenn ich sie noch weiter ändere, kann ich mir die paar Kunden, die ich noch habe, auch abschminken.«

»Wann haben Sie das letzte Mal Ihre Fangquote erfüllt?«

Er schweigt.

»Ich schwöre, ich kann Ihnen helfen, Fische zu finden. Sie müssen nur den Mut aufbringen, weiter zu fahren als bisher.«

Er steht auf. Jetzt liegt eine Härte in seinem Gesicht, da muss ich wohl einen Nerv getroffen haben. »Ich kann Sie nicht auch noch durchfüttern. Ich kann Sie nicht bezahlen, nicht ernähren und auch nicht unterbringen.«

»Ich arbeite umsonst …«

»Sie haben doch keine Ahnung, wie man mit einer Ringwade umgeht. Sie sind nicht ausgebildet. Wenn ich Sie so grün hinter den Ohren mit an Bord nehme, kann ich Sie auch gleich im Jenseits abliefern.«

Ich schüttele den Kopf, gerate ins Schwimmen, weiß nicht, wie ich ihn überzeugen soll. »Ich kann Ihnen eine Erklärung unterschreiben, dass Sie nicht für meine Sicherheit verantwortlich sind.«

»Unmöglich, Schätzchen. Ohne Gegenleistung ist das einfach zu viel verlangt. Tut mir leid – ist ja durchaus romantisch, die Idee, ein paar Vögeln zu folgen, aber das Leben auf See ist um einiges härter, und ich habe viele Mäuler zu stopfen.« Ennis klopft mir kurz und bedauernd auf die Schulter und kehrt zu seiner Besatzung zurück.

Ich bleibe am Fenster sitzen und trinke meinen Wein aus. Meine Brust schmerzt, schmerzt so sehr! Wenn ich mich bewegen würde, bräche ich entzwei.

Was würdest du jetzt sagen, Niall, wenn du hier wärst, wie würdest du es angehen?

Niall würde sagen, dass ich es mit Bitten versucht habe und jetzt einen Weg finden muss, mir einfach zu holen, was ich will.

Ich nehme Samuel ins Visier. Gehe an den Tresen, bestelle zwei Whisky und bringe ihm einen davon an seinen Platz vor dem Kamin.

»Sie sahen so durstig aus.«

Er grinst vergnügt. »Lange her, dass mir eine junge Frau 'nen Drink spendiert hat.«

Ich frage ihn nach dem Buch, das er gerade liest, und höre mir an, was er über die Handlung erzählt, dann hole ich ihm noch einen Whisky, und wir reden weiter über Bücher und Gedichte, und ich hole ihm noch einen Whisky und schaue mir an, wie er immer betrunkener wird und seine Zunge immer lockerer. Ich spüre Ennis' Blick; jetzt, wo er weiß, was ich vorhabe, ist er vermutlich misstrauisch. Aber ich konzentriere mich ganz auf Samuel, und als seine Wangen rosig und seine Augen glasig sind, lenke ich das Gespräch auf den Kapitän.

»Wie lange arbeiten Sie denn schon auf der *Saghani*, Samuel?«

»Fast zehn Jahre, würd ich sagen, zumindest annähernd.«

»Wow! Dann stehen Sie und Ennis sich sicher nahe.«

»Er ist mein König, ich bin sein Lancelot.«

Ich muss lächeln. »Ist er auch so romantisch wie Sie?«

Samuel kichert. »Meine Frau würde sagen, das geht gar nicht. Aber in jedem Seemann steckt ein kleiner Romantiker.«

»Machen Sie es deswegen?«

Er nickt langsam. »Wir haben's im Blut.«

Ich ändere meine Sitzhaltung, weil mich das mindestens so fasziniert, wie es mich abstößt. Wie können sie es im Blut haben, freimütig zu töten? Wie können sie einfach ignorieren, was mit der Welt geschieht?

»Was machen Sie, wenn Sie nicht mehr fischen dürfen?«

»Ich komm schon klar – ich habe ja meine Mädchen, die zu Hause auf mich warten. Und die anderen sind noch jung, die werden sich berappeln, andere Leidenschaften finden. Nur bei Ennis weiß ich nicht.«

»Hat er keine Familie?«, frage ich, obwohl ich weiß, dass er eine hat.

Samuel seufzt kummervoll und trinkt einen großen Schluck von seinem Whisky. »Doch, doch. Aber das ist eine schrecklich traurige Geschichte. Er hat seine Kinder verloren. Seither versucht er, genug Geld zusammenzubringen, damit er dieses Leben aufgeben und sie zurückholen kann.«

»Wie meinen Sie das? Hat er das Sorgerecht verloren?«

Samuel nickt.

Ich lehne mich in meinem Sessel zurück und schaue in das knisternde und prasselnde Feuer.

Das leise Brummeln einer Stimme lässt mich hochschrecken, und ich merke, dass Samuel eine wehmütige Ballade über das Leben auf See angestimmt hat. Herrje, ich habe dem armen Kerl wirklich den Rest gegeben. Die halbe Kneipe schaut herüber, und ich muss mir das Lachen verbeißen. Ich mache Ennis ein Zeichen, versuche, den schweren Mann auf die Füße zu ziehen.

»Ich glaube, Samuel, es wird Zeit zum Schlafengehen. Können Sie aufstehen?«

Samuels Stimme wird lauter, fast opernhauswürdig in ihrer Intensität.

Ennis kommt herüber, um mir mit dem beträchtlichen Gewicht des Alten zu helfen. Ich denke gerade noch daran, mir meinen Rucksack zu schnappen, dann legen wir uns jeweils einen Arm über die Schultern und bugsieren den immer noch jodelnden Samuel aus der Kneipe.

Draußen kann ich nicht mehr anders. Ich muss lachen.

Kurz darauf höre ich, wie Ennis leise einstimmt.

»Wo liegen Sie?«, frage ich.

»Ich komm jetzt auch allein mit ihm klar, Schätzchen.«

»Ich helfe gern«, sage ich, und er nickt.

Es ist noch längst nicht Morgen, nur das Licht führt einen in die Irre. Graublau ist es, und am Horizont hängt eine bleiche Sonne.

Wir gehen am Fjord entlang zum Hafen. Vor uns erstreckt sich das Meer, zerfließt in der Ferne. Über uns kreischt eine Möwe; inzwischen sind sie so selten geworden, dass ich ihr lange nachschaue, bis sie aus meinem Blickfeld verschwindet.

»Da ist sie«, sagt Ennis, und dann sehe ich es. Ein schmales

Fischerboot, etwa dreißig Meter lang; der Rumpf ist schwarz gestrichen, und darauf steht verschnörkelt der Name *Saghani*.

Ich wusste es in dem Moment, als ich den Namen las. Das ist das Schiff, das mir bestimmt ist. Der Rabe.

Wir helfen Samuel über die Gangway und bringen ihn unter Deck. Die Gänge sind schmal, und um in seine Kabine zu kommen, müssen wir uns unter der Tür durchbücken. Klein und karg, ein Bett auf jeder Seite. Er schwankt kurz und kippt dann wie ein gefällter Baum auf seine Matratze. Ich mühe mich mit seinen Schuhen ab, während Ennis ihm ein Glas Wasser holt. Als das Glas neben dem Bett steht, schnarcht Samuel längst.

Ennis und ich wechseln einen Blick.

»Dann geh ich jetzt mal«, sage ich leise. Er führt mich wieder hoch aufs Hauptdeck. Der Geruch des Meeres erfüllt mich, so wie immer, und ich bleibe stehen, kann einfach nicht gehen.

Ennis mustert mich. »Alles klar, Schätzchen?«

Tief atme ich Salz und den Geruch nach Algen ein und denke an die Distanz zwischen hier und dort, ich denke an ihre Reise und an meine und erkenne etwas anderes in dem Kapitän, etwas, das ich vorher nicht bemerken konnte, als ich noch nichts von seinen Kindern wusste.

Ich ziehe die Landkarte aus dem Rucksack und setze mich an die Reling. Ennis kommt mir nach, und ich falte die Karte zwischen uns auf.

Während die unsichtbare Dämmerung heraufzieht, zeige ich ihm still, wie die Vögel anfangs immer getrennte Routen nehmen und wo sie wieder zusammenfinden, wie jeder seinem eigenen Weg zu den Fischen folgt, sie aber immer alle am selben Ort herauskommen, immer genau wissen, wo sie sich wiedertreffen.

»Die Stellen variieren von Jahr zu Jahr leicht«, sage ich. »Aber ich weiß, was ich tue. Ich habe die technische Ausrüstung. Ich kann Sie hinführen. Versprochen.«

Ennis betrachtet die Landkarte, die Linien, die ihre Wege über den Atlantik kennzeichnen.

Dann sage ich: »Ich weiß, wie wichtig das für Sie ist. Es geht um Ihre Kinder. Lassen Sie uns auf einen letzten Fischzug gehen.«

Er hebt den Kopf. Bei diesem Licht kann ich nicht sagen, welche Farbe seine Augen haben. Er wirkt sehr müde.

»Sie ertrinken, Ennis.«

Eine Zeitlang sitzen wir schweigend da, bis auf die Wellen, die sanft an den Schiffsrumpf schlagen, ist nichts zu hören. Irgendwo kreischt die Möwe.

»Stehen Sie zu Ihrem Wort?«, fragt Ennis.

Ich nicke, einmal nur.

Er steht auf und macht sich auf den Weg zurück unter Deck, und im Gehen sagt er: »Wir legen in zwei Stunden ab.«

Mit zitternden Händen falte ich die Landkarte zusammen. Mich erfasst eine Welle so tiefer Erleichterung, dass mir fast schlecht davon wird. Meine Schritte auf den Holzplanken sind leise. Als ich wieder an Land stehe, drehe ich mich noch einmal um, betrachte das Boot und den verschnörkelten Namen.

Mam hat mir immer eingeschärft, auf die Hinweise zu achten.

»Hinweise worauf?«, habe ich beim ersten Mal gefragt.

»Auf das Leben. Sie sind überall versteckt.«

Seither suche ich nach ihnen, und sie haben mich hierhergeführt, zu dem Schiff, auf dem ich den Rest meines Lebens verbringen werde. Denn so oder so: Wenn ich in der Antarktis angekommen bin und meine Wanderung beendet ist, dann werde ich sterben.

Galway, auf dem Polizeirevier, vier Jahre zuvor

Der Boden ist aus billigem Linoleum und sehr kalt. Meine Schuhe habe ich irgendwo verloren, bevor ich fast fünf Kilometer durch den Schnee gelaufen bin, eine Tasche mit Fußballtrikots in der Hand. Ich weiß nicht mehr, wie das passieren konnte. Das habe ich der Polizei erzählt, sie haben mich zum Warten in dieses Zimmer geschickt, und bisher ist niemand wiedergekommen, um es mir zu sagen.

Aber ich weiß es ja.

Ich bringe die Minuten, dann die Stunden damit zu, mir im Kopf Passagen von Colm Tóibín vorzusagen, sie mir so genau wie möglich ins Gedächtnis zu rufen und aus seiner Geschichte über eine Frau, die das Meer geliebt hat, Trost zu ziehen, aber dann wird es zu schwierig mit der Prosa, also greife ich zur Lyrik, zu Mary Oliver und ihren *Wildgänsen*, ihrem Tier des Körpers, das liebt, was es liebt, und selbst daran kann ich mich kaum festklammern. Die Anstrengung des Abspaltens ist wie ein ständiges Kratzen im Kopf. Die lange, sich ringelnde Schale einer Orange, die kunstvoll in einem Stück geschält wird: Das ist mein Hirn. Wie wäre es mit Byron, *das Herz, das brechen kann* – oder nein, besser Shelley, *doch was ist all dies Küssen wert* – nein, dann lieber Poe, *und so jede Nacht lieg zur Seite ich sacht meinem Lieb, meinem Lieb …*

Die Tür geht auf und rettet mich vor mir selbst. Ich zittere am ganzen Körper, neben meinem Stuhl ist eine Lache Erbrochenes, ich kann mich nicht erinnern, dass ich das war. Die Ermittlerin ist etwas älter als ich, makellos gepflegt, das blonde Haar hat sie ordentlich zum Knoten gedreht, der schiefergraue Anzug betont genau die richtigen Kurven an ihr, und ihre Schuhe machen dieses Klipp-Klapp-Geräusch, bei dem ich immer an ein Pferd denken muss. Ich registriere diese Einzelheiten mit seltsamer Präzision. Sie sieht die Bescherung, bringt es fertig, nicht das Gesicht zu verziehen, beauftragt nur jemanden, das wegzumachen, dann setzt sie sich mir gegenüber an den Tisch.

»Ich bin Detective Lara Roberts. Und du bist Franny Stone.«

Ich schlucke. »Franny Lynch.«

»Natürlich, tut mir leid. Franny Lynch. Ich kann mich noch aus der Schule an dich erinnern. Du warst zwei Jahre unter mir. Immer unterwegs, nie konntest du stillsitzen. Bis du dann irgendwann ganz weggezogen bist. Zurück nach Australien, oder?«

Ich blicke sie stumm an.

Ein Mann kommt mit Wischmopp und Eimer herein, und wir warten, während er das Erbrochene akribisch aufwischt. Er bringt seine Gerätschaften weg und kommt dann wenig später mit einer Tasse heißem Tee für mich wieder. Ich umschließe sie mit den eisigen Händen, trinke aber nicht – sonst muss ich mich womöglich nochmals übergeben.

Als Detective Roberts weiterhin schweigt, räuspere ich mich. »Und?«

Dann sehe ich es: das Grauen, das sie angestrengt vor mir verborgen hat. Wie ein Schleier legt es sich über ihre Augen.

»Sie sind tot, Franny.«

Aber das weiß ich ja schon.

3

Nordatlantik, an Bord der *Saghani*, zur Zeit des Vogelzugs

Meine Hände bluten jetzt bei jeder Berührung. Ich bringe täglich sechs Stunden damit zu, Seile zu Knoten zu knüpfen. Das soll ich so lange machen, bis ich die zehn gängigsten Schifferknoten mit verbundenen Augen und im Schlaf beherrsche. Ich muss jeden einzelnen genauestens kennen, und ich muss wissen, welcher Knoten wofür gebraucht wird. Meiner Ansicht nach weiß ich das alles schon seit Tagen, aber Anik lässt mich trotzdem weiterknüpfen. Erst bildeten sich Blasen, dann platzten sie auf, und das Blut floss, über Nacht verschorfen sie jedes Mal, aber nur ein klein wenig, am Morgen wird der Schorf wieder abgeschabt, und sie bluten von neuem. Auf allem, was ich anfasse, lasse ich Schlieren von mir zurück.

Trotz der Schmerzen ist das Knotenknüpfen noch relativ entspannt, verglichen mit meinen anderen Aufgaben. Zweimal täglich spritze ich das Deck mit dem Hochdruckschlauch ab. Ich schrubbe es von oben bis unten und räume die Arbeitsausrüstung weg, schleppe schweres Gerät und Benzinkanister. Ich putze sämtliche Fenster, wische Salz und Ruß von beiden Seiten jeder Glasfläche. Auch drinnen putze ich, sauge die Böden in den Kabinen, wische und schrubbe in der Küche, säubere alle Flächen und vergewissere mich, dass nirgends auch nur ein Tropfen Wasser zurückbleibt, vor allem nicht rund um die Kühltruhe. Wasserlachen sind der Erzfeind eines jeden Schiffes. Sie führen zu Rost. Und dann funktioniert irgendwann nichts mehr.

Die ersten paar Tage nach dem Ablegen sind mit dem Auspacken und korrekten Verstauen der Vorräte vergangen. Wir haben genug Lebensmittel für eine ganze Armee an Bord, denn wir müssen mehrere Monate damit auskommen. Gestern habe ich die erste Einführung in die Fangausrüstung bekommen. Die *Saghani* ist ein Seiner, sie verwendet Ringwadennetze von anderthalb Kilometern Länge, die Besatzung verbringt also viel Zeit damit, die Netze instand zu halten, die Gewichte, die Leinen und das gigantische Triebwerk, das wohl so etwas wie ein automatisches Zugsystem ist und wie die Klaue eines Krans in den Himmel ragt. Ich habe es noch nicht in Aktion erlebt, weil wir uns bisher nur durch gefährliche Gewässer kämpfen, auf der Suche nach einem Heringsschwarm, den es womöglich gar nicht gibt. Die Netze sind auf einer Seite mit sogenannten »Korken« versehen, knallgelben Schwimmern, die kreisförmig ausgerollt werden müssen, damit sie sich nicht verheddern. Auch das reißt die Blasen an meinen Fingern wieder auf, trotzdem habe ich gerollt und gerollt, acht Stunden lang, ich habe geübt, damit ich es dann schnell und effizient hinbekomme, wenn die Netze tatsächlich im Einsatz sind. Und danach machte ich mich wieder daran zu säubern, was längst sauber war.

Ich glaube, sie wollen mich kleinkriegen.

Die Besatzung will mich hier nicht haben. Sie waren verwirrt, als sie von den neuen Plänen, der neuen Route hörten. Sie fürchten sich davor, Gewässer zu befahren, die sie nicht kennen, die ihr Käpten nicht kennt. Dafür hassen sie mich.

Aber sie ahnen natürlich nicht, dass ich jede Sekunde dieser knochenharten, mühseligen Tage genieße. Ich war noch nie im Leben so erschöpft, und das ist genau richtig. Es bedeutet, dass ich schlafen kann.

Langsam schiebt sich die *Saghani* durch das dicke Eis vor der Küste Grönlands, lässt es zu großen Brocken splittern, die uns dann aus dem Weg geräumt werden. Solche Geräusche habe ich vorher noch nie gehört. Ein gewaltiges, zittriges Krachen, das den Himmel zerreißt, ein lautes Zischen und dazu ständig das beharrliche, vereinte Grollen von Meer und Motor.

Ich ziehe meine Windjacke fester um mich; trotz der drei Thermoschichten darunter friere ich immer noch, aber es fühlt sich gut an. Der eisige Wind beißt mir in die Wangen, in die Lippen, trocknet sie aus, lässt sie aufspringen. Ausnahmsweise darf ich meine Tätigkeit unterbrechen, um mir die Durchfahrt anzusehen. Ennis steht oben auf der Brücke und steuert sein Schiff sorgsam durch das gefahrvolle Eis. Ich sehe ihn durch die ewig salzverkrustete Scheibe unter dem wütend grauen Himmel, seinen dichten, dunklen Bart. Neben ihm steht Samuel, in Neonorange, und behält die Anzeigen im Blick. Die anderen wechseln ständig zwischen Heck und Bug hin und her, überwachen den Weg des Schiffs und halten nach besonders großen Eisbrocken Ausschau, die den Rumpf beschädigen könnten. Sie rufen sich Kommandos in einer Sprache zu, die mir so fremd ist wie alles, was an Bord geredet wird. Dinge wie *dwars*, *Vorpiek* und *Klampe belegen*.

Die Seeschwalben haben Grönland noch nicht verlassen. Wie besessen behalte ich die kleinen roten Punkte auf meinem Rechner im Blick, weiß, dass es bald passieren wird. Bis dahin halten wir die *Saghani* auf ihrem gewohnten Kurs und hoffen auf Glück.

Ennis entscheidet über die Route; er ist es, der die Fische findet, und so hängt die Lebensgrundlage seiner Besatzung komplett von seiner Fähigkeit ab, das gewaltige Meer abzusuchen. Wir haben kein Wort mehr gewechselt, seit ich an Bord gekommen bin. Ich sehe ihn kaum, höchstens von weitem am Ruder. Er isst nicht mit uns. Basil meint, das sei normal – er sitze immer da oben, studiere Seekarten, Wetterberichte und Echolotergebnisse und spüre die Verantwortung, die schwer auf ihm laste.

»Er sitzt im Zentrum der Jagd«, hat Anik mir am ersten Tag erklärt, als müsste ich das eigentlich längst wissen. »Das macht ihn eigen. Anders.«

»Er sorgt einfach nur dafür, dass wir nicht alle draufgehen, dem Himmel sei Dank dafür«, brummte Samuel, zündete zwei Zigaretten gleichzeitig an und reichte Anik die eine.

So lerne ich den Kapitän der *Saghani* kennen – aus der Ferne, aus den Bruchstücken, die ich von seinen Besatzungsmitgliedern erfahre. Er wohnt im Kapitänsquartier, während wir anderen uns jeweils zu zweit eine der Kabinen teilen, die alle an die Kombüse und den kleinen Speiseraum, die Messe, grenzen. Ich bin zu Lea in die Kabine gekommen, und sie ist es, gelinde gesagt, nicht gewöhnt, eine Mitbewohnerin zu haben. Sie spricht kein Wort mit mir, außer wenn sie Befehle bellt, und die Kabine ist kaum groß genug für zwei Kojen. Erträglich ist der winzige Raum nur, weil ich immer viel zu müde bin, um wach in der lastenden Dunkelheit zu liegen und mir vorzustellen, ich läge im Sarg.

»Platz da, Franny!« Dae rast an mir vorbei. Ich springe gerade noch rechtzeitig zur Seite und höre ihn rufen: »Eisberg auf zwei Grad Backbord!«

Ich schaue über die Reling, um zu sehen, was er meint. Mitten aus der ebenen Eisschicht ringsum ragt ein Eisberg empor, und wir halten direkt auf ihn zu. Vermutlich weist seine Form darauf hin, dass er sich unter Wasser sehr viel tiefer erstreckt, während das Eis sonst nur auf der Oberfläche treibt. Gegen einen Eisberg können unsere Eisbrecher nichts ausrichten. Er wirkt nicht groß genug, um wirklich Schaden anzurichten, aber das werden die Passagiere an Bord der *Titanic* wahrscheinlich auch gedacht haben. Und angesichts der Schreckenslaute, die ich von der Besatzung höre, komme ich zu dem Schluss, dass wir ein Problem haben.

»Sicherheitsposition einnehmen!«

Basil reißt mich an seine Brust, wirft sich und mich brüsk zu Boden. Die Erschütterung des Aufpralls lässt uns lang hinschlagen, ich knalle mit der Schulter heftig gegen die Wand. Ich verbeiße mir den Schmerz, während das Schiff sich wieder fängt. Hätte Basil mich nicht zu Boden gerissen, ich wäre womöglich über Bord gegangen. Er sprintet schon wieder ans andere Schiffsende. Ich rappele mich hoch, halte die Reling fest umklammert. Wir sind an dem Eisberg vorbei und drehen ab – offenbar haben wir ihn nur am äußersten Rand gestreift. Weiter vorn sehe ich eisfreies Meer, und mein hämmerndes Herz weiß nicht recht, ob es noch schneller oder wieder langsamer schlagen soll.

Natürlich will ich keinesfalls, dass wir sinken oder sonst etwas – aber das war aufregend!

»Freie Fahrt!«, brüllt Ennis von der Brücke, als wir das Eis hinter uns lassen.

»Aye, Käpten!«, ruft Lea.

»Gut gemacht!«, ruft Mal.

Ennis kommt die Treppe herunter, und ich sehe, wie er direkt zur Aufprallstelle marschiert und eine schwere Strickleiter über die Reling wirft. Ich beuge mich vor, sehe zu, wie er hinunterklettert und den Schaden am Schiffsrumpf begutachtet, ganz entspannt an seiner Leiter. Gischt sprüht zu ihm herauf, aber er klettert noch weiter runter, streckt die Hand aus, um den langen Kratzer zu betasten und herauszufinden, wie tief er ist. Schließlich hangelt er sich zufrieden wieder nach oben und über die Reling, landet mit einem satten Schmatzen seiner nassen Stiefel. »Nur oberflächlich«, verkündet er der wartenden Besatzung, die erleichtert losflucht.

»Alles klar, Schätzchen?«, fragt er mich. Es sind seine ersten Worte an mich, seit wir uns begegnet sind.

»Guckt sie euch an«, sagt Mal, und als sie alle meine Miene in Augenschein genommen haben – wie immer die aussehen mag –, brechen sie in schallendes Gelächter aus. Selbst Lea kichert, nur Anik beschränkt sich darauf, die Augen zu verdrehen.

Als Ennis an mir vorbeigeht, grinst er und klopft mir auf die Schulter. »Jetzt hat es Sie auch gepackt.«

»Hey, Franny, aufwachen!«

Nein.

»Na los!«

Jemand zerrt mich gewaltsam aus dem Bett. Es kann unmöglich schon Morgen sein. Ich blinzele verschlafen, erkenne Dae.

»Was soll das? Lass mich schlafen.«

»Essen ist fertig.«

»Ich bin zu müde.«

»Wenn du nichts isst, überstehst du das hier nicht.«

Mir ist klar, dass er nicht lockerlassen wird, also rappele ich mich hoch und stolpere in die Messe. Malachai rutscht ein Stück beiseite, damit ich neben ihn an den Ecktisch passe. Die Bänke sind mit klebrigem, rissigem braunem Leder bezogen, und wenn wir uns zu siebt darauf zusammenquetschen, wird es ziemlich eng. An der Wand über uns hängt ein kleiner, kastiger Fernseher, und wir verrenken uns alle den Hals, um eine der vier DVDs zu sehen, die es an Bord gibt – heute Abend läuft *Stirb langsam*, den sie alle, ohne Übertreibung, Wort für Wort mitsprechen können. Ich lasse den Kopf an die Rückenlehne sinken und erlaube mir, wieder einzunicken.

»Was zum Teufel treibst du denn da drinnen?«, brüllt Dae irgendwann und reißt mich aus meinem Schlummer.

»Wie spät ist es?«, bringe ich mühsam heraus.

»Ein Uhr früh!«, brüllt Dae, wenn auch nicht meinetwegen.

»Geduld!«, lässt sich Basils Stimme aus der angrenzenden Kombüse vernehmen.

»Kann ich bitte wieder ins Bett gehen?«, frage ich konfus.

Mal und Dae finden meinen schlaftrunkenen Zustand höchst amüsant.

»Kommst wohl nicht so gut klar, was, Prinzessin?«, sagt Lea frostig zu mir.

Ich rutsche auf der Bank ein Stückchen tiefer und achte nicht weiter auf die anderen.

Samuel lässt sich schwerfällig nieder und stellt mir ein Schnapsglas hin. »Das hilft, Kleine.«

Ich bin viel zu müde zum Protestieren, also leere ich das Glas. Es brennt so unerhört, dass ich die Hälfte über den Tisch pruste und huste, bis mir die Augen tränen. Was die anderen nur noch mehr zum Lachen bringt. Ich mustere Samuel misstrauisch. »War das die Rache?«

Er grinst. »Ich bin ein friedliebender Mensch. *Auge um Auge – und die ganze Welt wird blind.*«

Dann schenkt er den anderen von dem Schnaps ein.

»Ich kann das Zeug auch nicht leiden«, sagt Malachai mitfühlend und hebt sein Glas an die Lippen.

»Viel Glück«, brumme ich.

Ein Keuchen. »*Putain de crétin!*«, knurrt Lea.

»Was denn?«

»Sag nicht ›viel Glück‹, du Schwachkopf!«

»Und warum nicht?«

»Weil das Unglück bringt.«

Sie starren mich alle an. Ich hebe die Hände. »Und woher soll ich das bitte wissen?«

»Du weißt gar nichts«, faucht Lea.

»Dann sagt's mir halt.«

»Erste Lektion«, verkündet Samuel.

»Nie mit dem linken Fuß zuerst aufs Schiff steigen«, sagt Lea und schüttelt sich vor Entsetzen.

»Nie an einem Freitag ablegen«, sagt Dae.

»Nie eine Dose falsch herum öffnen«, sagt Samuel.

»Keine Bananen«, sagt Lea. »Und nicht pfeifen.«

»Keine Frauen an Bord«, sagt Basil, der mit einem Teller in jeder Hand aus der Kombüse kommt, und zwinkert Lea zu. »Aber keine Angst, hier auf der *Saghani* leben wir gern gefährlich.«

Samuel und Dae starren fassungslos auf die Teller, die sie gerade bekommen haben. Mit Recht. In der Mitte liegt ein kleiner, schmaler, s-förmiger Strang Spaghetti, die kunstvoll mit zarten Tupfern roter und gelber Soße bemalt sind und von ein paar Spänen, offensichtlich Parmesan, abgerundet werden, die genau zwischen den Nudeln stecken und dadurch aufrecht stehen. Ich bin ehrlich gesagt erstaunt, dass überhaupt so viele frische Nahrungsmittel da sind, aber unsere Fahrt hat ja erst begonnen – wenn man Dae glauben darf, geht es mit der Küche im Lauf der Zeit immer mehr bergab.

»Was …« Mal kann nicht weiterreden. Er muss sichtlich den Impuls niederkämpfen loszubrüllen, vielleicht hat er aber auch einen Herzinfarkt.

»Was soll denn das sein?«, will Samuel wissen.

»Spaghetti Bolo«, erklärt Basil, während er weitere Teller bringt. »Ihr habt gesagt, ihr wollt was Normales, also bitte, da habt ihr's.«

»Aber … *wie?*«

»Ich habe sie dekonstruiert.«

»Okay … Kannst du sie dann bitte wieder rekonstruieren?«

Ich kann nicht anders. Ich halte die Hand vor den Mund und lache.

Dae gelingt es, sämtliche Reste und Überbleibsel an sich zu reißen und uns normalgroße Portionen auf die Teller zu häufen, während Basil über die Fresssucht der amerikanischen Bevölkerung schimpft. Ich bekomme eine Schüssel Spaghetti ohne alles, weil sie inzwischen mitbekommen haben, dass ich Vegetarierin bin. »Nicht mal Fisch?«, wollte Basil wissen, als er es hörte.

»Nicht mal Fisch.« Diese Information rief einiges an Misstrauen hervor.

Nach dem Essen spüle ich und wische die Küche, und weil das Essen mich wieder etwas wacher gemacht hat, schenke ich mir ein paar Fingerbreit Whisky ein, um den Lärm in meinem Kopf zur Ruhe zu bringen, und gehe aufs Hauptdeck, wo ich eine rauchen will.

Wir haben die Mitternachtssonne hinter uns gelassen. Die Nacht hat uns wieder.

Ich gehe bis zum Bug, um das Meer zu betrachten, das sich endlos und schwarz ringsum erstreckt. Es ist unbewegt, und bis auf das Dröhnen des Motors und das Rauschen der Wellen ist es völlig still. Mit ordentlichem Tempo gleiten wir Richtung Süden dahin. Ich zünde mir eine Zigarette an, obwohl ich weiß, dass ich, wenn ich einmal anfange, nicht mehr aufhören kann und vermutlich hier stehen bleiben und das ganze Päckchen aufrauchen werde, eine nach der anderen, um die Nacht zu überleben. Der giftige Qualm fühlt sich gut an in meiner Lunge – verheerend.

»Ennis sagt, das ist die einzig echte Wildnis, die es noch gibt.«

Samuel ist neben mich getreten.

Ich schaue auf die dunkle Weite und begreife, was er meint. Jetzt bin ich doch froh, dass Dae mich geweckt hat – seit ich vor einer Woche an Bord gekommen bin, hatte ich nicht einen Moment zum Nachdenken.

»Glaubst du, deine Frau verzeiht es dir, dass du länger unterwegs bist?«, frage ich.

»Klar. Dir wird sie es allerdings nicht so leicht verzeihen.«

Ich weiß nicht genau, was ich sagen soll. Ich könnte mich entschuldigen, aber es tut mir gar nicht leid.

»Dann mag sie es also nicht, wenn du fort bist?«

»Nein.«

»Warum machst du es dann?«

»Es wohnt Genuss im dunklen Waldesgrüne, Gesellschaft ist, wo alles menschenleer, Entzücken weilt auf unbetretner Düne, Musik im Wellenschlag am ew'gen Meer.«

Ich lächele. »Byron.«

»Ach, Kindchen, ich liebe die Iren.« Er hält kurz inne, grinst. »Und ich liebe das Fischen, so wahr mir Gott helfe.«

Aber warum?, will ich fragen. *Warum?*

Ich kann ja verstehen, dass man auf See sein will. Natürlich kann ich das. Ich liebe das Meer schon mein Leben lang. Aber Fischen? Vielleicht lieben diese Leute ja nicht direkt das Fischen, sondern die Freiheit, das Abenteuer, die Gefahr.

Aus dem Respekt, den ich für sie hege, möchte ich das gern glauben.

»Aber auf das ständige Kommen und Gehen, die vielen Monate, die man fort ist, darauf könnte ich gut verzichten. Weißt du, was ich mir wirklich wünsche?«, fragt Samuel.

»Nein, sag's mir.«

»Mit meiner Angel am Strand meines kleinen Landstücks sitzen und all meine Stunden dort verbringen, mit der Angel im Wasser Wein trinken und Lyrik lesen.«

»Irgendwas Bestimmtes?«

»*Seht ihr nicht, wie notwendig eine Welt voller Leid und Bedrängnis ist, um eine Intelligenz zu schulen und zu einer Seele zu formen?*«

Ich durchforste mein Gedächtnis und wage einen Vorstoß. »Ist das von Keats?«

»Dafür kriegst du Bonuspunkte.«

»Das klingt doch großartig. Warum machst du es nicht?«

»Ich habe einen Haufen Kinder zu ernähren.«

Ich überlege. Dann sind es also doch nicht das dunkle Waldesgrün und die unbetretne Düne, die ihn von zu Hause wegführen, sondern die Notwendigkeit.

»Findet er denn noch viele Fische?«, frage ich.

Samuel zuckt unbehaglich mit den Schultern. »Früher schon. Damals wollten alle für Ennis Malone arbeiten. Hering in Unmengen. Jetzt ist die Sache längst nicht mehr so leicht. So sieht er aus, der Lauf der Welt. Alles wird immer düsterer.« Er sieht mich an. »Zeit, Vögel um die halbe Welt zu jagen, haben wir da eigentlich nicht.«

Ich will mich nicht wiederholen: Ich habe ihnen schon gesagt, dass die Vögel sie zu den Fischen führen werden. Sie glauben mir nicht. Sie glauben an Ammenmärchen und an ihre Routine. Sie glauben daran, das Meer zu kennen, das man befährt.

»Das mit dem Eisberg heute – das war ein Klacks«, sagt Samuel. »Wenn wir erst mal am Golfstrom sind, wird's noch viel schlimmer.«

»Und warum?«

»Er trifft mit dem Labradorstrom zusammen, der uns weiter nach Süden trägt. Das sind die beiden größten Strömungen der Welt, sie gehen in unterschiedliche Richtungen.« Er zieht an seiner Zigarette, die Kippe leuchtet im Dunkeln rötlich auf. »Und wenn man an den Punkt kommt, wo sie sich treffen …« Samuel schüttelt den Kopf. »Da muss man mit allem rechnen. Der Atlantik ist ein echtes Untier von Meer. Ennis hat mir mal erzählt, er befährt ihn jetzt schon fast sein Leben lang und weiß trotzdem praktisch nichts über ihn.«

»Ennis erzählt wohl allen viel, nur mir nicht.«

Samuel mustert mich von der Seite und tätschelt mir dann freundlich die Schulter. »Du bist noch neu, Kindchen. Und er ist voll konzentriert.«

»Stinksauer ist er.«

»Falls er seine Entscheidung bereut, lässt er das ganz sicher nicht an dir aus. So kleinmütig ist er nicht. Schau mal, Mädchen, eigentlich will ich ja nur von dir hören, ob du dir mit dieser Sache wirklich sicher bist. Einfach so ein Hochseeschiff zu entern, wenn man nicht gelernt hat, wie man darauf überlebt, das ist ein sicherer Weg ins Grab. Genau genommen auch noch, wenn man's gelernt hat.«

»Du hast doch auch überlebt.« Ich vermute, dass sich hinter seiner rundlichen Gestalt flinke Füße verbergen.

»Und ich rechne jeden Tag damit, dass Frau Fortuna ihre Meinung noch mal ändert.«

Ich zucke die Achseln. »Tja, Samuel, was soll ich sagen? Wenn ich an Bord dieses Schiffes sterbe, dann wird das wohl mein Schicksal sein.«

»Hm.«

»Was ›hm‹?«

In seinem Blick liegt etwas Liebevolles, als er mich ansieht. »Wie kann ein junges Ding wie du das Leben nur so satthaben?«

Als ich nicht antworte, umarmt er mich. Ich bin so überrascht, dass ich nicht daran denke, die Umarmung zu erwidern. In meinem Bild von der Welt gibt es nur sehr wenige Menschen, die so freigebig mit Zärtlichkeiten sind.

Ich folge dem alten Seemann nicht nach drinnen. Stattdessen denke ich über das nach, was er da an mir wahrgenommen hat, und weiß, dass es nicht stimmt. Ich habe nicht das Leben satt, mit seinen erstaunlichen Meeresströmungen, seinen Eisschichten und den vielen zarten Federn, aus denen ein Flügel besteht. Ich habe mich selbst satt.

Es gibt zwei Welten. Die eine besteht aus Wasser und Erde, aus Stein und Mineralien. Sie hat einen Kern, einen Mantel und eine Kruste, sie hat Sauerstoff, den man atmen kann.

Die andere Welt besteht aus Angst.

Ich habe beide bewohnt und weiß, dass die eine der anderen täuschend ähnlich sein kann. So lange, bis es zu spät ist, bis man den anderen Insassen in die Augen schaut, um zu sehen, ob sie den Tod darin tragen, jedes vorüberziehende Gesicht mustert, dem wütenden Summen einen Hinweis abzulauschen versucht, ob man selbst das nächste Opfer ist, an den Wänden der Zelle kratzt, um freizukommen, rauszukommen, zu Luft und Himmel und, bitte, bloß nicht mehr zurück in dieses ständig schrumpfende Grab.

Die Angstwelt ist schlimmer als der Tod. Sie ist schlimmer als alles andere.

Und jetzt hat sie mich wiedergefunden, weit draußen auf dem Atlantik, in dieser schaukelnden Kabine.

Heute ist die erste Nacht, in der ich nicht schlafen kann.

»Handschwingen«, flüstere ich durch mein Zähneklappern hindurch, »Armschwingen, Deckfedern, Schulterfittich, Rücken, Zügel, Scheitel – *Scheiße!*« Ich fahre hoch, weil mir heute nicht mal dieses Mantra hilft, es beruhigt und zentriert mich kein bisschen, nichts kann mich ablenken vom mulmig bebenden Grauen dieses himmellosen Raumes.

Ich schalte meine Reiselampe ein und klemme sie in der Klappe meines Rucksacks fest, damit sie mein Notizbuch bescheint.

Niall, kritzele ich. Ich muss die ausgewachsene Panikattacke ausbremsen. *Wo ist deine Lunge, wenn ich sie einmal brauche? Wo ist dein Verstand, dein ewiger Gleichmut?*

Es ist jetzt schon über eine Woche, und wir sind dem Eis entkommen. Wir halten auf den Labradorstrom zu, von dem Samuel sagt, dass er gefährlich ist. Er sagt, das ganze Meer ist hochgefährlich. Ich bin mir nicht sicher, ob es dir hier gefallen würde. Ich glaube, du hast die Füße zu gern auf festem Boden, aber das Meer ist wie der Him-

mel, und ich kriege von beidem nicht genug. Wenn ich tot bin, darfst du mich nicht in der Erde begraben. Du musst mich im Wind verstreuen.

Ich muss aufhören, weil die Tränen mir den Blick trüben. Das wird kein Brief werden, den ich abschicke. Es würde ihm nur Angst machen, mich vom Tod reden zu hören.

»Mach das Scheißlicht aus«, faucht Lea von ihrem Bett herüber.

Ich krame in meinem Rucksack, bis ich die Schlaftabletten gefunden habe. Eigentlich soll ich die nicht nehmen, wenn ich Alkohol getrunken habe, aber das ist inzwischen auch schon egal. Ich schlucke eine, kneife fest die Augen zu. *Handschwingen, Armschwingen, Deckfedern, Schulterfittich, Rücken, Zügel, Scheitel …*

Als ich aufwache, hänge ich zehn Zentimeter über dem Meer. Schwarz und unergründlich brüllt es unter mir, spuckt mir eisig seine Gischt ins Gesicht. Einen Moment lang erscheint es mir wie der vollkommenste Traum, dann geht der Moment vorbei, mir wird klar, dass ich wach bin, und mein Körper bäumt sich vor Schreck so sehr auf, dass ich fast falle.

Ich hänge an der Strickleiter, die ich Ennis habe benutzen sehen. Baumele gefährlich nah am Schiffsrumpf. Meine Knöchel sind weiß und vom Festhalten steif gefroren, und ich bin nicht warm genug angezogen, nicht mal im Ansatz.

Ich bin hierher schlafgewandelt.

Schon will ich mich wieder hochhieven, es wird auch verdammt höchste Zeit, aber dann halte ich inne. Ich bin schon an den eigenartigsten Orten aufgewacht, aber noch nie an einem derart extremen, gefahrvollen. Mit einem Schlag fühle ich mich lebendig, zum ersten Mal seit Jahren. Wenn ich ehrlich bin, zum ersten Mal seit der Nacht, in der mein Mann mich verlassen hat.

Der Fairness halber muss man sagen, dass ich ihn zuerst verlassen habe, viele Male.

»Dein Wille ist entsetzlich«, hat er einmal zu mir gesagt. Und das stimmt auch, aber ich falle ihm schon viel länger zum Opfer als er.

Die Leiter strebt nach oben, sie zieht mich weg vom Meer. Jemand betätigt die Kurbel, und ich bewege mich aufwärts, ohne das selbst beschlossen zu haben. Eine Sekunde lang hasse ich die Person, die mich da nach oben holt. Dann verschwimmen meine Gedanken, und die Kälte findet endgültig ihr Ziel. Hände zerren mich über die Reling, ich bin nur noch ein Bündel aus Gliedmaßen. Das Aufblitzen mondbeschienener Haut sagt mir, dass es Lea ist, hochgewachsen und stark genug, mir und meinem nutzlosen Körper Halt zu geben. Meine Beine tragen mich kaum noch, deshalb übernimmt sie das für mich.

»Was zum Geier!«

»Es geht mir gut.«

»Scheiße nochmal, du bist halb erfroren!« Sie zieht mich über das Deck, fängt mich auf, als ich stolpere. »Was zum Geier machst du da, Franny«, sagt sie, meint es aber gar nicht als Frage. »Was ist bloß los mit dir.«

Wir schaffen es die Stiege hinab und unter Deck. Meine Zähne sind lauter kleine Pressluftbohrer. Hinein in das winzige Bad mit der Dusche, die so eng ist, dass ich zum Haarewaschen aussteigen muss. Lea reißt mir den Pulli vom Leib und schiebt mich unter den heißen Wasserstrahl. Es brennt so schrecklich, dass ich mir auf die Zunge beiße und Kupfer im Mund schmecke. Meine Knie sacken weg, und sie fängt mich gerade noch rechtzeitig auf, um mit mir zu Boden zu sinken, jetzt sind wir beide durchnässt und verbrüht, ein wirrer Wust aus Gliedmaßen, eiskalt, glühheiß und alles dazwischen.

»Was ist bloß los mit dir?«, fragt sie wieder, und diesmal ist es eine echte Frage.

Ich lache atemlos auf. »Wie viel Zeit hast du?«

Ihre Arme fassen mich fester, bis wir uns umarmen.

Für mehr fehlt mir die Kraft, darum sage ich nur: »Es tut mir leid.« Und meine das ganz ernst.

4

Galway, Irland, National University of Ireland, zwölf Jahre zuvor

»*Wir haben die Vögel gegessen*«, sagt er. »*Wir haben sie gegessen. Wir wollten, dass ihr Gesang durch unsere Kehle emporsprudelte und aus unserem Mund herausbrach, also haben wir sie gegessen. Wir wollten, dass ihre Federn aus unserem Fleisch sprossen. Wir wollten ihre Flügel, wir wollten fliegen wie sie, frei zwischen den Baumwipfeln und den Wolken herumschweben, und deshalb haben wir sie gegessen. Wir haben sie aufgespießt, wir haben sie erschlagen, wir haben ihre Füße mit Klebstoff bestrichen, wir haben sie mit Netzen gefangen, wir haben sie am Spieß gebraten, wir haben sie auf glühende Kohlen geworfen, und das alles aus Liebe, weil wir sie liebten. Wir wollten eins mit ihnen sein.*«

Es ist still in dem riesigen Saal. Er wirkt klein dort unten, hinter seinem Rednerpult. Und doch groß genug, um den Raum zu füllen. Laut genug, machtvoll genug. Wir saugen jedes seiner Worte auf, auch wenn die Worte ihm gar nicht gehören, auch wenn er uns bloß wiedergibt, was Margaret Atwood vor ihm gesagt hat.

»Seit zweihundert Millionen Jahren sind sie schon hier«, fährt er fort, »und bis vor kurzem existierten zehntausend verschiedene Spezies. Sie haben sich dahin entwickelt, auf Futtersuche zu gehen, weitere Strecken zurückzulegen als jedes andere Tier, um das eigene Überleben zu sichern, und auf diese Weise haben sie die ganze Welt bevölkert. Vom Fettschwalm, der in stockdunklen Höhlen lebte, bis hin zur Streifengans, die nur in der verlassenen tibetischen Hochebene nistet. Von der Rotrücken-Zimtelfe, die in eisigen Höhen von über viertausend Metern überlebt hat, bis zum Sperbergeier, der so hoch fliegen konnte wie ein gängiges Passagierflugzeug. Diese außergewöhnlichen Lebewesen waren zweifellos die erfolgreichsten der ganzen Welt, weil sie furchtlos gelernt haben, es überall auszuhalten.«

Mein Herz schlägt viel zu schnell, und ich zwinge mich, ruhig zu werden, langsamer zu atmen, das alles auch richtig aufzunehmen. Es zu genießen und mir jede Einzelheit zu merken, weil ich den Bannkreis seiner vollkommenen Worte viel zu bald wieder verlassen muss.

Der Professor kommt hinter seinem Pult hervor und breitet beschwörend die Arme aus. »Die einzige echte Bedrohung, der die Vögel jemals ausgesetzt waren, sind wir.

Im 17. Jahrhundert wurde der Bermuda-Sturmvogel aus der Familie der Procellariidae, der Nationalvogel der Bermuda-Inseln, so erbarmungslos zum Verzehr gejagt, dass er lange als ausgestorben galt. Dann fand man ihn 1951 durch puren Zufall wieder, achtzehn Vogelpaare. Sie hielten sich versteckt, brüteten in den Uferfelsen kleinerer Inseln. Ich versuche oft, mir diesen Tag vorzustellen.« Er hält inne, als stünde ihm der Tag auch gerade jetzt vor Augen, und ich staune, wie sehr er den ganzen Saal in der Hand hat. Ich stehe mit ihm auf diesen Felsen, entdecke die einsamen kleinen Vögel, die letzten Überlebenden ihrer Art. Er fährt fort, und seine Stimme klingt jetzt hart, fordernd. »Unseren zweiten Angriff aber haben sie nicht überlebt. Er war grausamer und sehr viel weitreichender. Durch den Einsatz fossiler Brennstoffe haben wir die Welt verändert, getötet. Als es immer heißer wurde und der Meeresspiegel immer weiter anstieg, wurden die Bermuda-Sturmvögel aus ihren Höhlen gespült und sind ertrunken. Es ist nur eine von zahllosen Spezies. Und nicht nur die Vögel haben gelitten – ich sagte ja schon, Vögel sind gemeinhin besonders widerstandsfähig. Durch den besagten Temperaturanstieg sind die Eisbären verschwunden. Die Meeresschildkröten sind fort, weil die Strände, an denen sie immer ihre Eier ablegten, durch den erwähnten Anstieg des Meeresspiegels erodiert sind. Der Ringelschwanzbeutler, der Temperaturen über dreißig Grad Celsius nicht erträgt, wurde von einer einzigen Hitzewelle ausgerottet. Die Löwen sind nicht enden wollender Dürre zum Opfer gefallen, die Nashörner den Wilderern. Und so geht es weiter. Das sind nur einige wenige, von denen Sie bereits wissen, gewissermaßen die Stars des Tierreichs, aber wenn ich jedes einzelne Lebewesen aufzählen würde, das durch die Zerstörung seines Lebensraums selbst zerstört wurde, säßen wir noch den ganzen Tag hier. Gerade jetzt sterben wieder Tausende von Spezies, ohne dass ihnen jemand Beachtung schenkt. Wir rotten sie aus. Lebewesen, die gelernt haben, alles und jedes zu überleben, alles, nur nicht uns.«

Er kehrt zu seinem Pult zurück und schaltet den Beamer ein. Er ist groß und schlank, vielleicht sogar mager, hat kurzes dunkles Haar und trägt einen perfekt geschnittenen dunkelblauen Anzug. Eine lindgrüne Fliege gibt ihm den Anschein eines Mannes aus einer anderen Zeit, auch die Brille, zu der einem eher die Bezeichnung »Zwicker« einfällt, trägt dazu bei. Trotz seines kuriosen Äußeren ist er der Liebling der Universitätsbelegschaft. Und die Studierenden liegen ihm zu Füßen. Fast ist er noch jung genug, um einer von ihnen zu sein. Vor ihm steht ein Tisch, mit einem Tuch verhüllt, der jetzt groß an die Wand projiziert wird. Mit einer Geste, die eines Zauberers würdig wäre, zieht der Professor den Baumwollstoff zur Seite, und darunter kommt ein Vogel zum Vorschein.

Ich brauche einen Moment, um zu begreifen, dass es ein echter Vogel ist, tot, ausgestopft und auf irgendeine Apparatur montiert, die es aussehen lässt, als würde er fliegen. Eine Möwe, weiß und grau und einfach zu viel für mich. Und einfach so bin ich nicht mehr bei ihm; ich bin zurückgeblieben. Ich stehe auf, zwänge mich ungelenk an den anderen Studierenden in meiner Reihe vorbei, was zu leicht verärgerter Unruhe führt, aber das interessiert mich nicht, ich muss hier raus.

Seine Stimme folgt mir. »Wir werden uns in diesem Semester nicht nur mit der Anatomie von Vögeln beschäftigen, sondern auch mit ihrer Fortpflanzung, ihrer Ernährungsweise und ihren Flugrouten sowie damit, wie diese im Lauf der Zeit durch menschliches Einwirken verändert wurden – sowohl im Positiven wie im Negativen …« Die Tür fällt mit einem leichten Knall hinter mir zu, den sie drinnen mit Sicherheit gehört haben. Ich laufe los, meine Sandalen klappern auf dem Linoleumboden. Raus in den Sonnenschein, die Stufen hinunter bis dorthin, wo ich mein Fahrrad angeschlossen habe. Mit zitternden Fingern öffne ich das Zahlenschloss und radele los, so schnell ich kann, mit wehenden Haaren über die Kopfsteinpflasterstraßen, den ganzen Weg bis zum Meer.

Das Fahrrad knallt zu Boden, ich streife hüpfend die Schuhe ab, werfe sie ins Gras und renne, bis ich im Wasser lande und tief untertauche.

Hier ist der Himmel. Der salzige, schwerelose Himmel. Hier kann ich fliegen.

Ich ziehe ernsthaft in Erwägung, nicht mehr zurückzugehen. Allmählich werde ich unruhig – ich bin nicht gern so nah an dem Haus, das ich früher mit meiner Mutter bewohnt habe. Außerdem habe ich Galway satt. Aber dass ich hier an der Universität bin, erfüllt seinen Zweck: So habe ich Zugang zu den dortigen Ahnenforschungsprogrammen, und das ist mein Plan – so will ich meine Mutter finden.

»Du bist zu spät.«

»Mein kleines Geschenk an dich, Mark, wo es dir doch solchen Spaß macht, mich darauf hinzuweisen.« Ich stopfe meine Tasche in den Spind und ziehe meinen Hausmeister-Overall über. Mark wirkt wenig begeistert, also schnappe ich mir Wischmopp und Eimer, um loszulegen.

»Du übernimmst heute die Filmgebäude.«

»Kann ich nicht die Labore machen?«

»Franny …«

»Ich arbeite auch länger«, verspreche ich ihm, während ich den Putzwagen schon nach draußen schiebe. »Danke!«

Auf dem Männerklo in der Biologie hat einer eine ekelhafte Sauerei hinterlassen. Ich ziehe mir das T-Shirt über die Nase, unterdrücke den Brechreiz, während ich alles wegputze. Als ich nach draußen komme, warten dort drei junge Männer auf den Zugang zur Toilette, mit angewiderten und vielleicht auch leicht missbilligenden Mienen, als ginge die Sauerei auf mein Konto. Sie sehen mir nicht in die Augen, als ich an ihnen vorbeigehe, schauen nicht mal in meine Richtung – das tut hier so gut wie niemand. Als Putzfrau hat man offenbar die Fähigkeit, unsichtbar zu werden. Also mache ich mir einen Spaß daraus. Ich lächele die Leute an. Die meisten halten mich wohl für nicht ganz richtig im Kopf und sehen zu, dass sie an mir vorbeikommen. Aber manchmal, hin und wieder, lächeln sie auch zurück, und diese Erwiderungen sind mir so süß, dass ich sie aufheben möchte.

Mit meiner Schlüsselkarte öffne ich die Tür zum Labor. Ich sehe niemanden, was nach Feierabend eigentlich nicht verwunderlich ist, aber gerade im Labor finden sich oft trotzdem noch hingekauerte Gestalten, die Besessenen, die sich nicht für die Außenwelt interessieren und hier gar nicht wegwollen, egal wie spät es ist. Ich lasse das grelle, weiße Deckenlicht aus und wage mich, umkränzt vom rot blinkenden Schein der Überwachungsbildschirme, in den stillen, kühlen Raum vor. Die Proben werden bei noch niedrigeren Temperaturen aufbewahrt, in Kühlschubladen aus Metall, die beim Auf- und Zumachen zischen. Mit den Fingern wandere ich an ihren Rändern entlang, stelle mir die vielen winzigen Schätze darin vor und würde so gern einen Blick hineinwerfen. Aber das will ich nicht riskieren – ich fände es furchtbar, etwas zu beschädigen – und streife einfach weiter, die Putzausrüstung bleibt vergessen bei der Tür. Das Labor besteht hauptsächlich aus Arbeitstischen mit den verschiedenen Testgeräten, aber es gibt auch Regale mit vielen hundert Glasgefäßen, Flaschen und Reagenzgläsern, die in dem schummrig blinkenden Licht ein wenig glitzern. Ich gehe an den leeren Gefäßen vorbei, hin zu den in Äthylalkohol konservierten Insekten und Reptilien, die mich ebenso faszinieren, wie sie mich abstoßen. Unecht sehen sie aus, wie sie da so reglos schweben. Vielleicht aber auch zu echt.

Sie anzusehen fällt mir leichter als den Vogel am Morgen im Vorlesungssaal. Eigentlich müsste ich es besser wissen: Gedanken rufen ihr Abbild hervor. Als ich den Kopf ein klein wenig drehe, sehe ich ihn. Genau da, am Rand meines Blickfelds.

Ich habe mich immer schon vor allem Toten gefürchtet, aber vor toten Vögeln ganz besonders. Es gibt nichts Verstörenderes als ein Geschöpf, das zum Fliegen geboren und zu dumpfer Leblosigkeit verurteilt ist.

Ich wende mich von der weißen Gestalt ab und stehe direkt vor einem Mann. Ein Schreckensschrei entfährt mir. »Mein Gott!« Ich hebe die Hand, drücke sie auf mein hämmerndes Herz.

Es ist der Professor, der mich im Halbdunkel mustert.

»Die Dame, die aus meiner Vorlesung geflüchtet ist«, sagt er. Sein Blick wandert zu dem Putzwagen an der Tür, dann wieder zurück zu mir. »Kommen Sie mal her.«

Kurz bin ich wie betäubt, so dass er mich am Ellbogen fassen und zu der toten Möwe führen kann. Mein Mund wird ganz trocken von der Anmaßung seiner Berührung, aber da ich immer auch ein Mensch mit einer Sehnsucht nach Draufgängern bleiben werde, finde ich das zugleich aufregend. Dann stehe ich vor dem Geschöpf und habe keinen Gedanken mehr für Berührungen frei, bin völlig gedankenleer, bis auf einen, der mir sagt, dass ich hier wegmuss. Ich will zur Tür, aber der Professor packt mich erstaunlicherweise an beiden Armen und hält mich vor sich fest, hält mich gefangen vor diesem makabren Ding.

»Sie brauchen keine Angst zu haben. Es ist nichts mehr da außer Fleisch und Federn.«

Versteht er denn nicht? Das ist ja das Problem.

»Machen Sie die Augen auf.«

Ich mache sie auf, sehe hin. Der Vogel ist starr und steif. Das Gefieder sauber und glatt. Die Augen ohne Leben. Ein Etwas, so traurig und still, dass es mir in der Brust weh tut. Zart und hinreißend, was alles nur noch schlimmer macht.

Der Professor nimmt meine Hand und führt sie an den Kadaver. Nichts will ich weniger als ihn anfassen, aber ich bin in ein Traumland eingetreten und habe keine Kontrolle mehr über meine Gliedmaßen. Behutsam wird die Kuppe meines Zeigefingers an den Rand einer Flügelfeder gelegt.

»Handschwingen«, sagt er leise.

Er bewegt meinen Finger für mich, die ganze Feder entlang, hin zu den anderen Federn am Flügel, »Armschwingen, Deckfedern, Schulterfittich«, dann über den Körper hinauf, zum Schulterbereich, zum Hals, »Rücken«, murmelt er, »Zügel«, und weiter hoch, am weichen Umriss des Vogelschädels entlang, »Scheitel«.

Er lässt mich los, meine Hand fällt herab. Und doch spüre

ich in der stillen Schwerelosigkeit dieses Augenblicks, wie es sie drängt zurückzukehren, das Geschöpf erneut zu berühren. Meine Haut mit seinem Gefieder zu vereinen, ihm wieder Atem einzuhauchen.

»Das Gefäß ist noch so anmutig, wie es das Leben war«, sagt der Professor.

Ich erwache aus dem Traum. »Verführen Sie so Ihre Studentinnen? Mit wissenschaftlichen Fachausdrücken im dunklen Labor?«

Er blinzelt überrascht. »Nein.«

»Ich habe Ihnen nicht erlaubt, mich anzufassen.«

Sofort weicht er zurück. »Entschuldigen Sie.«

Mein Puls rast, brennt, ich will diesen Mann für den Kontrollverlust bestrafen, den er mir aufgezwungen hat, nur dass ich es eben auch genieße, die Kontrolle zu verlieren, und das ist alles so verwirrend, dass es mich anwidert und ich mich, ohne ihn anzusehen, zur Tür wende.

»Seien Sie pünktlich zur nächsten Sitzung«, ruft er mir nach, als ich mir meinen Wagen schnappe und ihn auf den Flur hinausschiebe. Aber ich habe nicht vor, je wieder auch nur in die Nähe von Professor Niall Lynch zu kommen.

Das Auto, das mich mitnimmt, ist ein rostfleckiger alter Ford, in dem zwei junge Frauen sitzen. Beim Trampen habe ich strikte Regeln: keine Lieferwagen, keine Laster, keine Autos, in denen einzelne Männer sitzen. Das habe ich mir angewöhnt, seit ich mit vierzehn einmal so blöd war, in einen Transporter zu steigen, und dem nicht mehr jungen Fahrer dann einen blasen sollte.

Auf dem Dach sind zwei Surfboards befestigt, und mein Sitz ist voller Sand: Die beiden sind Surferinnen. Sie nehmen mich mit, die Küste entlang nach Süden, und machen in einer Jugendherberge halt, wo wir uns bewusstlos saufen und uns von unseren Ängsten erzählen. Sie heißen Chloe und Megan und jagen den großen Wellen nach. Ein Schwarm Stare vollführt draußen am weißen Himmel seinen prachtvollen Formationsflug.

Ich mache mich auf die Suche nach dem Wasser. Lange brauche ich nicht, um die Witterung aufzunehmen, das Ziehen zu spüren. Ich habe einen Kompass im Herzen, der nicht auf den wirklichen Nordpol, sondern aufs Meer ausgerichtet ist. In welche Richtung ich mich auch wende, mein Kurs wird beharrlich korrigiert. Wie immer ist das tiefe Grollen das Erste, was ich wahrnehme, und der Geruch.

Chloe und Megan folgen mir, und ich führe sie hin. Wir trinken Rotwein, der unsere Münder schwärzlich färbt, und ich sammele Algen, Meeresspaghetti, die wir später kochen und ungeniert mit den Fingern direkt aus dem Alutopf essen. Leere Muschelschalen schimmern silbrig im Mondlicht, werden zu einem glitzernden Pfad, dem ich folgen, für den ich die Wärme der Stimmen und des Gelächters hinter mir lassen muss. Der Pfad führt mich zum Wasser, also ziehe ich mich aus und tauche ein, die Kälte ist wie ein Messer in meiner Lunge, das Lachen fliegt wie Vogelschreie aus mir heraus.

Das ist der Küstenabschnitt – Burren genannt –, von dem die Familie meiner Mutter stammt. Hier, wo die Berge silbrig vom Schiefer sind, lebten sie viele hundert Jahre. Mit sechzehn bin ich hierher zurückgekommen, habe aber niemanden mehr vorgefunden. Mit neunzehn habe ich es noch einmal versucht. Und jetzt wieder, mit zweiundzwanzig. Diesmal bin ich fest entschlossen, so lange zu bleiben, wie es nötig ist. Ich habe ein Zimmer in einer Hausgemeinschaft gemietet, mir einen Job gesucht, und jede Minute, die ich nicht arbeite, verbringe ich in der Bibliothek mit dem Versuch, einen Stammbaum meiner Familie zu erstellen. Das hat sich als schwierig erwiesen, weil es so viele Menschen dieses Namens gibt und ich nicht weiß, zu welchem Zweig ich gehöre oder auch nur welche Iris Stone tatsächlich meine Mutter ist. Wenn ich zumindest ein Mitglied ihrer Familie finden kann, könnte der- oder diejenige mich vielleicht zu ihr führen, das ist meine tiefste Hoffnung.

Als die Sonne aufgeht, sehe ich Chloe und Megan dabei zu, wie sie ihre Wetsuits überziehen und sich dann in die Brandung werfen, zulassen, dass sie die Zähne in ihre kraftvollen Körper schlägt. Ich könnte mir den ganzen Tag lang ansehen, wie sie paddeln, aufstehen, Drehungen vollführen. Sie kennen das Meer gut, in gewisser Weise kämpfen sie aber auch mit ihm. Sie hauen und hämmern darauf ein, ganz anders als Schwimmer, schlagen ihre frisch gewachsten Waffen in seine Wände. Es hat etwas Gewalttätiges.

Ich geselle mich zu ihnen, ohne Wetsuit, nur mit meiner eigenen dünnen Haut. Das Meer wäscht alles Bittere ab, das noch an mir hängt, es erschafft mich neu und frisch. Als ich wieder auftauche, grinse ich so breit, dass es mir fast das Gesicht zerreißt. Wir plumpsen alle drei in den warmen Sand; sie öffnen sich gegenseitig die Reißverschlüsse, schälen sich aus ihren Hüllen.

»Es sind neun Grad da drin«, sagt Chloe lachend. Sie schüttelt ihre plattgedrückten Locken, ein Kilo Sand rieselt heraus. »Wie schaffst du das nur ohne Wetsuit?«

Ich zucke die Achseln, grinse. »Selkie-Blut.«

»Ach, klar, du bist ja auch so dunkel.«

Das habe ich schon öfter zu hören bekommen. Es liegt an den schwarzen Haaren, den schwarzen Augen und der ach so blassen Haut. So sahen sie früher aus, die schwarzen Iren, damals, als die Volksmärchen noch stimmten und die Menschen womöglich wirklich aus dem Meer kamen. So sieht auch meine Mutter aus.

»Und wo fahren wir heute hin?«

»Ich gehe zu Fuß weiter«, sage ich. »Danke fürs Mitnehmen.«

»Und wie kommst du wieder zurück?«, fragt Megan.

»Zurück wohin?«

»Nach Galway. In dein Leben. Ist das nicht dort?«

Ich weiß nicht, was ich darauf antworten soll. Eigentlich hätte ich gedacht, mein Leben sei genau hier, bei mir.

Die Bowens bewohnen ein rosafarbenes Häuschen am Rand von Kilfenora. Sie betreiben das örtliche Pub, das Linnanes, und sind allesamt in der Kilfenora Céilí Band, die die ganze Welt bereist hat. Im Internet habe ich Videos gesehen und in einem Underground-Plattenladen in Galway zu meiner großen Freude sogar zwei CDs von ihnen entdeckt. Die höre ich seit einem Monat in Dauerschleife. Aber jetzt, wo ich hier bin, kriege ich vor lauter Nervosität kaum ein Wort heraus. Ich muss meinen ganzen Mut zusammennehmen, um überhaupt an die Haustür zu klopfen, aber niemand öffnet, und nach einem Blick um die Hausecke bin ich mir einigermaßen sicher, dass auch niemand da ist.

Also steige ich über den Zaun – wie eine Besessene. Ich will begreifen, woher meine Mutter kommt. Ich will wissen, ob sie jemals hier gelebt hat oder auch nur zu Besuch gekommen ist. Diese Leute müssten Cousinen und Cousins von ihr sein, wenn auch vielleicht nur zweiten und dritten Grades. Womöglich eine Großtante? Vielleicht liege ich aber auch völlig falsch, und sie sind noch viel entferntere Verwandte, die Familie könnte sich schon vor Generationen in zwei Richtungen verzweigt haben. Aber ich weiß, dass sie auf irgendeine Art, wie lose auch immer, Familie sind, und das genügt mir.

Wäsche hängt auf der Leine, die Hintertür steht einen Spaltbreit offen. Ich höre das Bellen nur Sekunden, bevor es mich anspringt, und finde mich von einem schwarz-weißen Hirtenhund bestürmt, der nur aus Zunge, Augen und aufgeregten Pfoten besteht. Lachend und keuchend wehre ich den Hund ab, und …

»Wer ist da?«

Ich hebe den Kopf und sehe eine alte Frau in der Hintertür stehen. Sie trägt einen fliederfarbenen Wollpullover, hat kurzes weißes Haar, eine Lesebrille auf der Nase und Pantoffeln an den Füßen.

»Ich … Hallo, entschuldigen Sie, ich …«

»Wie bitte?«

Ich gehe näher zu ihr heran, was gar nicht einfach ist, weil der Hund sich an meine Beine drückt, als hätte er mich ein Leben lang vermisst. »Ich wollte zu Margaret Bowen.«

»Das bin ich.«

»Mein Name ist Franny Stone«, sage ich. »Tut mir leid, dass ich einfach aufs Grundstück gekommen bin.«

»Stone? Dann bist du wohl Verwandtschaft?« Und einfach so lächelt sie mich an, lacht dann vor Freude und führt mich ins Haus. Und während sie mir einen Tee macht, während ich ihr erzähle, wie ich hergekommen bin, per Anhalter und zu Fuß, lacht sie die ganze Zeit weiter, und sie lacht noch mehr, als sie den Rest der Familie abtelefoniert und allen erklärt, sie müssten abends unbedingt vorbeikommen. Und ich weiß, dass sie nicht über mich lacht, sondern vielmehr vor lauter Glück, vor lauter Leben, und mir ist klar, dass sie ständig so lacht, jeden Tag, jeden Augenblick. Sie ist die Freude in Menschengestalt, und fast fange ich mitten in ihrer Küche zu weinen an, als sie witzelt, eigentlich brauche sie jetzt eher einen heißen Grog als eine langweilige Tasse Tee.

»Also, Herzchen, wer ist es denn? Zu welchem Familienzweig gehörst du?«

In plötzlicher Panik sage ich: »Zum australischen Zweig.«

»Australien?« Das verwirrt sie anscheinend. »Du liebe Zeit, da hast du aber einen weiten Weg zurückgelegt. Was führt dich her?«

Ich sage nichts davon, dass ich Irin bin. Das fände ich verlogen. Als wäre sie die echte Irin und ich nur die Heuchlerin. Stattdessen erzähle ich, meine Familie sei vor fünf Generationen ausgewandert und habe sich in Australien niedergelassen, was nach allem, was ich weiß, für die Vorfahren meines Vaters auch stimmt. Ich erzähle, ich hätte immer schon hierherreisen wollen und diesen Teil der Familie kennenlernen, die Nachkommen derer, die geblieben sind, als die anderen fortgingen. Das entspricht sehr viel mehr meinem Wesen, und vielleicht fühlt es sich deshalb so richtig an, ihr das mitzuteilen. Dass ich zu denen gehöre, die fortgegangen sind, die suchen, auf Wanderschaft gehen. Dass ich eine von denen bin, die mit den Gezeiten gehen, und keine von den Standhaften, Treuen. Aber dass ein Teil von mir trotzdem immer schon hierhergehören wollte.

Sie erzählt mir von den anderen Verwandten, die von Australien herübergekommen sind, noch mehr Cousins und Cousinen, ein scheinbar endloser Reigen, allesamt fasziniert von dem, was sie als ihr Erbe betrachten, und sie sagt lachend, dass sie nie so recht verstanden habe, was so faszinierend daran sein soll, warum sie reihenweise hier antanzen, nur um diesen kleinen, windreichen Landstrich zu sehen, wo das Leben eintönig ist wie nur was. Ich weiß nicht, was ich darauf antworten soll, kann ihr nur zustimmen, dass es nicht besonders einleuchtend ist, aber meiner Vermutung nach hat es etwas mit Musik zu tun, mit Geschichten, Gedichten, mit Wurzeln und Familie, mit Zugehörigkeitsgefühl und Neugier. Das hält sie für sehr wahr, und dann macht sie mir doch einen heißen Grog, trotz der Uhrzeit. Ihr Mann Michael sitzt im Lehnstuhl in der Ecke, und als Margaret mich vorstellt, wird mir klar, dass er nicht sprechen und sich auch nicht besonders gut bewegen kann, aber dafür lächelt er genauso breit wie sie und hat die strahlendsten Augen, die ich je gesehen habe, und sie umsorgt ihn mit der Zärtlichkeit einer lebenslangen Liebe.

Kurz darauf trifft die Familie ein. Drei Söhne und vier

Töchter, dazu etliche Lebenspartner und -partnerinnen und Kinder. Es liegt auf der Hand, dass niemand von ihnen eine Vorstellung hat, wer ich sein soll, trotzdem geben sie mir alle die Hand oder küssen mich auf die Wange und plaudern und lachen fröhlich, während wir uns um den kleinen Küchentisch zwängen und alle zusammenrücken, damit Michael an den Ehrenplatz am oberen Tafelende geschoben werden kann, und wir essen Schokoladenkekse und leeren riesige Colaflaschen, und dann packen sie, ohne Vorwarnung, ihre Instrumente aus und fangen an zu spielen.

In verblüfftem Schweigen sitze ich da, während die Musik sich um mich ausbreitet. Drei Fiddles, die eifrig gestrichen und gezupft werden, ein irischer Dudelsack, Trommeln, eine Flöte, zwei Gitarren und gleich mehrere Gesangsstimmen. Die Musik schwillt an, füllt jeden Zentimeter der Küche und geht weit darüber hinaus, sie birst vor Leben, Seele und Spaß. Ich sehe hier allen Ernstes der Hälfte der weltberühmten Kilfenora Céilí Band in einer Küche beim Spielen zu. Margaret wippt auf ihrem Stuhl mit, ihre Augen funkeln vor Vergnügen. Unvermittelt greift sie nach meiner Hand. Ich flüstere ihr zu: »Läuft das hier jeden Abend so?«

Und sie sagt: »Nein, Liebes, das ist nur für dich.« Da fange ich wirklich an zu weinen.

Später machen sie eine Pause und wollen, dass ich auch etwas singe, und mit einiger Verlegenheit muss ich zugeben, dass ich überhaupt keine Lieder kenne.

»Überhaupt keine?«, fragt Margarets Sohn John. »Ach komm, irgendeins kennst du doch bestimmt. Sag ruhig den Titel. Oder fang einfach an, dann stimmen wir ein.«

»Ich … In Australien ist das einfach anders. Wir lernen eigentlich keine Lieder, zumindest keine, die es sich zu singen lohnt. Das ist mir schrecklich peinlich.«

Sie schweigen verblüfft.

»Na, dann hast du jetzt eben eine Hausaufgabe. Wenn du uns das nächste Mal besuchen kommst, musst du mindestens ein Lied gelernt haben, das du mit uns singen kannst.«

Ich kann gar nicht eifrig genug nicken. »Versprochen!«

Viel zu schnell ist es vorbei. Sie müssen alle nach Hause, und Margaret muss Michael zu Bett bringen. Ich weiß nicht, was ich tun, wo ich hin soll. Ich setze meine Schwindelei fort, erzähle ihnen, ich hätte schon eine Unterkunft, und weiß eigentlich gar nicht, warum ich das mache. Ich glaube, mir ist einfach die Vorstellung unangenehm, ihnen noch weiter zur Last zu fallen.

Mit einer letzten Aufwallung der Verzweiflung bleibe ich in der Tür stehen, obwohl die arme Margaret schon todmüde ist. »Kennst du Iris Stone?«, frage ich sie schließlich.

Sie runzelt die Stirn, überlegt und schüttelt dann den Kopf. »Ich glaube nicht, nein. Ist das eine von euch?«

Ich schlucke. »Meine Mutter.«

»Ach, wie schön. Sag ihr, Herzchen, wenn sie mal in der Gegend ist, soll sie uns besuchen.«

»Mache ich.«

»Nein, es ist wirklich ein Jammer, dass ich nicht mehr von euch kenne. Wenn ich's mir recht überlege, war die einzige Stone, die ich kannte, eine Maire Stone, die den alten John Torpey geheiratet hat, einen Cousin von meinem lieben

Mann. Zuletzt wohnten sie ein Stück weiter Richtung Norden.«

Ich habe keine Ahnung, wer diese Leute sind, aber das werde ich garantiert herausfinden.

»Komm gut nach Hause, Liebes«, sagt Margaret. »Bist du sicher, dass ich dir nicht hier ein Bett machen soll?«

»Ganz sicher. Vielen Dank, Margaret. Dieser Abend hat mir sehr viel bedeutet.«

Ich gehe in die dunkle Nacht hinaus. Bis zur Stadt ist es weit, aber das stört mich nicht. Die Nacht ist sommermild, der Mond rund, und ich gehe gern zu Fuß. Meine Mutter mag diesen Weg zwar nie gegangen sein, trotzdem fühle ich mich denen, die sie tatsächlich gegangen ist, einen Schritt näher.

Es wird Zeit, nach Galway zurückzukehren, wo ich Maire Stone und ihren Mann John Torpey finden kann.

Und wo es einen Mann gibt, mit Handschwingen und Armschwingen, mit Schulterfittichen, Zügeln und Scheiteln und Vögeln, tot oder lebendig. Ohne dass ich meine Erlaubnis erteilt hätte, hat sich etwas in mir ihm ganz von selbst zugewandt.

5

Nordatlantik, an Bord der Saghani, zur Zeit des Vogelzugs

Fremde Körper umgeben mich, drängen sich an mich, boxen sich den Weg frei. Alle wollen sie es sehen: Der Bildschirm meines Notebooks zeigt drei kleine rote Punkte.

Und sie ziehen gen Süden.

»Denen folgen wir jetzt also?«, fragt Mal.

Ich nicke.

Samuel sieht meine Miene und klopft mir lachend auf den Rücken. »Gut gemacht, Mädchen!«

»Wie zuverlässig sind diese Peilsender?«, erkundigt sich Lea skeptisch.

»Es sind Geolokalisatoren«, antworte ich. »Sie messen die Lichtstärke, die von der Software dafür verwendet wird, Längen- und Breitengrad zu berechnen und den Standort zu ermitteln.«

»Hört sich ja nicht sonderlich zuverlässig an.«

Und weil ich selbst nicht viel mehr über diese Peilsender weiß, muss ich ihr notgedrungen zustimmen.

»Nimm mal die Rübe weg.« Basil schubst Dae zur Seite, um besser sehen zu können.

Gemeinsam betrachten wir die Punkte. Nachdem sie mich anfangs herzlich verabscheut haben, können sie sich jetzt angesichts der Bewegungen auf dem Bildschirm kaum halten vor Aufregung. Die Vögel sind noch deutlich weiter nördlich als wir, sie haben Grönland gerade erst verlassen, werden uns aber schnell eingeholt haben, weil sie sich geschickt den Wind zunutze machen, um schneller voranzukommen. Nach einiger Zeit entfernen sich die drei Punkte ein wenig voneinander, finden wieder zusammen und scheinen sich dann in verschiedene Richtungen zu wenden.

»Na, bravo. Und was machen wir jetzt?«, fragt Mal.

Ich gehe mit dem Rechner zur Kommandobrücke hinauf. Bisher war ich noch nie dort, habe sie immer nur von weitem beobachtet und mich gefragt, wie die Entscheidungsfindung dort drinnen wohl abläuft. Ennis sitzt allein am Ruder, den Blick dorthin gewandt, wo das Meer auf den Himmel trifft. Dieser Raum liegt höher als jeder andere an Bord, mit Ausnahme des Mastkorbs, versteht sich, und einen Moment lang überwältigt mich der Anblick der Welt, die sich vor uns ausbreitet. Der Sonnenaufgang hat Meer wie Himmel in ein atemberaubendes Rot getaucht.

»So einen Sonnenaufgang habe ich noch nie gesehen«, sage ich leise.

»Der Vorbote eines Sturms«, sagt Ennis und fährt dann fort, ohne zu mir herüberzusehen: »Was kann ich für Sie tun, Franny Lynch?« Sein Ton, seine Körperhaltung wirken abweisend. Etwas in ihm misstraut mir, lehnt mich ab, findet mich sogar ein wenig unsympathisch. Ich weiß nicht genau, warum, aber ich spüre es.

»Die Seeschwalben haben Grönland verlassen.«

Ich stelle den Rechner auf den großen runden Tisch in der Mitte der Brücke. Ennis tritt zu mir, und wir blicken gemeinsam auf die Punkte. »Sehen Sie, wie sie sich voneinander entfernen?« Zwei der Peilsender sind nach Osten unterwegs, während der dritte sich als einziger nach Westen gewandt hat.

»Ist das ungewöhnlich?«, fragt er.

»Nein. Das kommt vor. Es gibt immer zwei Wege, die sie nehmen können. Entweder sie fliegen allein oder in kleineren Gruppen, und manche nehmen die Route nach Osten, an der afrikanischen Küste entlang. Andere wenden sich nach Westen, Richtung Amerika. Nur geradeaus fliegen sie nie. Sie beschreiben große S-Kurven.«

»Warum fliegen sie denn weiter, als sie müssen?«

»Sie folgen dem Wind und der Nahrung, so wie Sie den Meeresströmungen.«

»Diese Brennpunkte, von denen Sie gesprochen haben.«

»Ja.«

»Können Sie vorhersagen, wohin sie diesmal fliegen werden?«

»Ich habe ein paar Karten mit Routen, die sie früher einmal geflogen sind, aber diese Daten sind längst veraltet. Damals gab es noch Fische. Jetzt, wo das Meer praktisch leer ist, wird es anders sein.«

»Und was soll ich Ihrer Meinung nach tun, Franny?«

»Ich finde, wir sollten den beiden Vögeln nach Afrika folgen. Das erhöht unsere Chancen.«

Er überlegt lange, mustert die Karte auf dem Bildschirm.

Mein Herzschlag beschleunigt sich ein wenig, als ich seinem Blick folge und sehe, wohin diese Route die Vögel als Erstes führen wird. Nach Irland beziehungsweise dicht daran vorbei.

Ennis schüttelt den Kopf. »Wir folgen dem, der nach Westen fliegt. Das Meer kenne ich besser.«

»Das ist aber riskanter«, warne ich ihn. »Nur halb so wahrscheinlich, dass wir Fische finden.«

»Ich folge nicht auf gut Glück ein paar roten Punkten über den ganzen Atlantik.«

Anstatt ihm in Erinnerung zu rufen, dass wir genau das gerade tun, halte ich mich lieber zurück. »Sie sind der Chef.«

»Lassen Sie mir das hier, ja.«

Erneut setze ich zum Widerspruch an, will ihm sagen, dass ich diese Software keinesfalls aus den Händen gebe, bis mir einfällt, wie albern das ist. Er kann dem Vogel ja schlecht folgen, wenn er ihn nicht sieht. Mit einem letzten Blick auf die Punkte gebe ich meinen Rechner frei und wende mich zur Tür.

»Sagen Sie mir eins«, hält er mich zurück. »Ich habe die Peilsender, wozu brauche ich dann noch Sie?«

Ich drehe mich um und begegne seinem Blick. Es ist das erste Mal, seit wir Grönland verlassen haben, dass er mich direkt ansieht. Eine Kampfansage geht von ihm aus, quillt förmlich aus ihm heraus. Er will mich wieder an Land bringen, das sehe ich ihm an, und es weckt das wilde Tier in mir. Ich will ihn anknurren, soll er es doch wagen, mich zurückzulassen, ich will ihm die Wahrheit sagen, dass ich sein beschissenes Boot eher niederbrennen werde als zuzulassen, dass es ohne mich den Vögeln folgt. Ich bin schon viel zu weit gegangen, habe zu viel überstanden.

Aber neben dem ungezähmten habe ich auch noch ein ruhigeres Herz. Dessen Stimme klingt oft sehr nach meinem Mann, und es rät mir zur Vorsicht, warnt mich, dass noch ein langer Weg zurückzulegen ist und List mir dabei mehr nützen wird als Rage.

Ich räuspere mich und sage: »Sie brauchen mich nicht. Aber ich brauche Sie. Und ich denke, Sie sollten abwägen, was Sie mit Ihrem Gewissen vereinbaren können.«

Ennis zögert, dann senkt er den Blick, greift wieder nach dem Ruder. »Wie geht's Ihren Händen?«

Ich halte mich nicht mit einer Antwort auf. Er weiß, wie es meinen Händen geht. Und ich spiele die Abhängige ganz sicher nicht mehr als nötig.

Der Käpten lässt mich gehen.

»Warum ist er eigentlich so sauer auf mich?«, frage ich abends am Tisch in die Runde.

Die Besatzung blickt von ihrem Pokerspiel auf. Lea verdreht die Augen und wendet sich wieder ihrem Blatt zu.

»Er ist nicht sauer …«, setzt Samuel an.

»Sagt mir vielleicht auch mal jemand die Wahrheit? Was genau habe ich angestellt?«

»Gar nichts hast du angestellt«, antwortet Mal unbehaglich.

»Es liegt an dem, was du bist«, sagt Anik freiheraus.

Ich sehe ihn an, seine ausdruckslose Miene, die ich nie deuten kann. »Und was bin ich?«

»Unerfahren«, sagt er. »Gefährlich. Zu wild für ein Schiff.«

Alle Worte schmelzen mir auf der Zunge.

Ein unbehagliches Schweigen breitet sich aus.

»Ist ja nicht deine Schuld«, sagt Dae sanft.

Aber doch, klar, natürlich ist es das.

Eigentlich darf ich es nicht, trotzdem gehe ich zweimal täglich auf die Brücke, um nach den Seeschwalben zu sehen. Ihre roten Lichtchen blinken stetig, folgen eifrig ihrem Weg. Der Vogel, der uns leitet, führt uns nach Südwesten, zur kanadischen Küste. Ennis setzt einen Kurs, von dem er glaubt, dass wir damit auf die Seeschwalbe treffen können, sofern sie ihrer Route treu bleibt. Jenseits dessen sagt er kein Wort zu mir und würdigt mich auch kaum eines Blickes, aber das spielt keine Rolle; mit jedem Besuch auf der Brücke wächst mir der kleine rote Punkt mehr ans Herz, sorge ich mich mehr um ihn, verliebe ich mich mehr.

Es ist ruhig an diesem Nachmittag, der Himmel wolkenlos. Langsam gleiten wir durch glasklares Wasser.

Ich knüpfe Knoten. Überraschung!

»Zeig mir den Stopperstek«, sagt Anik.

Ich schlinge die dünne Leine um das dickere Tau, winde sie noch einmal darum, mache einen Halbschlag und vollende den Stopperstek dann, indem ich ihn festziehe.

Anik mustert den Knoten kritisch, er wirkt wenig beeindruckt. »Wozu braucht man den?«

»Um eine Leine an einer Schlepptrosse festzumachen. Oder um die Schot zu entlasten, wenn sich die Winsch verklemmt.«

Er sieht mir ins Gesicht. »Hast du irgendeine Ahnung, was das bedeutet?«

»Nein.«

Ich meine, den Anflug eines Lächelns zu sehen. Dann trägt mir der Mistkerl auf, noch fünfzig weitere Stoppersteks zu knüpfen und dann mit dem Schotstek weiterzumachen.

Sobald Anik außer Sichtweite ist, lasse ich die Leinen sinken, lege den Kopf in den Nacken und genieße die Sonne. Das Deck unter mir ist warm, die Luft immer noch kalt, aber ich trage erstmals keine fünfzig Schichten übereinander. Wie immer wandern meine Gedanken zu Niall. Ich frage mich, wie ihm dieses Leben gefallen würde, das rein Körperliche daran. Sein Geist, immer so rasch unterwegs, immer auf der Suche nach Antworten auf unbeantwortbare Fragen, würde wahrscheinlich vor Langeweile erstarren, aber ich glaube, es könnte ihm guttun, sich eine Pause vom vielen Denken zu gönnen. Es würde ihm guttun, mehr im Körper zu leben als im Kopf. Aber seine Hände. So glatt und schmal und unversehrt. Jetzt spüre ich sie auf mir, so deutlich wie nur irgendetwas, sie wandern über meine sonnenwarme Haut, meine trockenen Lippen, die müden Lider, massieren mir den schmerzenden Kopf, wie sie es immer tun. Wie furchtbar ich es fände, wenn sie die gleiche Strafe erleiden müssten wie meine.

Eine Stimme dringt vom Himmel herab.

Ich blinzele zu Dae hoch, der im Mastkorb sitzt. Er lacht, deutet in eine Richtung.

Die Leinen gleiten mir unbeachtet aus den Händen. Meine Füße eilen wie von selbst zur Reling, mein Herz schwillt. Und dann sehe ich sie, weiße Umrisse in der Ferne, die immer näher herangeflogen kommen.

6

Als ich sechs war, setzte sich meine Mutter immer mit mir in unseren Garten, um den Krähen zuzusehen, die in der großen Trauerweide hockten. In den Wintermonaten wurden die lang herunterhängenden Zweige so weiß wie der Schnee auf dem Boden oder wie der schüttere Schnurrbart eines uralten Mannes, und die Krähen, die sich dazwischen verbargen, wurden zu kohlschwarzen Punkten. Für mich verkörperten sie etwas Tiefgreifendes, auch wenn ich das mit sechs noch nicht benennen konnte. Etwas wie Einsamkeit oder ihr Gegenteil. Sie waren die Zeit und die Welt; sie waren die Strecke, die sie fliegend zurücklegten, und die Orte, an die ich ihnen niemals folgen konnte.

Mam schärfte mir ein, sie keinesfalls zu füttern, sonst würden sie gefährlich werden, aber sobald sie wieder im Haus war, tat ich es trotzdem. Die Kruste meines Toastbrots, ein paar Krümel von Mr. Hazels Orangenkuchen, die ich sorgfältig in der Tasche versteckt hielt und dann heimlich auf dem frostigen Boden ausstreute. Die Krähen fingen an, mit solchen Gaben zu rechnen, und kamen häufiger, bald schon jeden Tag. Dann hockten sie in der Weide und lauerten auf meine Krümel. Sie waren zu zwölft. Manchmal ein paar weniger, aber nie mehr. Ich wartete, bis Mam abgelenkt war, und schlich mich dann zu ihnen nach draußen, wo sie warteten.

Die Krähen fingen an, mir zu folgen. Wenn wir einkaufen gingen, flogen sie neben uns her und hockten sich auf die Hausdächer. Wenn ich an den Steinmauern entlang auf die Anhöhen wanderte, kreisten sie über mir. Sie folgten mir bis zur Schule und warteten in den Bäumen, bis mein Tag beendet war. Sie wurden meine ständigen Begleiter, und meine Mutter, die vielleicht instinktiv spürte, dass ich dieses Geheimnis brauchte, tat die ganze Zeit, als fiele ihr die treu ergebene dunkle Wolke über mir gar nicht auf.

Eines Tages fingen die Krähen an, mir ihrerseits Geschenke zu bringen.

Kleine Kiesel oder glitzerndes Bonbonpapier wurden im Garten hinterlassen oder mir direkt vor die Füße geworfen. Büroklammern und Haarklemmen, kleinere Schmuckstücke oder Müll, manchmal eine Muschel, ein Stein oder ein Stück Plastik. Ich bewahrte alles in einer Schachtel auf, die Jahr für Jahr größer werden musste. Selbst wenn ich einmal vergaß, die Vögel zu füttern, brachten sie mir noch Geschenke. Sie gehörten mir und ich ihnen, und wir liebten einander.

So ging das vier Jahre lang, Tag für Tag, ausnahmslos. Bis ich nicht nur meine Mutter verließ, sondern auch meine zwölf Seelenverwandten. Manchmal träume ich davon, wie sie dort auf dem Baum auf ein Mädchen warten, das nicht kommen wird, wie sie eine kostbare Gabe nach der anderen bringen, die unbeachtet im Gras liegen bleibt.

Nordatlantik, an Bord der Saghani, zur Zeit des Vogelzugs

Die Vögel sind bereits müde, obwohl ihre Reise gerade erst begonnen hat, es ist also ein Glück, dass wir ihnen begegnet sind. Sie streben schnurstracks auf uns zu, und als wäre der Himmel in lauter flatternde, fallende Teilchen zersprungen, landen sie auf dem Schiff, überall, es sind mindestens zwanzig. Sie klappen ihre Flügel ein und betrachten seelenruhig die Welt, die an ihnen vorbeizieht, freuen sich daran, ein Stück mitgenommen zu werden. Meine Muskeln erlauben mir keine Bewegung, aus Angst, die Vögel aufzuscheuchen, aber je länger ich mit angehaltenem Atem dort stehe, desto mehr zeigt sich, dass sie sich von nichts aufscheuchen lassen werden – sie stören sich kein bisschen an mir. Dae klettert vom Mastkorb herunter, und auch die anderen unterbrechen ihre Tätigkeit, um zu uns an Deck zu kommen, die Vögel zu beobachten, ihnen nahe zu sein.

»Man vergisst das, bis man wieder einen sieht …«, sagt Basil, und wir wissen alle, was er meint. Es vergisst sich so leicht, wie viele es einmal waren, wie normal sie einem vorkamen. Es vergisst sich so leicht, wie wunderschön sie sind.

Anik verliert als Erster das Interesse und will mich zum Weiterschuften abkommandieren, aber ich zeige ihm nur den Mittelfinger, und er lässt mich in Frieden.

Zur kältesten Zeit der tiefsten Nacht gehe auch ich nach drinnen, ansonsten harre ich für den Rest ihres Besuchs bei den Vögeln aus, so nah, wie sie mich heranlassen, und schreibe Briefe an Niall. Das ist meine Art, alles zu dokumentieren: Ich beschreibe ihm die Seeschwalben bis ins kleinste Detail. Wie sie sich mit dem Schnabel zwischen den Federn kratzen und wie sie einander über das Deck hinweg etwas zurufen, in einer Sprache, die ich liebend gern beherrschen würde. Wie sie, wann immer sie eine Brise spüren, die Flügel spreizen und sich von ihrem Platz in die Höhe wehen lassen, um dann dort zu schweben, getragen von der Luft, nur aus dem einen Grund, dass es ihnen so viel Spaß macht. All das schreibe ich für ihn auf, damit ihn, wenn er meine Worte liest, der Mut dieser Vögel ebenso erfüllt, wie ihnen der Wind die Flügel bläht.

Die Seeschwalben sind schon vierundzwanzig Stunden bei uns, als Ennis nach draußen kommt und sich zu mir aufs Deck setzt. Als Einziger hat er bisher keine Zeit mit ihnen verbracht. Das Grau an seinen Schläfen glitzert im Licht des Nachmittags.

»Da haben Sie sich wohl geirrt mit dem Sturm«, sage ich.

»Welche ist Ihre?«, fragt Ennis.

Ich zeige sie ihm, auf dem Dach der Brücke, das kleine Stück Kunststoff an ihrem Bein ragt unter dem Gefieder hervor. Sie hat die Augen geschlossen; ich glaube, sie schläft. Wahrscheinlich ist einer der anderen Vögel auf dem Schiff ihr Gefährte – sie werden die lange Reise kaum getrennt voneinander angetreten haben.

»Warum fliegen sie nicht?«, fragt Ennis.

»Es ist fast windstill. Sie ruhen sich hier auf dem Schiff aus.«

»Können wir sie nicht weiterscheuchen?«

Ich werfe ihm einen Blick zu. »Nein, Ennis, wir können

sie nicht weiterscheuchen. Sie werden weiterfliegen, wann immer sie das wollen, und dann können wir ihnen folgen.« Wenn ich nur könnte, würde ich die Vögel den ganzen Weg tragen. Sie vor den Mühsalen ihrer Reise bewahren. Aber welcher Narr würde versuchen, ein Lebewesen vor den eigenen Instinkten zu bewahren?

Ennis kehrt ohne ein weiteres Wort auf die Brücke zurück. Kurz beobachte ich ihn durch die salzverschmierte Scheibe, dann wende ich meinen Blick wieder reizvolleren Dingen zu.

In der Abenddämmerung frischt der Wind auf. Ich habe mich nicht von der Stelle gerührt, bringe es einfach nicht fertig, auch nur einen kostbaren Moment zu opfern. Die Besatzungsmitglieder haben mich abwechselnd mit Essen versorgt, sich ein bisschen zu mir gesetzt und mir Fragen zu den Vögeln gestellt. Woher wissen sie, wohin sie fliegen müssen? Warum fliegen sie überhaupt so weit? Warum sind sie die Letzten, ausgerechnet sie, was macht sie zu den Glücklichen und andere nicht? Eigentlich kann ich das nicht beantworten, aber ich tue mein Bestes, und außerdem wollen sie sowieso keine Antworten, sie erinnern sich nur wieder daran, wie es ist, ein Lebewesen zu lieben, das kein Mensch ist. Ein namenloser Kummer, dieses Dahinschwinden der Vögel. Das Dahinschwinden aller Tiere. Wie einsam es hier werden wird, wenn nur noch wir da sind!

Und nicht nur ich verbringe so viel Zeit wie möglich an Deck. Letzte Nacht war Malachai fest entschlossen, die Seeschwalben in Decken zu wickeln und sie mit in seine Kajüte zu nehmen, damit sie es schön warm hätten. Ich musste lange auf ihn einreden, um ihn zu überzeugen, dass die Vögel ihre letzte Reise nicht in Gefangenschaft verbringen dürften und es außerdem noch früh sei, sie noch Kraft genug hätten, Freude am Fliegen. Lea habe ich dabei ertappt, wie sie einer Seeschwalbe etwas vorsang, und Basil hat sich allen Befehlen widersetzt und ihnen heimlich Brotkrumen hingestreut, die sie kein bisschen interessieren, auch wenn es idiotisch ist, Vögel zu füttern, denen wir auf ihrer Suche nach Nahrung folgen.

Jetzt trudelt die komplette Besatzung ein. Ich habe ihnen erklärt, dass die Vögel beim nächsten Wetterwechsel weiterfliegen werden, und sie wollen sich verabschieden.

Meine Seeschwalbe erhebt sich als Erste. Inzwischen nenne ich sie nur noch »meine«, denn sie hat sich in mich hineingebohrt und ihr Nest in meinem Brustkorb gebaut. Während die Sonne golden untergeht, fliegt sie auf, breitet die Flügel aus, lässt sich tragen. Prüft die Luft, vielleicht auch ihren Hunger, ihre Wünsche. Was immer sie spürt, es muss richtig sein, denn sie schlägt einmal mit den Flügeln, und schon ist es, als glitte sie einfach zum Himmel empor, mühelos, immer höher und höher hinauf, wie entfesselt.

Ihre Artgenossen machen sich auf, um ihr zu folgen, und die Besatzung winkt, ruft ihnen Abschiedsgrüße nach, wünscht den Vögeln eine gute Reise.

Samuel wischt mit seinen fleischigen Fingern ein paar Tränen weg. Als er meinen Blick sieht, breitet er hilflos die Arme aus und sagt: »Wenn das die Letzten sind …«

Mehr muss er gar nicht sagen.

»Flieg nicht zu weit«, höre ich Anik leise einer Seeschwalbe nachrufen, als sie sich in die Luft erhebt.

Ich mache meine oben am Himmel aus, wo sie die Führung übernimmt. Sie wird immer kleiner, ist erst halb so groß, dann noch einmal kleiner.

Bleib, flüstere ich im Stillen. *Geh nicht fort.*

Aber ich weiß, dass sie fortgehen muss. Es ist ihre Natur.

7

NATIONAL UNIVERSITY OF IRELAND, GALWAY, ZWÖLF JAHRE ZUVOR

»Sie haben meinen Kurs geschwänzt«, sagt eine Stimme hinter mir, als ich gerade eine Toilettenschüssel schrubbe.

Ich werfe einen Blick über die Schulter und wende mich wieder der Arbeit zu.

»Was bringt es denn, in diesem Drecksloch zu putzen, wenn Sie nicht mal zu Ihren Vorlesungen gehen?«

»Man nennt das Job. Und man kann noch deutlich schlimmere Orte putzen.«

»Wozu putzt man überhaupt?«

Ich betätige die Spülung und richte mich auf, genervt von seiner Überheblichkeit. Er versperrt mir den Weg aus der Kabine, und wie er da so vor mir steht, wirkt er größer als hinter seinem Pult im Vorlesungssaal. »Darf ich mal?«

Professor Lynch neigt den Kopf. Sein Blick erforscht mich wie ein Präparat, das er nicht richtig deuten kann. Heute trägt er eine violette Fliege zum Anzug. Das sieht blöd aus, aber womöglich geht es ihm genau darum. »Wenn Sie noch mal schwänzen, muss ich Sie als fehlend einstufen, und Sie können Ihre Credit Points vergessen.«

Ich lächele. »Dann viel Glück. Und jetzt machen Sie mal Platz, sonst wische ich meine Klohandschuhe an Ihnen ab.«

Er weicht zurück. »Wie heißen Sie?«

Ich streife schnalzend die Handschuhe ab und befördere sie in den Müll, dann schnappe ich mir den Müllbeutel und mache mich auf den Weg zu den Tonnen.

»Was machen Sie hier?«, ruft er mir nach.

Verdammt gute Frage.

Als ich ihn das nächste Mal sehe, kehre ich gerade den Hof vor der Cafeteria. Er sitzt mit ein paar Kolleginnen und Kollegen zusammen, sie trinken Americanos, nutzen einen der seltenen Momente, in denen die Sonne zwischen den Wolken hervorscheint. Sein Blick ist über den Hof hinweg fest auf mich gerichtet; keine Ahnung, woher ich das weiß, ich achte nämlich genauestens darauf, nicht zu ihm hinzusehen. Aber ich spüre es einfach. Ich kehre mich näher heran, ist ja mein Job, mir bleibt nichts anderes übrig, und schließlich bin ich an dem Tisch neben seinem, unter dem ein Häuflein heißer Pommes liegt. Ich bücke mich, um sie aufzukehren, und muss über eine Möwe lachen, die vor mir landet und versucht, sie mir abzujagen.

»Schon gut, Gierschlund, du hast gewonnen.« Ich lasse die Fritten für den Vogel liegen, und gleichzeitig wird mir klar, dass es lange her ist, seit ich zuletzt eine Möwe hier im Hof gesehen habe, wo man doch früher kaum etwas essen konnte, ohne von einem ganzen Schwarm umringt zu werden. Ohne ihre lautstarken Kämpfe um die Essensreste ist es viel stiller hier.

»Entschuldigung«, sagt eine Frauenstimme, und als ich aufblicke, wird mir ein Teller unter die Nase gehalten. Es ist eine der Frauen, mit denen Professor Lynch am Tisch sitzt, und der Teller ist vom übrig gebliebenen Essen ganz verschmiert. Ich habe die Frau schon öfter gesehen – sie ist auch Dozentin an der Naturwissenschaftlichen Fakultät, in den Dreißigern, charmant und offenbar chronisch ungeduldig.

»Ich bin keine Kellnerin«, sage ich. Außerdem sollte man doch wissen, dass man das Geschirr selbst wieder hineinbringt.

»Was sind Sie dann?«

»Putzfrau.«

»Ja … *also.*« Sie streckt mir den Teller noch nachdrücklicher hin, so dass mir nichts anderes übrigbleibt, als ihn zu nehmen.

»Soll ich den für Sie nach drinnen bringen?«

Erstaunt sieht sie wieder zu mir hin. Sie kneift die Augen zusammen, als würde sie mich gerade zum ersten Mal richtig wahrnehmen und wäre nicht begeistert von dem, was sie sieht. »Das wäre toll.«

»Soll ich Sie vielleicht auch auf die Toilette begleiten? Ich bin super im Hinternabwischen.«

Sie kriegt den Mund nicht mehr zu.

Ich bringe ihren Teller hinein, und ich weiß gar nicht, was mich reitet, aber im Vorbeigehen zwinkere ich Niall Lynch zu. Einen Moment lang schaut er völlig verblüfft drein, und damit hat sich das alles doch schon gelohnt.

Mein Vorderreifen ist platt, deshalb schiebe ich mein Fahrrad am Abend die Landzunge entlang und begegne ihm zum dritten Mal an diesem Tag. Er sitzt auf meiner Lieblingsbank, ein Fernglas vor den Augen, mit dem er die Seevögel beim Keifen und abendlichen Fischfang beobachtet. Die Kormorane, die tapfer in das dunkle Wasser hinabtauchen.

Ich bleibe neben ihm stehen. Die Sonne geht bereits unter, hängt aber um diese Jahreszeit noch ein wenig zu weit nördlich, als dass man sehen könnte, wo sie sich hinter der Landzunge versteckt, und ein Wolkenschleier tut sein Übriges. Die Welt ist in aschfarbenes Licht getaucht, das Meer um diese Zeit unruhig, aufgewühlt, suchend.

Nach einiger Zeit sage ich: »Hallo.«

Professor Lynch erschreckt sich fast zu Tode. »Mein Gott! Scheiße. Haben Sie mich erschreckt!«

»Dann sind wir ja jetzt quitt.«

Mein Blick wandert zu seinem Fernglas, und er reicht es mir ohne ein Wort. Und einfach so sind die Vögel keine bloßen Flecken mehr, sondern elegant und detailliert, zielgerichtet, *echt*. Sie nehmen mir den Atem, wie sie das immer tun, diese Lebewesen, die es für selbstverständlich halten, dass sie Flügel haben.

»Ich bin Niall.«

Ich lasse den Blick nicht von den Vögeln. »Ich weiß.«

Da springt er auf, abrupt und schnell, und ich spüre sofort, dass irgendetwas nicht stimmt. Ich lasse das Fernglas sinken, folge seinem ausgestreckten Finger, hebe es wieder an die Augen und sehe, worauf er zeigt. Ein Ruderboot. Ich erkenne das Schiffchen, das immer unten an der Küste liegt, seine Seetüchtigkeit schon um Jahre überschritten und nur noch die Aufgabe hat, für den Blumenladen Nan's Florist zu werben. Es ist ringsherum mit dem üblichen merkwürdigen Schnickschnack verziert, Plastikblumen, Wimpel und dergleichen, und ja, da ist auch der goldene Schriftzug am Bug: *Nan's*. Normalerweise hält ein Anker es fest, aber der muss wohl verlorengegangen oder entfernt worden sein, denn das Boot liegt nicht mehr sicher am Strand, es treibt vielmehr rasch ins offene Meer hinaus, gezogen von dem knatternden rot-gelben Sonnenschirm, der aufgespannt wurde, um die Klauen des Windes abzuhalten. Im Bauch des Ruderboots hocken zwei kleine Jungen.

»Der Wind hat sie erwischt«, sagt Niall.

»Da vorn kommt gleich die Rippströmung.« Ich kann sie sehen, wie sie dort draußen auf ihre Beute wartet, geduldig und unbarmherzig. Ein dunkler Streifen, wo die Wellen aufeinandertreffen.

Niall ist schon dabei, sich die Schuhe auszuziehen.

»Sind Sie ein guter Schwimmer?«, frage ich ihn. Innerlich bin ich längst in Bewegung. Mein Körper weiß Bescheid.

»Nicht besonders, aber …«

»Dann holen Sie Hilfe. Suchen Sie sich ein Boot, und rufen Sie einen Krankenwagen.«

»Hey!«

Mein nutzloses Fahrrad fällt zu Boden. Zum Laufen lasse ich die Schuhe noch an. Es wäre Irrsinn, gleich hier ins Wasser zu gehen – ein Stück weiter die Küste entlang ragt ein schmaler Streifen Land ins Meer hinein; von dort aus wird es leichter sein, zum Boot zu schwimmen, nicht direkt gegen die Strömung an. Der Boden ist uneben, mir schießen Gedanken durch den Kopf: Wie froh ich bin, dass ich am Morgen Turnschuhe angezogen habe; so dass ich aufpassen muss, beim Laufen nicht völlig außer Puste zu kommen, weil ich die ja noch zum Schwimmen brauche. Wie kalt das Wasser sein wird. Wie weit die Jungs schon hinausgelockt wurden und wie wenig verlässlich ihr Boot wirkt.

Es dauert mehrere Minuten, bis ich an der Landzunge mit ihrer weißen Spitze bin. Die Jacke, die ich von mir werfe, trudelt davon, ein Strudel hat sie erfasst. Meine Schuhe fliegen weg, und die ersten paar Laufschritte ins Meer hinein feuern mir die vertraute Ladung Adrenalin ins Herz. Jahrein, jahraus bin ich in diesem Meer geschwommen, zu jeder Tageszeit, bei jedem Wetter. Ich schwimme morgens und abends, sooft es geht. Das hat mich nicht gelehrt, mich gegen das Wasser zu behaupten oder auch nur wirklich darin zu überleben, aber es hat mir ein Bewusstsein dafür verschafft, wie launenhaft das Meer ist, auch nach so vielen Jahren noch. Es kann mich heute ebenso leicht holen, wie es das konnte, als ich ein Kind war, und wie es das können wird, wenn ich alt und grau bin. *Wer das Meer nicht fürchtet*, hat meine Mutter einmal zu mir gesagt, *ist der größte Narr von allen.*

Als ich weit genug drin bin, hole ich tief Luft und tauche unter. Es ist kalt, aber ich habe schon Schlimmeres erlebt. Problematisch ist nur, wie schnell meine eigene Körpertemperatur absackt. Aber das hilft jetzt nichts, es hat keinen Sinn, sich deswegen zu sorgen. Lieber auf Gewicht und Spannweite der Arme konzentrieren, auf die geschmeidige Wölbung der Schultern, auf die rasch paddelnden, in Strümpfen steckenden Füße und immer, immer auf die Luft, die meine Lunge nährt. Die Atemzüge müssen perfekt sein wie die Schläge eines Metronoms, genauso gleichmäßig und sicher.

Ich halte oft inne, um nach dem Boot vor mir zu schauen und meine Schwimmrichtung anzupassen. Jedes Mal scheint es weiter von mir weg zu sein. Die Strömung ist furchtbar. Und meine eigene Furcht drängt mich umzukehren. Ich will nicht sterben. Es liegen noch viel zu viele Abenteuer vor mir. Immer wieder denke ich: *Jetzt, genau jetzt gibt es kein Zurück mehr, jetzt wirst du garantiert mitsamt den Kindern hier draußen ertrinken*, und wozu sollte das gut sein? Trotzdem schwimme ich weiter, bis das Boot so nahe ist, dass sie mich durch den Wind rufen hören.

»Macht den Schirm zu!«

Verzweifelt versuchen die Jungen, meinem Kommando zu folgen, aber der Wind heult, und sie schaffen es nicht.

Endlich fassen meine Finger erst das Blech des Schiffsrumpfs, dann die Reling. Bei dem Versuch, mich in das kleine Dingi hinaufzuziehen, zittern meine Arme vor Anstrengung. Es scheint mir viel zu schwer, und ich male mir aus, wie erleichternd es wäre, mich einfach zurück in die Arme des Wassers sinken zu lassen, bis … kleine Hände nach meinen Handgelenken greifen, mir helfen wollen. Sie geben mir Kraft für den Kampf, und schließlich hieve ich mich mit einem tiefen Tierlaut über den Rand.

Ich schnappe mir den Schirm und ringe, bis er zu ist. Unsere Fahrt verliert beträchtlich an Tempo. Zum Glück gibt es Ruder. Ich versuche, zum Ufer zu kommen, merke aber schnell, dass ich uns nie dort hinbringen werde.

»Nach Süden hin ist eine Bucht«, sagt einer der Jungen.

Erst jetzt schaue ich mir die beiden an. Vielleicht acht oder neun. Der eine mit rötlichen Sommersprossen, der andere mit langen, dunklen Ponyfransen, die seine noch dunkleren Augen verdecken. Und beide erstaunlich gefasst.

Der Rothaarige zeigt nach Süden, und ja, er hat recht, die Bucht ist nicht weit von uns und bei dem Seegang leichter zu erreichen. Ich wende das Boot nach Süden, lasse das eine Ruder im Wasser, damit wir die Landzunge großräumig umrunden können.

»Das Boot hält nicht mehr lange«, sage ich. »Könnt ihr schwimmen?«

»Bisschen.«

Dann sind wir um die Landzunge herum, und ich rudere jetzt richtig, schnell und kraftvoll, auf den nächstgelegenen Küstenstreifen zu. Aber jetzt leckt das Boot, wie es sich schon die ganze Zeit abgezeichnet hat. Erst werden unsere Knöchel umspült, dann unsere Knie.

»Okay, rein mit euch, bleibt dicht bei mir.«

Wir lassen uns ins Meer fallen und schwimmen los, und ach, diese Jungs, so tapfer, und ach, im Wasser so dermaßen unbrauchbar, sie strampeln mit den kleinen Gliedmaßen, und »bisschen« entpuppt sich als eigentlich gar nicht, zumindest nicht so, dass es uns weiterhilft. Also packe ich sie mit der Linken hinten an den Jacken, packe sie am Genick, und mit dem rechten Arm paddele ich, trete mit den Beinen wie eine Verrückte gegen das Wasser, wie ein Höllenmonster, und ziehe die zwei im Schneckentempo mit.

Das Land hat uns nach zwanzig Minuten wieder, nach einer Stunde, zweien – wer weiß das schon? –, und obwohl ich das niemals laut sagen würde, bin ich mir nicht sicher, ob ich noch viel weiter gekommen wäre. Nicht mit dieser zusätzlichen Belastung meiner Muskeln, die ich immer für stark gehalten habe, die mir aber jetzt schwächlich vorkommen. Und auch das letzte Stück ist mühevoll, denn es wartet kein weicher Sand darauf, uns zu empfangen, wie an den Stränden Australiens; hier gibt es nur schroffe Felsen und übellaunige Wellen, die uns erfassen. Ich tue mein Bestes, als Erste anzulanden, ziehe die Jungs auf mich, um sie vor dem Aufprall zu schützen, aber meine Flanke brennt wie Feuer, als es mich auf die scharfen, steinernen Felsenzähne spült.

Damit kann ich mich allerdings nicht aufhalten, denn die nächste Welle wird mich noch heftiger dagegen schleudern, und ich muss uns vorher außer Reichweite bringen. Ich zerre die Jungs hinauf ins seichtere Wasser und sage ihnen, dass sie weiterkrabbeln müssen, und zwar schnell, und das machen sie auch – sie rutschen und schlittern und schaffen es auf die trockenen Steine, und auch ich kraxele genau in dem Moment in Sicherheit, als die nächste Welle zuschlägt, und wir landen alle drei auf dem Hintern, könnten aber, scheint mir, genauso gut einfach in den Boden sickern.

Schweigend sitzen wir da, sagen kein Wort. Durch das Grollen des Meeres höre ich von weitem das Martinshorn eines Krankenwagens.

Es ist scheißkalt.

Professor Niall Lynch kommt mit meinem Fahrrad an. »Seid ihr okay?«

Wir nicken alle drei.

»Eure Eltern sind gleich da«, sagt er, und erst jetzt wird mir klar, dass er wohl mit meinem Fahrrad zu uns gefahren sein muss, trotz des platten Reifens. Über den Hügel nähern sich einige Gestalten. Niall legt den bibbernden Jungs sein Sakko um, aber das hält nicht richtig und gleitet immer wieder von ihnen ab.

Ich stehe auf. Mein ganzer Körper schmerzt, aber das ist vermutlich nur ein Vorgeschmack auf die Schmerzen, die mich später einholen und niederstrecken werden, einstweilen bin ich nur benommen und spüre vor allem meine klappernden Zähne.

»Sie bluten«, sagt Niall Lynch.

»Ach was«, sage ich, obwohl es stimmt.

Ich bücke mich nach meinem Fahrrad; er greift eine Sekunde später zu, und wir richten es gemeinsam auf. Er reicht mir meine Schuhe und meine Jacke, mir war gar nicht klar, dass er sie mitgebracht hat. »Danke«, sage ich, und dann mustert er mich viel zu eindringlich, deshalb schaue ich wieder zu den Jungs zurück.

Sie erwidern meinen Blick. Lächeln. Und das ist mir genug, mehr als genug. Ich brauche die Eltern nicht, den Rettungswagen, das Krankenhaus, die Fragen. Dieses Lächeln ist schon so viel. Ich grinse kurz zurück, winke rasch und schiebe mein Fahrrad wieder den grasbewachsenen Hang hinauf.

Einmal sehe ich mich noch um. Niall starrt mir auf eine Weise nach, die mir zeigt, dass ich noch etwas sagen könnte, also sage ich das Einzige, was mir einfällt, nämlich »Bis dann«, und mache mich auf den Heimweg.

Blut strömt in den Abfluss. Meine Zehen sind blau, der Kopf ist leer. Zusammengerollt liege ich auf dem Boden der Dusche, und das heiße Wasser lässt mich im Stich; in ein paar Sekunden wird es aufgebraucht sein, und mir wird wieder eiskalt werden, trotzdem komme ich nicht hoch.

Ich habe gar nicht daran gedacht, die Jungen nach ihren Namen zu fragen. Wahrscheinlich spielt das keine Rolle, ich wüsste sie nur einfach gern. Ich wünschte, ich wäre wieder im Meer.

In meiner Hüfte stecken zwei Steinsplitter, an den Rippen und am Oberschenkel ist die Haut aufgeschürft. Es bilden sich Blutergüsse. Der Muskelkater vom Schwimmen geht bis ins Mark.

Als ich es nicht mehr länger aufschieben kann, rappele ich mich ungelenk hoch und drehe das Wasser zu. Selbst das Abtrocknen kostet noch Kraft. Ich hocke mich auf die geschlossene Toilette und rücke dem Schotter in meinem Fleisch mit einer Pinzette zu Leibe. Zum Desinfizieren habe ich nichts, also ziehe ich Unterhose und Hemd über und suche in der Küche nach dem Tequila. Einen Spritzer auf die Hüfte, einen Schluck in die Kehle.

Meine Mitbewohner finden mich mit der halbleeren Flasche auf der Küchenbank. Es wundert sie nicht weiter. Sie nehmen sich Gläser, trinken mit, verschwinden dann aber nach und nach, während ich bleibe, wo ich bin, allein auf der Küchenbank, nur dass die Tequila-Flasche jetzt leer ist, die Schmerzen im Hintergrund verklingen und das Adrenalin rhythmisch durch meine Adern hämmert. Ich möchte draußen sein, aber ich sitze hier fest, schwanke nur ganz leicht und bin ansonsten viel zu verblüfft vom Leben und von der Welt, um mich zu rühren.

Ich denke an meine Mutter: Sie war sich der Wunder und Gefahren des Lebens immer sehr bewusst, und ihr war auch klar, wie eng sie miteinander verflochten sind. Ich überlege, was sie wohl über das Meer und in das Bett eines Monsters gelockt haben kann. Ich frage mich, ob sie immer gewusst hat, was für ein Mensch er ist, und glaube fast, das hat sie. Vielleicht fand sie es aufregend, wie er war, obwohl es dazu führen musste, dass sie wieder verlassen wird. Ich frage mich, ob irgendetwas die Mauer aus Zorn durchdrungen hat, die meinen Vater dazu brachte, seine Hände um den Hals eines anderen Mannes zu schließen. War da ein Flackern von Reue, als er es tat? Ein kurzes Aufblitzen des Grauens vor dem, wozu er sich damit machte? Ich frage mich, woran er jetzt wohl im Gefängnis denkt, ob sein Zorn ihm wie ein abgelegter alter Freund erscheint oder immer noch wie ein leidenschaftlicher Liebhaber. Vielleicht hasst er ihn ja, vielleicht hat er ihn auch in der Kehle des Mannes begraben, den er umgebracht hat.

Scheiße. Ich bin besoffen. Und das sind genau die Gedanken, die dann ungebeten kommen.

Ich rutsche von der Bank und schaue in das Zimmer, das ich mir mit Sinead und Lin teile. Sie schlafen, wie mir Sineads leises Schnarchen zeigt. Zum Einschlafen denke ich ans Meer, aber heute holpert sein Rhythmus, er bietet keine Ruhe. Für Ruhe bin ich viel zu sehr am Leben.

Um drei Uhr früh klopft es an unserer Tür. Das weiß ich, weil ich wach bin und auf Lins Wecker schaue, als die Schläge die papierdünnen Wände des Hauses erbeben lassen. Wer immer das ist, er wird Ärger kriegen. Die sieben anderen Bewohner von Wall Manor, wie wir das Haus getauft haben, lassen Schimpftiraden hören, die jeden Seemann zum Erröten bringen könnten.

Henry, der der Haustür am nächsten ist, steht auf, um zu öffnen, und wir alle lauschen seinen Schritten auf den Holzdielen.

»Was soll das, Mann? Weißt du, wie spät es ist?«

»Es dürfte etwa zwei Minuten nach drei sein«, antwortet eine Stimme. Eine Stimme, die ich kenne. »Verzeihen Sie die Störung.«

Ich setze mich benommen auf.

»Wohnt hier eine Franny Stone?«, fragt die Stimme, und ein Aufstöhnen zieht durch alle Zimmer von Wall Manor.

Sinead und Lin werfen ihre Kissen nach mir, während ich schon zur Tür stolpere.

Auf unserer Schwelle steht Niall Lynch, ins silberne Mondlicht von Galway getaucht. Er hat noch dasselbe an wie früher am Abend und raucht eine Zigarette. Verhärmt und bleich sieht er aus. Was hat er bloß an sich, dass ihm alle zu Füßen liegen? Ich kann es nicht nachvollziehen. Solange er nicht über Vögel redet.

»Was machen Sie denn hier?«

»Ich komme nicht rein.«

Ich stutze. »Stimmt.«

»Wollen Sie auch eine?« Er hält mir seine Selbstgedrehte hin.

»Igitt, nein.«

»Na, dann. Bitte schön.« Diesmal ist es eine Stofftasche voller Sachen. Ich schaue neugierig hinein, erkenne das eine oder andere: Verbandszeug, Desinfektionsmittel, Schmerztabletten und eine Flasche Gin.

»Danke. Also, ich habe natürlich …«

»Dachte ich mir.« Er breitet hilflos die Hände aus. »Aber Sie machen so was, und dann verschwinden Sie einfach, und Sie sahen so fertig aus, und es hat sich keiner auch nur bei Ihnen bedankt.«

Das muss ich kurz verarbeiten. »Dann wollen Sie sich jetzt also bedanken?«

Er zuckt die Achseln. »Ja. Wahrscheinlich.«

»Okay.«

Er raucht zu Ende, tritt die Zigarette auf dem Boden aus und greift wieder nach seinem Tabak.

»Soll die da liegen bleiben?«

Er folgt meinem Blick zu der Kippe und lächelt leicht. »Wieso, hätten Sie sie gern?«

»Heben Sie sie einfach auf, ja? Das ist eklig.«

Lachend bückt er sich. »Herrje, das hatte ich sowieso vor. Entschuldigen Sie bitte, wenn ich um diese Zeit nicht ganz so schnell reagiere.« Als er sich wieder aufrichtet, lacht er nicht mehr. »Ich dachte vorhin, Sie würden sterben. Und die Jungs auch.«

Stille. Ich zucke die Achseln, weiß nicht, was er von mir hören will.

»Haben Sie so was wie Todessehnsucht?«

Ich runzele die Stirn, weil die Frage mich echt nervt. War er nicht selbst schon drauf und dran, ins Wasser zu springen? Hätte das nicht jeder getan? »Was wollen Sie hier, Professor?«

Niall Lynch reicht mir eine Mappe. Im Dunkeln brauche ich einen Moment, um die Worte auf der Vorderseite zu entziffern. *Unterlagen für die Immatrikulation an der* NUI.

Ein unangenehmes Brennen steigt mir in die Wangen. »Was ist das?« Und dann: »Woher wissen Sie überhaupt, wo ich wohne?«

»Ich habe Ihren Chef gefragt. Er hat mir erzählt, dass Sie gar nicht studieren.«

»Und?«

»Ich werde Ihnen großzügigerweise gestatten, weiter an meinem Kurs teilzunehmen, bis Sie sich richtig beworben und eingeschrieben haben. So nett bin ich.«

»Nein danke.«

»Und warum nicht?«

»Geht Sie nichts an. Und wo wir schon dabei sind, das hier …« – ich mache eine Geste, die ihn einschließt – »… ist alles andere als cool. Ich habe Ihnen nicht mal meinen Namen gesagt.«

Ich will ihm die Unterlagen zurückgeben, aber er nimmt sie nicht. Dass ich nicht mal die zehnte Klasse abgeschlossen habe, braucht er nicht zu wissen. Ein Studium wird es für mich nie geben.

Er hat noch eine zweite fertige Selbstgedrehte im Tabakbeutel, und ich sehe zu, wie er ein Streichholz anzündet und die Flamme an die Zigarette hält, ich sehe die kleine, kreisrunde Glut, sehe, wie er lange daran zieht und seine Augen sich dabei schließen, als wäre es ein religiöser Ritus. Ich stelle mir den ekelhaften Geschmack seines Mundes und seiner Zunge vor.

»Sie können das wegwerfen, verbrennen oder was Sie wollen«, sagt er. »Aber lesen Sie es sich erst mal durch. Und kommen Sie weiter in meinen Kurs.« Er lächelt leicht. Ein viel zu gefährliches Lächeln, um es zu behalten. »Ich erzähl's auch niemandem.«

Als er sich abwendet, denke ich *Frag nicht frag nicht frag nicht*, und dann frage ich: »Warum machen Sie das?«

Niall bleibt stehen und wirft einen Blick über die Schulter. Seine Haare und Augen sind tiefschwarz, die Haut ist silbrig. Er erwidert: »Weil wir zwei, Sie und ich, den Rest unseres Lebens zusammen verbringen werden.« Dann sagt er noch: »Bis dann.«

Drinnen kann ich kaum noch atmen. Ich lege mich auf meine schmale Matratze auf dem Boden und achte nicht auf das Kichern meiner Mitbewohnerinnen, die jedes Wort mitgehört haben.

Ich bin schon wieder in den Fängen des Meeres: Zwischen die Seiten der Immatrikulationsunterlagen hat er eine einzelne schwarze Feder gelegt.

Ich warte, bis das ganze Haus wieder schläft, dann lege ich die brennende Spitze der Feder an meine Lippen, fasse mich an und denke dabei an Niall Lynch.

8

Nordatlantik, an Bord der Saghani, zur Zeit des Vogelzugs

Ein Sirenenton hallt durch das Schiff, und ich denke nur: *Dem Himmel sei Dank!* Selbst wenn das heißen sollte, dass wir sinken, selbst wenn ein weiterer Eisberg kommt oder der perfekte Sturm, ist mir das egal – solange es mich nur rausbringt aus dieser Schuhschachtel. Ich rappele mich hoch, ziehe die Windjacke über meine Thermokleidung. Hüpfend ziehe ich mir die Stiefel an – mein lädierter rechter Fuß bringt mich immer aus dem Gleichgewicht – und renne Lea nach. Draußen saust der Rest der Besatzung schon an uns vorbei, die Stiege hoch aufs Deck.

Basil grinst mir entgegen. »Er hat allen Ernstes was gefunden.«

Ich lächele zurück und denke mir im Stillen, dass nicht Ennis etwas gefunden hat, sondern die Vögel. Ich folge den anderen nach oben, ins grelle Licht der Scheinwerfer. Zwei erleuchten das Boot, das jetzt stillsteht, ein weiterer Strahl schwenkt geschmeidig über das Wasser. Wir stürzen alle zur Reling, um zu sehen, was er gefunden hat. Das schwarze Meer hat einen silbrigen Glanz; dicht unter der Oberfläche schwimmen viele hundert Fische, und direkt über ihnen sind die Seeschwalben, die immer wieder ins Wasser tauchen, um sich satt zu fressen.

Die Stimmen der Männer poltern vor Aufregung. So etwas hat inzwischen Seltenheitswert.

»An die Arbeit!«, brüllt Ennis von seiner Galerie herab, und als ich den Kopf drehe, erhasche ich sein quecksilberschnelles Lächeln.

Mal und Dae betätigen eilig zwei Winden, und mir wird klar, dass sie ein kleineres Beiboot zu Wasser lassen, ein Skiff. Anik schwingt sich über die Reling und landet elegant in dem Boot, bewegt sich mit der Anmut eines Tänzers. Auf dem Wasser angekommen, löst er die Trossen. Ich sehe zu, wie er das Skiff aufs Meer lenkt, und erkenne, dass er einen dicken Strang Fischernetze hinter sich herzieht. Lea bleibt an der Winde stehen und sorgt dafür, dass sich das Netz gleichmäßig entrollt, ohne hängenzubleiben oder sich zu verheddern, und Anik zieht es weit hinaus in die Dunkelheit. Der obere Rand bekommt Auftrieb durch die mir wohlbekannten gelben Korken, der untere wird vom Bleisaum beschwert. Anik zieht das Netz in einem riesigen Kreis rund um den Fischschwarm.

»Was passiert jetzt?«, frage ich.

Mal, der neben mir steht, zeigt auf das Netz. »Sobald Nik fertig ist und der Käpten uns das Signal gibt, heben wir die Gewichte alle gleichzeitig an – wir ziehen sie also zu, damit die Fische unten nicht mehr rauskönnen. Dann wird das Netz mit dem Triebwerk wieder an Deck gehievt. Mach dich auf was gefasst, Frannylein. Fandest du es bisher schon hart? Jetzt fängt die Arbeit erst richtig an. Wir müssen Fische einlagern.«

Anik vollendet seinen Kreis und schließt das Netz. Ich staune, wie schnell er das hingekriegt, das winzige Skiff durch das Wasser gelenkt hat, als wäre er zu nichts anderem geschaffen. Anderthalb Kilometer Netz. Malachai hat erzählt, alle Skiffer seien Eigenbrötler; das müssten sie auch sein, um diese Arbeit machen zu können, die sie ganz allein tun. Jetzt, wo ich die einsame Fahrt des kleinen Kahns beobachte, verstehe ich, was er meint.

Die Trossen straffen sich.

»Einholen!«, ruft Ennis.

Wir beobachten alle, wie die Trossen die Gewichte zusammenziehen. Was unter Wasser geschieht, bekomme ich nicht mit, aber ich sehe die Korken zucken und tanzen, als wäre das Netz darunter in Bewegung. Silbrige Flossen zucken fieberhaft, durchbrechen die Wasseroberfläche, schlagen panisch um sich. Das Ganze hat etwas Monströses, als würde ein gewaltiges Seeungeheuer gefangen gesetzt und jetzt aus der Tiefe emporgezerrt.

Die Vögel flattern auf und davon, ihr Festmahl ist unterbrochen.

Ich werde von plötzlicher Sorge ergriffen.

Die Winde hält inne. »Fertig zum Anheben!«, ruft Lea.

Mal und Dae ziehen Anik und sein Skiff zurück an Deck, und alle drei machen sich eilig daran, Kunststoffoveralls und riesige Gummihandschuhe überzustreifen. Sie signalisieren ihre Einsatzbereitschaft und erwarten das Netz an Deck.

Ennis steuert das Triebwerk und ruft den anderen zu, sich

bereitzuhalten, dann vibriert der Kran und beginnt ganz langsam, das schwere Netz aus dem Meer zu ziehen. Wasser strömt tosend heraus, und ich erkenne nach und nach die Fische, Hunderte, womöglich Tausende – die obersten schlagen verzweifelt mit den Flossen, während sie heraufgezogen werden. Mit einer solchen Menge habe ich nicht gerechnet, obwohl ich wusste, wie groß das Netz ist.

Ich will das nicht sehen. Ich kann nicht wegschauen. Ich muss es irgendwie verhindern. Aber natürlich kann ich das nicht.

Basil bricht in Triumphgeheul aus, und mir wird kotzübel. Kann ich wirklich einfach danebenstehen und mir anschauen, wie diese Lebewesen geschlachtet werden? Was unterscheidet sie denn von den Vögeln, für deren Schutz ich bereitwillig mein Leben opfern würde?

Da fällt mein Blick auf etwas in dem Netz, das sich vom Rest unterscheidet. Stirnrunzelnd beuge ich mich vor, spähe ins Dunkel. Es ist schwer zu erkennen, aber das ist kein Fisch, da bin ich mir sicher.

»Was ist das?«

Mal und Dae folgen meinem ausgestreckten Finger mit dem Blick, legen die Stirn in Falten.

»Licht!«, schreit Dae.

Samuel, der oben bei Ennis steht, dreht den Scheinwerfer in die Richtung, in die Dae deutet, und nun sehen wir es alle, glasklar. Eine riesige Meeresschildkröte ist in das Netz geraten.

»Halt!« Dae und Mal brüllen gleichzeitig los. »Käpten!«

Ennis hört sie und hält den Lastkran an. Das Netz baumelt

über dem Meer, das Boot neigt sich unter seinem gewaltigen Gewicht. Ennis stampft von der Galerie herunter, rennt zur Reling. »Wade öffnen!«, befiehlt er Basil.

»Was? Aber Boss, das ist ein Riesenfang!«

»Öffnen!«

Tief geschockt umklammere ich die Reling so fest, dass ich in der einen Hand einen Krampf bekomme. Ich massiere sie eifrig mit der anderen und beobachte dabei das arme Geschöpf, das inmitten des erdrückenden Gewichts der Fische nur ganz leicht mit den Flossen wackelt. Es hängt halb aus dem Netz heraus, und ich habe Angst, dass es sich schon zu sehr verheddert hat, um wieder freizukommen.

Die Ringleine wird gelockert, der Boden öffnet sich und lässt die Fische herausfluten. Sie fallen ins Wasser zurück, viele tausend auf einmal, der entstehende Seegang bringt das Schiff ins Schwanken. Viele verfangen sich im Netz, zappeln vergeblich. Darunter ist auch die Schildkröte, die sich nicht selbst befreien kann.

»Einholen, Sam!«, ruft Ennis. »*Vorsichtig!*«

Langsam wird die riesige Klaue gedreht und auf das Deck herabgesenkt. Das Netz ergießt sich rund um die Schildkröte, und alle stürzen herbei, um zu helfen, bis Ennis uns anbrüllt, es zu lassen.

Er nähert sich der Stelle, wo die Schildkröte unter den Netzbündeln begraben ist, und hebt sie langsam ab, bis das Tier freigelegt ist. Das Herz klopft mir bis zum Hals, als ich zusehe, wie Ennis neben der Schildkröte niederkniet und unendlich behutsam ihren Kopf und ihre Beine befreit. Sie schnappt nach ihm, dabei ist er doch so sanft, so sehr darauf bedacht, sie nicht zu verletzen. Einmal sehe ich, wie er die Hand auf den schweren Panzer legt, ihn liebevoll streichelt.

»Was machst du denn auch so weit im Norden, Mädchen?«, fragt er leise.

Sie öffnet und schließt das hakenförmige Maul, hebt den Kopf, so weit sie kann. Sobald Ennis sie entheddert hat, ziehen wir das Netz beiseite und geben den Weg zur Reling frei. Sie ist groß, Ennis, Basil, Mal und Dae müssen alle gemeinsam anpacken, um sie hochzuheben.

Ich lache erleichtert auf, als sie über Bord geht und mit einem gewaltigen Platscher im Wasser landet. Mit dem Handrücken wische ich mir die Tränen von den Wangen, während ich zusehe, wie sie in der Tiefe verschwindet. Ich stelle mir vor, sie zu begleiten, hinunter ins Dunkel.

Die Männer befreien die verbliebenen Fische aus dem Netz und werfen auch sie ins Wasser zurück.

Ennis blickt schweigend auf das Meer. Anik legt ihm eine Hand auf die Schulter. Es ist die erste freundliche Geste, die ich bei ihm sehe.

»So läuft's halt«, sagt Ennis achselzuckend, und Anik nickt. »Kümmern wir uns um das Netz«, ruft er dann den anderen zu, die sich unermüdlich gleich wieder der Aufgabe widmen, das große Netz zu entwirren und neu aufzurollen.

Ennis wirft mir einen Blick zu. »So erstaunt?«

Ich öffne den Mund, aber es kommen keine Worte. Weil Sie Fischer sind, will ich sagen. Ich habe nicht gewusst, dass Ihre Gier auch Grenzen kennt.

»Ruhen Sie sich aus«, erwidert Ennis auf mein Schweigen.

»Ich kann helfen. Ich habe geübt.«

»Sie sind nur im Weg, Schätzchen. Gehen Sie sich ausruhen.« Er hat kaum einen Blick für mich übrig, als er mich wegschickt.

Betreten bleibe ich an Deck stehen. Aber gleichzeitig bin ich erleichtert, so erleichtert wegen der Fische, die längst aus unserer Reichweite sind, und wegen der Vögel, die weitergeflogen sind, auf der Jagd nach dem nächsten Schwarm. Und wegen der Schildkröte. An sie denke ich, als ich den Befehl des Kapitäns missachte und mich zum Rest der Besatzung geselle. An ihre Augen denke ich, während ich Korken aufrolle, immer im Kreis herum. An den Blick in ihren Augen, als sie dort hing, gefangen im Netz und überzeugt, das müsse ihr Ende sein.

Ich habe Schmieröl unter den aufgeplatzten Blasen und kann absolut nichts dagegen tun, denn heute werden meine Hände im Maschinenraum gebraucht. Lea stellt irgendetwas mit der Bilgenpumpe an, wozu die auch immer gut sein soll. »Sie pumpt das überschüssige Wasser vom Schiff«, knurrt sie, während sie, wie eigentlich permanent, an etwas Ölverschmiertem herumhantiert.

»Und was machst du damit?«, frage ich mit lauter Stimme, um das dumpfe Brummen des Motors zu übertönen.

»Ich säubere sie. Im Antriebsrad verfängt sich immer jede Menge Mist. Gib mir mal den Schraubenschlüssel.«

Ich gebe ihn ihr und sehe zu, wie sie die Pumpe öffnet und mit der Hand tief hineingreift. Sie zieht eine Ladung schmierigen Müll hervor, der scheußlich stinkt, und feuert ihn mir direkt in den Schoß.

»Oh. Klasse.«

»Tu das in den Eimer und wirf's über Bord.«

Der Eimer steht direkt neben ihr; sie hätte das Zeug gleich selbst hineintun können, anstatt es auf mir abzuladen, aber hey, von mir aus. Ich sehe ihr Grinsen, als ich losziehe, um ihre Anweisung zu befolgen. Bis wir fertig sind, muss ich noch mehrere Eimer abscheulichen, fischig stinkenden Dreck über Bord befördern, und mein Magen rumort bei jedem Atemzug. Ich betrachte Leas muskulöse Arme, während sie die Pumpe reinigt, und beneide sie um ihre Kraft.

»Bist du immer schon zur See gefahren?«, frage ich sie.

Sie zuckt die Achseln. »Seit zehn Jahren repariere ich Schiffe. Davor war ich lange Mechanikerin.«

»Was hat dich daran gereizt?«

Noch ein Achselzucken.

»Und wo genau in Frankreich bist du her?«

»Les Ulis, in der Nähe von Paris. Meine Eltern sind wegen der Fußballkarriere meines Bruders dorthin gezogen«, ergänzt sie noch.

»Der ist Fußballer? Cool.«

Sie schüttelt den Kopf, sagt aber nichts weiter dazu.

»Und wo wart ihr davor?«

»Guadeloupe.«

»Wie ist es da?«

Wieder zuckt Lea die Achseln. »Du bist vielleicht 'ne Plaudertasche.«

Ich seufze, aber eigentlich finde ich das ganz angenehm. Die letzten paar Tage hatte ich viel mit Malachai zu tun, und der labert einem wirklich einen Knopf an die Backe.

Er ist mit drei Schwestern in Brixton aufgewachsen, nachdem seine alleinerziehende Mutter mit ihnen von Jamaika nach London gezogen war. Von Mädchen besessen, kam er zur Hochseefischerei, weil er besonders hinter einer her war, zehn Jahre älter als er und völlig unerreichbar, aber er brüstet sich damit, dass er sich im Leben noch jeder Herausforderung gestellt habe. Das war natürlich alles, bevor er sich in Dae verliebte und sie von ihrem letzten Schiff flogen, weil sie zusammen sein wollten. Daeshims Eltern waren aus einem kleinen Dorf in Südkorea an den lebhaftesten, liberalsten Ort gegangen, der ihnen einfiel: San Francisco. Laut Dae hatten sie keinen Schimmer, worauf sie sich da einließen, folgten aber dennoch dem Flow und ermunterten Dae schon nach kurzer Zeit, experimenteller Performance-Künstler oder feministischer Philosoph zu werden, falls er das wolle. Wollte er nicht. Er rebellierte, wurde Schiffsingenieur und heuerte auf dem erstbesten Krabbenkutter an, den er finden konnte, obwohl er entsetzlich unter Seekrankheit litt, nur um dann mit Schrecken festzustellen, dass seine Eltern davon begeistert waren. Und Malachai ist beileibe nicht der Einzige, der gern redet – sobald Samuel auch nur einen Schluck Alkohol intus hat, bringt ihn niemand mehr zum Schweigen, und außerdem heult er ständig. Er stammt aus Neufundland und hat keineswegs in jedem Hafen ein Kind, dafür eine unfassbare Menge davon zu Hause. Er selbst formuliert das so, dass er einfach sehr viel Liebe zu verschenken habe. Basils Geschichte hat dagegen mit Liebe nichts zu tun: Er hat seine gesamte Kindheit auf Schiffen verbracht und war fest entschlossen, nicht wie sein Vater als Seemann zu enden. Dieser Vater muss ein knallharter Mann gewesen sein. Basil war tatsächlich bei einer Kochshow in Sydney, wurde aber infolge eines Anfalls von Jähzorn gefeuert und musste mehr oder weniger aus Australien flüchten, um einem Skandal zu entgehen, und schließlich kehrte er auf den unausweichlichen Weg zurück, der ihm im Leben schon immer vorbestimmt war. Seeleute zieht es ständig zur See, ob sie nun wollen oder nicht. Was Anik angeht, haben mich die anderen hier und da mit ein paar Schnipseln versorgt – er ist am längsten von allen mit Ennis auf der *Saghani*, und darum, wie es zu der Zusammenarbeit zwischen den beiden kam, rankt sich ganz eindeutig ein Geheimnis, das mir aber kein Mensch verraten will. Dafür haben sie mir erzählt, dass Aniks Mutter früher Dozentin für Physik in Anchorage war, während sein betagter Vater immer noch sagenumwobene Schlittenhundtouren veranstaltet und seine Huskys mehr liebt als jeden Menschen.

Obwohl sie so bunt und verschieden sind, wie eine Gruppe Menschen nur sein kann, merke ich doch, dass sie auch alle gleich sind, Seeleute eben. Im Leben an Land hat ihnen etwas gefehlt, und sie sind losgezogen, um eine Antwort zu finden. Und worin die auch immer bestand, ich bin überzeugt, sie haben sie alle gefunden. Sie sind Zugvögel, die es vom Land wegzieht, und sie lieben es hier draußen auf dem Meer, das ihnen ein anderes Leben bietet, sie lieben dieses Schiff und – sosehr sie sich kabbeln und streiten – lieben sie doch auch einander.

Und auf ihre ganz persönliche Weise betrauern sie alle das Ende dieses Lebens, in dem festen Wissen, dass es kommen wird, aber ohne eine Ahnung, wie sie das überstehen sollen.

Ich kann nicht mehr gegen meine Seekrankheit ankämpfen. Die Gerüche und Geräusche im Maschinenraum haben mir den Rest gegeben. Lea schnaubt verächtlich, als ich zur Toilette stürme, um mir die Seele aus dem Leib zu kotzen. Der stärkere Seegang schleudert mich an die Kabinenwand, und ich muss mich an der Toilettenschüssel festhalten. Im Lauf der Nacht werden die Wellen immer grausamer, und ich liefere mir einen Wettlauf mit Dae zur Toilette, zur großen Erheiterung der anderen. Alles, was ich in mir habe, wird unter Schmerzen nach draußen befördert, immer wieder; das Erbrechen wird zu einer ganz eigenen Form der Hölle. Ennis hat wohl doch recht gehabt mit dem anrückenden Sturm.

Schließlich erbarmt sich Samuel und gibt mir eine Tablette gegen Seekrankheit, die mich ein paar Stunden in Tiefschlaf versetzt, und als ich aufwache, ist es immer noch dunkel, aber das Meer hat sich etwas beruhigt. Ich gehe an Deck. Im Bug steht Anik und wirkt nicht sonderlich erfreut, mich zu sehen.

»Er fährt nicht gern nach Süden«, sagt Basil, den ich erst jetzt im Dunkeln sitzen und einen Joint bauen sehe. »War schon immer so.«

Ich bin nicht in Stimmung für Basil, aber das bin ich nie, und vielleicht ist mir die leichte Gereiztheit ja schon Gesellschaft genug. Ich setze mich neben ihn, und wir lauschen dem Meer. »Und warum?«

»Er ist im Norden zu Hause.«

Basil reicht mir den Joint, ich ziehe daran. Rasch füllt mich die Wärme, lässt alles verschwimmen.

»Und warum geht er dann von dort weg?«, will ich wissen.

»Keine Ahnung, ich weiß nur, dass es irgendwas mit ihm

und Ennis zu tun hat. Die zwei haben irgendeinen Deal oder Pakt, der ewig zurückliegt, und deshalb fährt Anik immer mit dem Käpten, egal, was kommt.«

Merkwürdig.

»Habe ich den Sturm verschlafen?«, frage ich und schnuppere in der Luft nach Regen, rieche aber weiterhin nur Salz und Schmiere.

»Der hat noch nicht mal angefangen«, sagt Basil.

Ich schaue hinauf zum klaren Himmel. Lauter Sterne.

»Er macht sich bereit«, fährt Basil fort, der meine Skepsis spürt.

»Muss ich mir Sorgen machen?«

»Nimm lieber noch einen Zug.« Nach einer Weile sagt er: »Meine Familie stammt auch aus Irland. Ewig her.«

»Strafgefangene?«

Er grinst. »Ein, zwei Generationen später. Einfach nur ein paar Leute auf der Suche nach einem besseren Leben.«

»Besser als was?«

»Als die Armut. Ist das nicht bei allen Auswanderern so? Armut oder Krieg. Welche Seite ist bei dir die australische?«, fragt er.

»Die väterliche.«

»Wie haben deine Eltern sich kennengelernt?«

»Keine Ahnung.«

»Hast du nie gefragt?«

Ich schüttele den Kopf.

»Aber deine Mutter ist Irin, ja?« Basil lässt nicht locker.

»Ja.«

Ich sehe, wie er eine dicke Rauchwolke ausstößt. Er klingt

extrem bekifft. »Ich kannte mal eine Frau, die hat ihr ganzes Leben bis zu ihrem Tod zwischen den schiefergrauen Steinen von County Clare verbracht. Selbst wenn man sie mit Gewalt übers Meer gebracht hätte, ihre Seele hätte man doch nie von diesem Küstenstrich wegbekommen.« Er betrachtet seine Hände, fährt die Lebenslinien entlang, als würde er etwas suchen. »So ein Gefühl kenne ich gar nicht. Ich mag Australien, es ist mein Zuhause, aber ich hatte nie das Gefühl, dass ich für dieses Land sterben könnte, weißt du?«

»Das liegt daran, dass es nicht dein Land ist.«

Er runzelt gekränkt die Stirn.

»Meins ist es auch nicht«, fahre ich fort. »Wir gehören nicht dorthin – wir sind woandersher gekommen, haben unsere hässliche Flagge dort in den Boden gerammt, wir haben gemetzelt und gestohlen und es zu unserem erklärt.«

»Herrje, noch so eine sentimentale Nostalgikerin.« Er seufzt. »Aber wie kommt es dann, dass ich mich auch in Irland nicht zu Hause fühle?«, will er von mir wissen, als wäre das meine Schuld. »Mit achtzehn bin ich hin, weil ich dachte, ich finde dort so was wie meinen Ort.« Er zuckt die Achseln, nimmt noch einen Zug. »Aber den finde ich nirgends.«

Ich kann mir die Frage nicht mehr verkneifen. »Wie lange willst du das noch durchziehen, Basil?«

Er sieht mich an, Rauch wabert aus seinem Mund in mein Gesicht. »Keine Ahnung«, gibt er zu. »Samuel ist sich mit allem so wahnsinnig sicher. Er sagt, Gott wird schon für uns sorgen, die Fische werden wiederkommen. Der Mann ist länger Fischer, als es uns überhaupt gibt. Früher habe ich ihm geglaubt. Aber jetzt ist einfach zu viel von Verboten die Rede.«

»Hältst du das für wahrscheinlich?«

»Weiß man's?«

»Hast du nicht … Warum kommt es mir so vor, dass sich keiner von euch Gedanken über das macht, was ihr da tut?«

»Klar machen wir uns Gedanken. Früher war das mal ein richtig guter Weg, Kohle zu machen.« Er verschränkt die Arme, lässt den Satz wirken und setzt dann noch einen drauf: »Und wir sind schließlich nicht allein schuld. Die Erderwärmung bringt die Fische um.«

Ich starre ihn an. »Jetzt mal abgesehen von Überfischung und der Verseuchung der Meere mit Giftstoffen – was glaubst du denn, wer an der Erderwärmung schuld ist?«

»Ach komm, Franny, das ist doch öde. Lass uns nicht über Politik reden.«

Ich fasse es nicht, ich fasse es wirklich nicht, und dann kommt es mir plötzlich vor, als stünde ich am Fuße eines Berges, den ich beim besten Willen nicht erklimmen kann, und ich bin nur noch erschöpft, erschöpft von Basil und seiner kleinen selbstsüchtigen Welt, aber auch von meiner eigenen Scheinheiligkeit, weil ich doch genauso sehr Mensch bin wie er und genauso viel Verantwortung trage, also sacke ich schließlich nur wieder auf meinem Platz zusammen und halte den Mund.

Du hast das selbst entschieden. Du hast entschieden, dass dein Ziel es wert ist, mit einem Fischerboot dorthin zu fahren. Also beschwer dich nicht.

»Und was ist mit dir?«, fragt er.

»Was soll mit mir sein?«

»Wo ist dein Ort?«

Falls ich überhaupt einen Ort habe, denke ich, *dann liegt der schon ewig hinter mir.*

Basil gibt mir den Joint, und unsere Finger berühren sich. Ach, das kenne ich noch. Haut. Etwas in mir bäumt sich schmerzerfüllt auf. Das Rauschen des Meeres wird lauter.

»Wo ist dein Ort, Franny?«, fragt Basil mich wieder, und ich denke, warum soll ich dir das sagen, und dann küsse ich ihn. Weil ich ihn wirklich kein bisschen mag und es sich so kaputt anfühlt. Er schmeckt nach Tabak, nach Gras und Rauch, aber so schmecke ich sicher auch, wahrscheinlich noch schlimmer nach der ganzen Kotzerei. Er packt mich mit der freien Hand am Arm, eine linkische, verblüffte Geste, die mir von einem großen Verlangen zu zeugen scheint, von dem er vielleicht selbst nicht wusste, dass er es in sich hat.

Ich beende den Kuss, weiche zurück. »Entschuldige.«

Er schluckt, streicht sich mit der Hand über die langen Haare. »Alles gut.«

»Gute Nacht.«

»Gute Nacht, Franny.«

Wieder wird mein Schlaf gestört, erst von Albträumen über meine Mutter, dann von der warmen Flüssigkeit, die mir übers Handgelenk läuft. Benommen und desorientiert setze ich mich auf. Ich bewege mich, irgendwas tut weh, und die Nässe ist vertraut, ihr Rostgeruch wie eine Erinnerung in der Nacht.

Ich hole tief Luft, warte, bis mein Kopf sich wieder beruhigt hat. Du bist nicht im Gefängnis. Du bist auf dem Schiff.

Das Schwanken ist sehr viel schlimmer geworden. Vor und

zurück schaukelt das Boot, in großen, schwindelerregenden Schüben schabt es meine Handgelenke so stark gegen die Seile, die sie fesseln, dass mir das Blut feucht über den Arm rinnt.

Mit einer Hand löse ich den auf Slip gelegten Würgestek. Auf diesen Knoten bin ich ziemlich stolz, es war nämlich nicht einfach, ihn mir beizubringen. Ich habe beschlossen, mich jede Nacht ans Bett zu fesseln, denn offenbar gibt es eine Version von mir, die aus der Kajüte entkommen und zum Meer will, und das muss ich ihr zumindest erschweren.

Losgebunden purzele ich vom Bett wie eine Stoffpuppe.

»Alles klar?«, fragt Lea. »Bist du wach?«

»Hoffe ich doch.« Ich schäle mich aus der Bettdecke, öffne die abgeschlossene Kabinentür, pralle wie eine Flipperkugel von den Wänden ab, falle gegen die Stiege und schlage mir an der untersten Sprosse beide Schienbeine auf. »Franny? Was machst du denn? Komm zurück!« Aber ich stolpere schon hoch aufs Deck, hinein in den brutal peitschenden Regen und das Heulen des Windes, hin zum trotz der Morgenstunde schwarzen Himmel, und kann mich kaum aufrecht halten, fast pflückt mich der Sturm und reißt mich mit sich, fast zieht mir die plötzliche Wildheit der Welt die Haut ab. Einen Moment lang bleibe ich verdattert stehen. Dann rutschen mir die Füße weg, und ich gehe um ein Haar über Bord, bin beinahe weg, nur meine Finger umklammern noch die Reling, halten mich in der Welt. Ich finde wieder Halt, stürze zur zweiten Stiege. Ich muss zu Ennis, zur Karte und zu den Peilsenderpunkten, zu meinen Vögeln. Der Aufstieg ist gefährlich; ich breche mir die Fingernägel ab, als ich nach den Sprossen grabsche, knalle mit der Schulter ans Metall und rutsche immer wieder aus, schlage mir die schon verletzten Schienbeine noch weiter auf, aber bald bin ich doch auf der Brücke, reiße die Tür auf und werde hineingezerrt ins Dunkel, in die Stille. Die Tür fällt hinter mir zu, und ich stehe kurz wie unter Schock, das Brüllen von draußen hallt mir noch in den Ohren.

»Was zum Teufel soll das?«, fragt Ennis.

Ich wende den Blick von seiner Gewittermiene ab. »Ist das … Das ist richtig schlimm, oder?«

Wusch, macht das Boot, und wir werden beide gegen die Wand geschleudert. Jetzt begreife ich, was passiert. Der Sturm peitscht uns auf und ab, über die immer wieder anschwellenden, gewaltigen Wellen hinweg. Hinauf an der einen und dann – *rums*! – auf der anderen Seite wieder hinunter.

»Wir haben beide Anker gesetzt, der Motor läuft auf Hochtouren, und trotzdem treibt es uns noch zurück. Wir können von Glück sagen, wenn wir nur ein paar Seemeilen verlieren.«

»Und wenn es noch schlimmer wird?«

»Dann dringt zu viel Wasser ein.« Er mustert mich aus zusammengekniffenen Augen. »Du hättest es echt verdient, über Bord zu gehen, so, wie du hier herumstromerst.«

»Ich bin nicht gestromert, ich wollte hierher, zu dir.«

Etwas tritt in seine blauen Augen, das ich nicht entschlüsseln kann. »Warum?«

Mir sackt der Magen weg, als wir eine weitere schwere Welle überqueren, und ich muss mich an der Rückenlehne seines Stuhls festhalten.

»Wegen der Vögel«, sage ich.

Ennis zieht eine Rettungsweste hervor und streift sie mir über, es liegt Mitleid in dieser Geste.

»Ennis, wo sind die Vögel?«

Er deutet mit dem Kopf auf meine Füße. »Zieh die Stiefel aus, Schätzchen.«

»Warum?«

»Falls wir schwimmen müssen.«

Und da ist er wieder, selbst jetzt noch, nach allem, was passiert ist. Der irrsinnige Nervenkitzel, dem ich schon mein Leben lang nachjage. Es ist nicht richtig, Gefahr aufregend zu finden, aber so ist das bei mir. So ist das, immer noch. Mit dem einzigen Unterschied, dass ich früher einmal stolz darauf war, während ich mich jetzt dafür schäme.

9

Galway, Irland, zwölf Jahre zuvor

Den Nachmittag habe ich in der Universitätsbibliothek am Rechner mit dem Versuch verbracht, Maire Stone und John Torpey ausfindig zu machen. Maire scheint online praktisch nicht zu existieren – zumindest keine passende Maire Stone –, aber ich bin auf mehrere John Torpeys in der richtigen Gegend und der richtigen Altersklasse gestoßen. Gerade bin ich dabei, mir die Adressen zu notieren, als Niall Lynch an der Reihe von Rechnern vorbeigeht, einen Stapel Bücher im Arm. Er sieht nicht zu mir her, aber meinen Blick zieht es zu ihm, als wäre die Schwerkraft im Spiel, vielleicht auch etwas weniger Wissenschaftliches, etwas, für das ich noch keinen Namen habe. Seit der Nacht vor fast einem Monat, als er bei mir vor der Tür stand und diesen absurden Satz äußerte, haben wir kein Wort mehr gewechselt. Ich bin zu seinen Vorlesungen gegangen, aber er hat mich keines Blickes gewürdigt, und vielleicht ist das ja alles Teil seines Plans, denn er hat mich damit umstandslos in ein komplett besessenes Geschöpf verwandelt.

Abrupt springe ich auf, die Internetsuche ist vergessen. Der Notizzettel landet zusammengeknüllt in der Tasche meiner Jeans, er ist zur Nebensache geworden, und ohne dass ich es bewusst entschieden hätte, folge ich dem Professor aus der Bibliothek. Sein verschlungener Weg führt ihn durch etliche Gebäude, und ich habe das Gefühl, in diesen wenigen kostbaren Minuten seinen Schritten zu folgen, seine Entscheidungen nachzuvollziehen, mir sein Leben überzustreifen. Wer ist er? Woher kommt er? Was denkt er jetzt, in diesem Moment? Warum hat er diesen Satz gesagt, diese Abrissbirne von Satz, und hat er ihn tatsächlich ernst gemeint? Hat er irgendwie gewusst, dass ich schon ewig auf jemanden warte, der mich in Stücke haut, den Abriss übernimmt, damit ich das nicht immer selber machen muss? Ich ziehe mir seine Haut über, rolle mich in seinem Ich zusammen. Ob er sich je davon befreien wollte, so wie ich von meinem, ob er sich jemals vorgestellt hat, sein Leben für ein anderes zu verlassen? Wer würde ihn dann vermissen? Wer sind die Menschen, die ihn lieben?

Er sieht mich nicht auf den Fluren, hinter den Ecken, sieht mich nicht in der Abendsonne hinter einem Baum lauern. Er schließt sein Fahrrad auf, wechselt ein paar Worte mit einer Studentin, dann steigt er auf und fährt davon.

Ich schließe mein eigenes Fahrrad auf und folge ihm.

Der Professor legt ein ordentliches Tempo vor, aber ich habe keine Mühe mitzuhalten. Im Gegenteil – ich muss sogar ein paarmal abbremsen, damit ich ihm nicht zu nahe komme. Er führt mich durch die Stadt, hält an allen Ampeln und steigt dann ab, um sein Fahrrad durch die kopfsteingepflasterte Fußgängerzone zu schieben und den fröhlichen Melodieschnipseln der Musiker zu lauschen, die den Sonnenschein ausnutzen. Dann radelt er weiter, über den Stadtrand hinaus, wo das Gras lang ist und der Himmel weit. Das Meer ist hier ferner, trotzdem liegt eine Schönheit im goldgetränkten Grün dieser Felder. An einem kurvigen Hang wird er langsamer, und jedes Mal, wenn ich ihn aus dem Blick verliere, komme ich kurz zu mir und beschließe umzukehren, aber dann sehe ich ihn wieder und fahre ihm einfach weiter hinterher. Von wem sonst könnte ich ernsthaft behaupten, dass er eine solche Wirkung auf mich hätte? Von wem, jemals? Es liegt nur an diesem Traum, den er entworfen hat. Ich weiß das, und trotzdem fahre ich ihm weiter nach. Große Bäume tauchen auf, säumen die schmale Straße, lassen die Wiesen zu beiden Seiten verschwinden. Sie machen die Welt dunkler. Ein Tunnel, dessen Ende nicht in Sicht ist.

Jetzt kommt Niall an einen Torbogen mit einem unverschlossenen Tor und fährt hindurch, auf eine Auffahrt. Ich halte an und stelle ein Bein auf den Boden, um den Anblick auf mich wirken zu lassen. Vor uns liegt eine Art Backsteinbau, ein Herrenhaus, fast schon ein Schloss, mit mehreren Stockwerken, gewaltigen Ländereien und einem Lexus vor der Tür.

Denkbar, dass er sich jetzt umdreht und mich sieht, klar und deutlich, umrahmt von Schmiedeeisen und Efeu. Ich überlege, wie ich das wohl erklären könnte, ob ich auch nur den Versuch aushielte. Aber er dreht sich nicht um, und meine Neugier setzt sich durch. Ich fahre durch das Tor, dem Wahnsinn in die Arme, der sicheren Blamage entgegen. Über die kurvige Auffahrt und um den Steinbrunnen herum, bis zu dem Nebenweg, über den Niall verschwunden ist. Ich lasse mein Fahrrad hinter einer hohen, perfekt gestutzten Hecke stehen und drücke mich die Hauswand entlang.

Der hintere Teil des Anwesens ist ganz anders als der vordere. Hier wuchert alles wild, ungezähmt. Hohe Bäume, unbändige Pflanzen, überlanges Gras. Ein See erstreckt sich silbrig, an seinem Ufer schaukelt sanft ein Boot. Niall verschwindet gerade in einem kleineren Gebäude im Hintergrund, das von einem Vorhang aus Weinranken verdeckt wird. Aus der Nähe sehe ich ein Glasdach voller Spinnweben und Fenster nach allen Seiten, so staubig, dass man kaum hindurchschauen kann. Wenn ich die Augen halb zukneife, kann ich gerade so erkennen, wie er zwischen Pflanzen und Arbeitstischen hindurchgeht. Da ist er, zwischen den herabhängenden Sukkulenten, jetzt ist er weg, gleich darauf wieder da, er verschwindet, taucht wieder auf. Er zieht mich mit sich in den hinteren Teil des Gewächshauses; ich bin derart gefesselt von seinem Weg, dass ich unversehens in ein Loch trete und mir den Knöchel verdrehe. Ich unterdrücke ein Fluchen, klammere mich ans Fensterbrett und suche von neuem nach ihm, und dann vergesse ich allen Schmerz, denn ganz hinten im Gewächshaus steht ein riesengroßer Käfig, und er ist voller Vögel.

Das Blut fährt mir in die Wangen, ich trete vom Fenster weg, versuche, meinen Atem zu beruhigen, aber das geht nicht, also gehe ich zurück bis zur Tür des Gewächshauses und dann hinein, zwischen all den leuchtenden Farben hindurch, wie im Traum, und die Vogelstimmen, es müssen Dutzende sein, hallen in mir wider, ich spüre das Flattern ihrer Flügel im Brustkorb. Niall hört mich nicht durch den Lärm, das Tschilpen und Kreischen. Ich sehe Finken und Rotkehlchen, Amseln und Zaunkönige, und das sind nur die, die ich auf den ersten Blick erkenne. Er steht mitten im Käfig und füttert sie mit Körnern, und das Flattern ihrer vielfarbigen Flügel umgibt ihn wie ein Wirbelsturm, und dann, als hätte ich es gar nicht selbst entschieden, stehe auch ich im Käfig, und er sieht mich an, staunend und ganz ohne Staunen, und dann küsse ich ihn inmitten der Federn.

Fiebrig greifen wir nacheinander. Vielleicht erkenne ich hier ja einen zweiten Willen, einen, der es mit meinem aufnehmen kann, jedenfalls spüre ich, wie durch seine Sicherheit auch meine erwacht, entdecke endlich das wahre Abenteuer, das womöglich genug sein könnte, mich zu halten.

Er löst sich gerade so lange von mir, um zu sagen: »Lass uns heiraten«, und ich muss lachen, auch er lacht, aber gleichzeitig küssen wir uns wieder und wieder, und ich denke mir, dass wir den Verstand verloren haben, dass das lächerlich ist, töricht, albern, und gleichzeitig denke ich, dass es nun endlich da sein muss: das Ende der Einsamkeit.

Nordatlantik, an Bord der Saghani, zur Zeit des Vogelzugs

»Entspann dich«, sagt Ennis einige Zeit später, als der Sturm uns beide längst in angespannten Stumpfsinn versetzt hat.

Ich blicke zu ihm auf.

»Es wird nicht dazu kommen.«

»Zum Schwimmen?«

Er nickt. »Es wird alles gutgehen.«

Er sitzt auf seinem Kapitänsstuhl, der am Boden festgeschraubt ist. Alle paar Sekunden wappnet er sich für den nächsten Ruck, das nächste Schwanken. Mich hat es ständig von meinem Platz geschleudert, deshalb liege ich jetzt auf dem Boden, damit ich keine Verletzungen davontrage. Den Vorwärtsdrall federe ich mit den Füßen ab, und Ennis hat mir eine Rettungsweste unter den Kopf geschoben, damit ich nicht auf den Hinterkopf knalle. Er will mich hier nicht haben, aber er will auch nicht riskieren, mich wieder unter Deck zu bringen.

Der dunkle Regen, der an die Scheiben peitscht, lässt den Raum kleiner wirken, in dem wir hier festsitzen, bis der Sturm vorüber ist. Draußen tobt ein Himmelsuntier, das uns zerstören will. Vielleicht bemerkt es uns aber auch gar nicht, so klein, wie wir sind.

Ich halte den Blick auf den Monitor gerichtet, auf den kleinen roten Punkt mitten auf der Strecke des Sturms. Wie die Seeschwalben das überleben sollen, ist mir schleierhaft, aber ich weiß, sie werden es schaffen. Das spüre ich. Nie zuvor bin ich mir einer Sache so sicher gewesen.

Ennis greift nach dem Rechner, dreht ihn, damit auch er den Punkt im Blick behalten kann.

»Wie hast du deine Kinder verloren?«, frage ich.

Er antwortet nicht.

»Was ist zwischen dir und ihrer Mutter passiert?«

Nichts deutet darauf hin, dass Ennis mich gehört hat, aber dann – ein knappes Achselzucken. Wir kommen voran.

»Wer hat Schluss gemacht?«

Er sieht mich an, als würde er mich gern zum Schweigen bringen. »Sie.«

»Weil du zur See fährst?«

»Nein.«

»Anik hat gesagt, du magst mich nicht, weil ich nicht dafür ausgebildet bin, hier zu sein. Er sagt, das sei gefährlich.«

Ennis knurrt.

»Ist das alles?«

Schweigen.

Ich fahre mir mit der Zunge über die trockenen, aufgesprungenen Lippen. »Na gut. Wir können so weitermachen, du und ich, wir können diese Nummer durchziehen, dass du mich aus irgendwelchen Gründen nicht leiden kannst, das ist völlig in Ordnung, ich kann damit umgehen. Oder aber wir reden einfach drüber und machen es damit vielleicht für uns beide leichter.«

Das Schweigen zieht sich hin, was wohl heißt, dass er sich für die erste Variante entschieden hat. Wenn ich ehrlich bin, weiß ich gar nicht, warum mich das so belastet. Wertschätzung von Ennis gehört wirklich nicht zu den Dingen, die entscheidend sind. Zumindest nicht aufs Ganze gesehen. Trotzdem geht mir seine Abneigung mit jedem weiteren Tag tiefer unter die Haut. Vielleicht ja, weil ich mir hier auf seinem Boot den Hintern aufreiße und irgendwie gehofft habe, dass er das anerkennt.

»Es ist nicht ganz alles«, räumt Ennis schließlich ein.

Ich warte.

Ohne mich anzusehen sagt er: »Ich weiß doch, wie du und deinesgleichen sind.«

»Meinesgleichen?«

»Landratten.«

»Ach, meine Güte, jetzt hörst du dich schon an wie der gottverdammte Basil.«

»Deine Überzeugungen sind mir ja egal. Die sind deine Sache. Aber warum kommst du hierher auf mein Schiff mit diesen Augen und siehst uns so an?«

»Wie denn?«

»Als ob wir Abschaum wären. Als ob ich Abschaum wäre.«

Ich stutze verblüfft. »Ich halte euch doch nicht für Abschaum.«

Er erwidert nichts.

»Wirklich nicht, Ennis.«

Wieder kommt nichts von ihm, er glaubt mir offensichtlich nicht. Meine Gedanken rasen, versuchen zu ergründen, ob er recht hat. Ich habe kein Wort darüber gesagt, was ich denke, zu niemandem, nur gestern Nacht zu Basil. Aber wahrscheinlich war das gar nicht nötig. Ich halte sie nicht für Abschaum – wider besseres Wissen fange ich sogar allmählich an, diese Menschen zu mögen, und trotzdem wird da immer ein Teil von mir sein, der ihre Tätigkeit abstoßend findet. Früher mag die Welt in der Lage gewesen sein, die Art, wie wir jagten, gierten und fraßen, zu tolerieren, aber das ist vorbei.

Ich schlucke, richte mich auf und halte mich am Tischbein fest. »Das wollte ich nicht«, sage ich. »Es tut mir leid. Ich verstehe es nur einfach nicht.«

»Du kannst dir den Luxus ja auch leisten, es nicht zu verstehen.«

Meine Hände gleiten ab, und ich vergesse, beim Nachhinten-Rutschen meinen Kopf zu schützen, schlage heftig auf. Der Schmerz brennt in den Augen, lässt Ennis verschwimmen. »Ich dachte, du bist ein hartgesottener alter Seebär, den so schnell nichts umhaut«, bekenne ich. »Ich dachte, es interessiert dich einen feuchten Kehricht, was ich glaube. Ich bin doch niemand, Ennis. Ich bin niemand.«

Er sieht kurz zu mir hin, und ein Blitz von draußen schießt durch seine Augen, aber er schweigt, weil er in den meisten Fällen eben nichts anderes tut als schweigen.

Eine abgrundtiefe Erschöpfung durchdringt mich. Ich könnte jetzt einfach traumlos einschlafen, da bin ich mir sicher, eingelullt vom Schaukeln, nur die Wände stören noch. Wäre ich ein Tiefseelebewesen, dann wäre der Sturm für mich nichts weiter als der Ausblick über mir, das hingemalte Dach meiner Welt.

»Läuft das immer so?«, frage ich müde.

»Ist einfach nur ein schlechter Tag«, antwortet er, weil er mich falsch verstanden hat. »Es wird noch schlimmere geben und auch sehr viele gute.«

Ich nicke, dann schwappt sie wieder über mich hinweg, die Welle, wie sie das immer tut, die reißende Wucht der Sehnsucht nach meinem Mann. Auch er liebt Stürme.

»Ich habe einiges gelesen«, sage ich. »Darf ich dir erzählen, was ich über das Meer erfahren habe?«

Ennis schweigt wieder, und ich halte das für ein Nein, also schließe ich die Augen und stelle mir die Worte vor.

Aber dann sagt er: »Na gut, lass hören«, und eine Anspannung in mir löst sich.

»Es bewegt sich immerzu um die Welt. Ganz langsam arbeitet es sich aus dem Polargebiet vor und wird dabei teilweise zu Eis. Andere Teile werden salziger und kälter und sinken ab. Das Wasser, das in diese tiefe Kälte sinkt, bewegt sich am Meeresboden entlang nach Süden, mitten durch die Schwärze, dreieinhalbtausend Meter unter uns. Irgendwann erreicht es das Südmeer, streift dort das eisige Wasser aus der Antarktis und wird weiterbefördert bis in den Pazifik und den Indischen Ozean. Dort taut es allmählich auf. Wird wärmer und wärmer und steigt nach oben. Und dann, endlich, tritt es wieder den Heimweg an. Zurück nach Norden, die ganze Strecke bis in den mächtigen Atlantik. Weißt du, wie lange das Meer braucht, um seine Reise um die Welt abzuschließen?«

»Wie lange?« Ein Zugeständnis, aber ein nettes, deshalb lächele ich.

»Eintausend Jahre.«

Ennis' Miene gleicht meiner. Wie auch nicht? Wer hat etwas so Unfassbares bloß herausgefunden? Ein Mensch wie mein Mann, der sein Leben jenen Fragen widmet, vor denen andere ganz klein werden.

»Dieses Meer, das uns gerade hier herumschleudert«, fahre ich fort, »das hat es vor sechzig Millionen Jahren noch gar nicht gegeben, aber die Erde bewegte sich stark genug, um es hervorzubringen, und jetzt ist es ungestümer als die meisten. Eigensinniger. Das stammt jetzt nicht aus einem Buch. Das habe ich von Samuel.« Ich erlaube meinen Augen, sich zu schließen, während ich weiterrede. »Im Grunde kennen wir uns gar nicht mit dem Meer aus, wir wissen nicht, was es in seinen Tiefen verborgen hält. Unser Planet ist der einzige, der Meere hat. Im ganzen bekannten Universum sind wir als Einzige an der perfekten Stelle dafür, wo es nicht zu heiß und nicht zu kalt ist, und wir sind nur deshalb am Leben, weil das Meer den Sauerstoff hervorbringt, den wir zum Atmen brauchen. Wenn man sich das mal überlegt, ist es eigentlich ein Wunder, dass es uns überhaupt gibt.«

»Hast du das von deinen Eltern, das Geschichtenerzählen?«, fragt Ennis, und ich schrecke auf.

»Ich … Ja. Von meiner Mutter.«

»Und was hält die davon, dass du hier draußen bist?«

»Sie weiß es nicht.«

»Und dein Vater?«

»Der auch nicht. Er weiß generell nicht viel. Würde mich wundern, wenn er überhaupt meinen Namen kennt.«

Schweigen. Der Wind heult.

»Hast du Kinder?«, fragt Ennis.

Ich schüttele den Kopf.

»Du bist noch jung. Hast noch jede Menge Zeit.«

»Ich wollte nie welche. Wir haben uns über Jahre deswegen gestritten.«

»Und jetzt?«

Ich überlege lange. Die Wahrheit ist eine Wunde, die ich nicht aussprechen kann. »Kennst du das Meer, Ennis?«, frage ich stattdessen.

Er brummt etwas, die Augen fallen ihm zu.

»Ich kenne es ein bisschen«, sage ich. »Und ich liebe es schon mein Leben lang. Aber ich bin nie nahe genug, nie tief genug herangekommen. Dafür bin ich im falschen Körper geboren.«

Etwas in ihm hat sich verschoben, das weiß ich. Ich spüre es als Kribbeln in der Luft. Ein Auftauen.

Wir schaukeln vor und zurück, und ich sorge mich jetzt nicht mehr wegen der Vögel, was vielleicht daran liegt, dass der Sturm nachlässt, oder auch daran, dass ich rede. Niall war immer sehr darauf erpicht, dass ich die Dinge, die ich liebe, erforsche, sie auf eine Weise kennenlerne, die er begreifen kann – als Tatsachen. Aber ich war immer damit zufrieden, sie auf andere Weise zu kennen, zu wissen, wie sie sich anfassen, anfühlen.

»Es gibt da einen Ort«, sagt Ennis, bedächtig, wie er immer spricht, »weit draußen auf dem Meer. Im Pazifik. Point Nemo heißt er.«

»Nach *Zwanzigtausend Meilen unter dem Meer?*«

Er zuckt die Achseln. »Es ist der abgelegenste Ort der Welt, so weit entfernt vom Festland wie nichts anderes.« Seine Stimme ist wie ein tiefes Grollen. Ich habe den sehr abstrakten Gedanken, dass es sich so anfühlen könnte, einen Vater zu haben, wenn er nur komplett auftauen würde. Genau das brauchen Kinder bei Sturm.

»Dieser Ort ist viele tausend Kilometer von aller Sicherheit entfernt«, sagt Ennis. »Nichts könnte grausamer und einsamer sein.«

Ich fröstele. »Warst du mal dort?«

Er nickt.

»Wie war es?«

»Still.«

Ich drehe mich um, rolle mich zu einer müden Kugel zusammen. »Da würde ich gern mal hin.«

Vielleicht bilde ich es mir ja ein, aber ich meine, ihn sagen zu hören: »Irgendwann nehme ich dich mal mit.«

»Okay.«

Dabei werden auf diese Reise keine weiteren folgen, keine weiteren Meere zu erforschen sein. Vielleicht bin ich ja deshalb so voller Ruhe. Mein Leben war ein Vogelzug ohne Ziel, und das an sich ist schon ein Widerspruch. Ich breche auf, ohne Grund, nur um in Bewegung zu bleiben, und es bricht mir tausendfach, millionenfach das Herz. Da ist es erleichternd, endlich einen Vorsatz zu haben. Ich frage mich, wie es sich anfühlen wird, einfach aufzuhören. Ich frage mich, wohin wir danach wohl gehen und ob man uns folgen kann. Mein Verdacht ist, dass wir nirgendwohin gehen, dass wir nichts mehr sind, und traurig finde ich daran nur die Vorstellung, Niall nie wiederzusehen. Uns allen ist bloß ein kurzer Moment miteinander geschenkt, so kurz, dass es kaum fair erscheint. Und doch ist er kostbar, und vielleicht reicht er ja auch, vielleicht ist es richtig, dass unsere Körper wieder in die Erde übergehen, ihr unsere Energie zurückgeben, den kleinen Lebewesen im Boden Nahrung und dem Boden Nährstoffe schenken, vielleicht ist es richtig, dass unser Bewusstsein Ruhe findet. Ein friedlicher Gedanke.

Von mir wird nichts bleiben, wenn ich gehe. Keine Kinder, die meine Gene weitertragen. Kein Kunstwerk, das meinen Namen im Gedächtnis hält, nichts Niedergeschriebenes, keine großartigen Taten. Ich denke an die Wirkung, die so ein Leben hat. Es hört sich still an und so klein, dass es fast unsichtbar erscheint. Es hört sich an wie der unerforschte, nie gesehene Point Nemo.

Aber ich weiß es besser. Man kann die Wirkung eines Lebens an dem messen, was es gibt und was es hinterlässt, aber man kann sie auch an dem messen, was es der Welt wegnimmt.

10

Wir heirateten noch am selben Abend, nachdem wir uns in der Voliere geküsst hatten. Stolperten zu unseren Fahrrädern und radelten den ganzen Weg in die Stadt zurück, hielten kurz bei einem Secondhandladen an, um einen altmodischen braunen Anzug für ihn zu kaufen. Und für mich ein langes Seidenkleid in einem pudrig sanften Pfirsichton, das ich für alle Zeit auf der Haut spüren werde. Niall blieb an einem x-beliebigen Vorgarten stehen, um weiße Blumen für mein Haar und sein Knopfloch zu pflücken, und er konnte sie alle beim Namen nennen, wählte aber bloß die Wicken aus. Unsere nächste Station war Joyce' Supermarkt, wo wir ein Brot und eine Flasche Champagner kauften. Die ganze Zeit über telefonierte er leise, ließ sein Geld und seine Beziehungen spielen, um uns ein Aufgebot im Expressverfahren und eine sofort einsatzbereite Hochzeitsrednerin zu beschaffen. Mit einer schlichten standesamtlichen Trauung gab sich Niall Lynch nicht zufrieden, o nein, keinesfalls.

Am Hafen streifte ich meine Schuhe ab, und wir gingen barfuß zum äußersten Rand, dem Meer entgegen. Er hatte mich gefragt, wo ich heiraten wolle, und ich hatte geantwortet, hier, an dieser Stelle, genau dort, wo mir einst von der Frau erzählt worden war, die zum Vogel wurde. An dem Tag war etwas von mir dort zurückgeblieben. Ich war mir nicht sicher, ob ich es jetzt wiederfinden oder ein weiteres Stück von mir dort lassen würde. Das Blau bauschte sich über uns, durchtränkte die Welt und mit ihr auch unsere Haut. Die Hochzeitsrednerin traf ein und führte die offizielle Trauung durch, und wir formulierten sogar ein Ehegelübde, das wir uns spontan ausdachten, später furchtbar peinlich fanden und lachend umschrieben, und aus dem Augenwinkel sah ich elegant geschwungene Schwanenhälse vorbeigleiten, die auf das Brot warteten, das wir an sie verfüttern wollten, und ich sah das Muttermal an seinem Ohr und ein Grübchen rechts, wenn er lächelte, und gelbe Sprenkel in seinen haselnussbraunen Augen, die ich bisher nicht bemerkt hatte. Wir bedankten uns bei der Hochzeitsrednerin, dann schickten wir sie weg, um in Ruhe die Beine am Wasserrand baumeln lassen, Champagner trinken und die Schwäne füttern zu können. Die Wasservögel riefen leise. Wir plauderten über nichts Besonderes. Lachten über uns und tranken aus unserer Flasche. Wir hatten auch Momente unbegreiflichen Schweigens. Er hielt meine Hand. Die Sonne ging unter, die Schwäne schwammen davon. Tränen netzten meine Wangen und seine Lippen in der Dunkelheit.

Es war alles komplett verrückt. Und doch. Ich hatte nicht einen Zweifel, nicht eine Frage, nur ein Gefühl des Unvermeidlichen. Es war vorbestimmt, und eines Tages würde ich es zerstören, aber jetzt gehörte es mir und ihm und uns. So sah Niall das nicht, er hielt es für meine Entscheidung. Franny Stone trifft eine Entscheidung, sagte er, und das Universum fügt sich. Sie bestimmt, das hat sie schon immer getan; sie ist eine Naturgewalt und er der Stille, der dabei zusieht und sie dafür liebt, schon damals, auch jetzt noch. Seltsam eigentlich. Denn für mich hat es sich immer so angefühlt, als wäre ich es, die ihm folgt.

In unserer Hochzeitsnacht, während wir auf den wilden Atlantik hinausschauten, erzählte Niall mir, sein Grund sei, dass er von mir geträumt habe, bevor wir uns trafen.

»Also, natürlich nicht konkret von dir. Aber von etwas, das sich angefühlt hat wie du an dem Abend in meinem Labor, als wir die Möwe berührten. Und dann wieder, als ich zugeschaut habe, wie du die beiden Jungs vor dem Ertrinken rettest. Das war so vertraut. Ich habe dich erkannt.«

»Wie hat sich das denn angefühlt?«

Er dachte eine Zeitlang nach, dann sagte er: »Wissenschaftlich.«

Das nahm ich – ein klein wenig enttäuscht – als seine Form von Zynismus hin. Aber damit lag ich falsch. Bis heute bleibt es das Romantischste, was er je zu mir gesagt hat, aber das habe ich erst sehr viel später erkannt.

Universitätskrankenhaus Galway, Irland, vier Jahre zuvor

Sie glauben, dass ich schlafe, aber ich höre ihre leisen Stimmen im Dunkeln.

»Wir wissen nicht, was wirklich passiert ist.«

»Sie hat gestanden. Sie hat gesagt, sie wollte es.«

»Sie stand unter Schock. Womöglich wird das gar nicht anerkannt.«

»Sollte es aber, verdammt nochmal.«

»Hast du mitgekriegt, wie weit sie gelaufen ist?«

»Jetzt werd mal nicht rührselig, nur weil du mit dem Weibsbild zur Schule gegangen bist. Sie kommt in den Knast, und es nützt keinem was, wenn du dich deswegen fertigmachst.«

»Mache ich ja gar nicht. Ich versteh's nur nicht.«

»Ja, und das ist auch gut so, Lara – du bist nämlich keine Mörderin.«

Ich drehe mich um, giere nach Schlaf, aber ich bin mit den Handgelenken ans Bett gekettet, das Kissen ist klumpig, und meine Füße, o Gott, meine Füße brennen und brennen, und sie sagen, ich könnte ein paar Zehen verlieren, und trotzdem ist das alles nichts gegen das brüllende, rasende Brennen in meinem Kopf.

Nordatlantik, an Bord der Saghani, zur Zeit des Vogelzugs

Ein Kreischen.

Ich fahre hoch, das grelle Kratzen von Metall auf Metall hat mich geweckt. Ennis spricht hektisch in sein Schiffsmikrophon, so eindringlich, wie ich es noch nie bei ihm erlebt habe.

Ich rappele mich auf der kleinen Kommandobrücke hoch und stelle fest, dass der Sturm noch nicht vorbei ist. Er tobt weiter, genauso gewaltsam wie schon den ganzen Tag. Ich brauche einen Moment, um zu registrieren, was ich Ennis sagen höre.

»… Netze auswerfen, alle auf ihre Plätze! Ich wiederhole: Fische in Sicht, Netze auswerfen!«

»*Jetzt?*«

Ennis sieht kurz zu mir hin und nickt grimmig. Die *Saghani* kann sich bei diesen Sturmböen kaum vor Anker halten, ich sehe drei Meter hohe Wellen auf das Deck krachen. Da unten muss es teuflisch glitschig sein, nichts leichter, als dabei über Bord zu gehen. Auf Ennis' Bildschirmen sehe ich die Kreise des Echolots, das die Meerestiefe und jegliche Veränderung der Schallsignale anzeigt. Ein roter Zacken, auf den er jetzt zeigt, deutet wohl auf ein hohes Aufkommen von Meereslebewesen zweihundert Meter unter der Oberfläche hin – aber da kann ich mich auch täuschen, denn Ennis erläutert es mir nicht weiter.

Durch die Wand aus Regen kann ich die Besatzung kaum ausmachen, die sich jetzt aufs Deck vorwagt, ich sehe nur ihre Overalls und Anoraks in Neonorange. Diesmal tragen sie weiße Helme dazu, und sie machen sich rasch ans Werk, bringen die Trossen in Stellung, befestigen das Netz daran. Anik ist wohl derjenige, dem die größte Gefahr droht, denn er wird in seinem Skiff auf das schaukelnde Meer herabgelassen.

»Das überlebt er nicht«, sage ich.

Ennis steht in ständiger Funkverbindung mit Daeshim, der ihm alles berichtet, was an Deck vor sich geht, und die Befehle seines Käptens entgegennimmt.

»Er ist unten!«, meldet Dae. »Ich überprüfe jetzt die Winde. Seile werden abgelassen. Alle Mann aus dem Weg! Basil …«

Die Funkverbindung bricht ab. Ich habe es gesehen: Basil ist ausgerutscht. Einen Moment lang verliere ich ihn aus dem Blick, dann sehe ich ihn wieder, an ein Stück Takelage geklammert.

»Bericht, Dae«, sagt Ennis ungerührt.

»Alles okay, Käpten. Er steht wieder.«

Ennis vertieft sich in einen anderen Bildschirm.

»Was ist das?«, frage ich.

»Sensoren am Netz, damit ich sehen kann, wie es liegt.« Er greift wieder zum Funkgerät, verbindet sich aber diesmal mit dem Knopf in Aniks Ohr. »Kriegst du eine größere Schlaufe hin, Anik?«

»Aye, aye, Käpten. Ganz schön … heftig hier unten … mein Bestes.«

»Verdammt«, hauche ich und schließe die Augen. Ich kann Aniks Skiff im Sturm nicht erkennen. Aber er ist irgendwo da unten, wird umhergeschleudert und muss ganz allein mit dem riesigen, tonnenschweren Netz hantieren.

»Alles gut«, sagt Ennis. »Er hat's geschafft. Wir sind in Position. Holt ihn wieder hoch, Dae.«

Die Männer beeilen sich, Anik zurück an Bord zu holen, und bereiten sich dann rasch, gepeitscht von Regen, Wind und Wellen, auf den Fang vor. Das Ganze hat etwas von einem Albtraum, und mir erscheint es ganz unwirklich, hier oben in Sicherheit zu sein und zuzusehen. Es kommt mir falsch vor.

»Einholen«, warnt Ennis und setzt seine Steuerung in Gang. »Netze hoch.« Er geht langsam vor, und ich spüre, wie das Boot sich beängstigend neigt. »Scheiße«, sagt er, so leise, dass ich es kaum höre. »Großer Fang.«

»Käpten, da ist ordentlich Druck auf dem Triebwerk«, meldet Dae. »Die Trossen sind bis zum Äußersten gespannt.«

»Durchhalten!«

»Wie viel Gewicht ist das denn?«, fragt Dae fassungslos.

»Gut hundert Tonnen.«

Geschrei auf Deck, und ich drücke die Nase an die Scheibe, um zu sehen, was unten vor sich geht. Das Netz ist schon fast aus dem Wasser, als eine der Trossen reißt.

»Deckung!«, höre ich jemanden rufen, und die ganze Besatzung wirft sich zu Boden. Nur einer von ihnen ist nicht schnell genug: Die Trosse holt aus und peitscht gegen einen Körper, schleudert ihn an die Reling. Wie eine Puppe, ein Spielzeug, leicht, leblos und zerbrechlich. Ich keuche entsetzt auf, höre von unten die panikerfüllten Rufe. Wer immer es ist, er rührt sich nicht.

Das Netz indessen hält, aber nur gerade so. Auf dem Triebwerk und sämtlichen Winden lastet enormer Druck, ich spüre, wie das Schiff sich weiter neigt. Jemand erklimmt das Haupttau, um auf das Triebwerk zu gelangen, und als er fast oben ist, erkenne ich Malachais hochgewachsenen, durchtrainierten Körper, der gefährlich im Takt der Wellen schwankt. Er kann jeden Moment über Bord gehen, und kaltes Wasser wie dieses kann töten.

»Was macht er da?«, will ich wissen.

»Die Ersatztrosse anbringen.«

»Könnt ihr die Fische nicht einfach wieder rauslassen und das alles beenden?«

»Der Fang ist zu gut.«

»Willst du mich verarschen?«

Ennis schenkt mir keine Beachtung, und ich stürze hinaus in den Sturm.

»Franny!« Ich höre seine Donnerstimme, ducke mich aber nur und poltere die Metallstiege hinunter, klammere mich verzweifelt daran fest. Sofort bin ich durchnässt bis auf die Haut, mein Anorak nützt hier offensichtlich gar nichts, und die Kälte ist ein Schock. Viel schlimmer als der Fjord, in den ich gesprungen bin, um Ennis zu retten. Viel schlimmer als die Wintermorgen in unserem eisigen kleinen Holzhaus am Strand, wo der Wind durch die Ritzen in den Wänden heulte und man glaubte, wirklich allen Ernstes glaubte, man müsse daran sterben – oh, um so vieles schlimmer noch. Wasser rinnt mir in die Jacke, über den Rücken, in die Handschuhe, es lässt meine Fingerspitzen zu Eis gefrieren. Ich glaube, meine Ohren sind schon abgefallen. Ich bringe noch die Klarheit auf, an die armen Leute zu denken, die in diesem Irrsinn arbeiten, ihr Bestes geben und funktionieren müssen. Auf Deck ist das Brüllen des Sturms ohrenbetäubend. Ich drücke mich zu Anik, der sich über den zusammengesackten Samuel beugt. Lea, Basil und Dae kämpfen immer noch heldenhaft mit der Winde, halten sie mit schierer Muskelkraft und lassen dabei einen unentwegten Strom von Schimpfwörtern hören, während Mal verzweifelt versucht, die neue Trosse anzubringen.

Ich konzentriere mich auf den bewusstlosen Samuel. »Hilf mir, ihn reinzubringen!«, ruft Anik, und wir fassen den schweren Mann unter den Armen, einer rechts, einer links, und zerren ihn über das schwankende Deck. Ich rutsche aus, schlage heftig hin. Mir bleibt die Luft weg. Daran erinnere ich mich. Es ist wie Ertrinken. Panisch fange ich an zu keuchen, ringe nach Luft, aber da ist keine. Der Himmel dreht sich, fällt mir ins Gesicht. Anik legt mir die Hand auf die Rippen und sagt: »Langsam, langsam, ganz ruhig«, und dann kann ich wieder atmen und bin nicht ertrunken, und schon geht es weiter, wir zerren, schlittern, und schließlich sind wir drinnen, oben an der Stiege.

»Wie kriegen wir ihn da runter?«, frage ich keuchend.

Anik tänzelt die Sprossen hinab und verschwindet, und erst nach entsetzlich langer Zeit taucht er mit einer Krankentrage wieder auf. Gemeinsam rollen wir Samuel darauf und schnallen ihn fest, und ich sorge mich um eventuelle Rückenmarksverletzungen, aber es hilft ja nichts. Anik steigt ein paar Sprossen hinunter und übernimmt das Fußende, und wir lassen die Trage nach unten gleiten. Die nächste Herausforderung besteht darin, sie anzuheben, sie muss mehrere tausend Tonnen wiegen, Millionen, sie ist mir viel zu schwer, ich kann nicht ...

»Franny«, sagt Anik ruhig. »Es kann keiner helfen – sie sind alle zu beschäftigt. Du musst ihn anheben.«

Ich nicke und gehe in die Knie. Ich bin trainierter als je zuvor, sogar trainierter als in der Zeit, als ich noch geschwommen bin – das bringt das Gefängnis so mit sich, es stutzt zurecht und stählt. Wir wuchten Samuel hoch und wanken den Gang entlang. Das Boot bäumt sich erneut auf, die Wand knallt uns entgegen, und schon ist wieder alle Luft aus meiner Lunge verschwunden. »Weiter«, keucht Anik, und wir schieben uns weiter, poltern in die Küche und legen ihn dort auf den Tisch.

»Er atmet nicht«, japse ich. »Ich glaube, er hat keinen Puls.«

»Ich hole den Defi.«

Aber er kramt viel zu lange im Schrank herum, und ich beuge mich vor, um Samuel von Mund zu Mund zu beatmen, und dann, weil er so breit ist und so weit oben liegt, klettere ich auf den Küchentisch, hocke mich rittlings auf ihn und drücke auf seinen Brustkorb, so fest ich kann. Ich habe nicht das Gefühl, dass ich viel ausrichte. Er ist einfach zu stabil gebaut, die Knochen und Muskeln schirmen sein Herz so sehr ab, dass ich nicht herankomme. Noch einmal beatme ich ihn, lange, und spüre, wie er sich unter mir aufbläht, auf eine Weise, die mich zutiefst verstört.

»Runter, schnell!«

Ich kraxele herunter, und Anik öffnet Samuels Anorak und schneidet ihm das Hemd auf. Dann platziert er die beiden kleinen Elektroden dort, wo das Herz sein muss. Sie sind über zwei Kabel mit einem kleinen, schwarzen Kasten samt Bildschirm verbunden.

»Weißt du, was du da tust?«, frage ich.

»Nein.«

»Ich glaube, der eine muss seitlich hin und der andere nach unten.«

»Woher weißt du das?«

Ich zucke hilflos mit den Schultern.

Er zögert verunsichert, dann macht er es so, wie ich es sage. Das Gerät aktiviert sich von selbst, und wir sehen zu, wie die Ladeanzeige höher und höher steigt, bis das Licht grün leuchtet.

In Aniks Augen steht die Panik. Er streckt die Hand nach dem Knopf aus, den er aber gar nicht drücken muss – das Gerät gibt von selbst Elektroschocks ab, wenn es keinen

Herzschlag registriert. Ein Stromschlag fährt durch Samuels schweren Körper. Und gleich darauf ist er ein Wesen aus Fleisch und Blut. Aber er ist nicht tot – das ist es nicht, das nicht; er keucht und ist so plötzlich wieder bei Bewusstsein, wie ich es nie für möglich gehalten hätte. Dann stöhnt er auf und muss sich erbrechen, wir drehen ihn auf die Seite, damit er nicht erstickt.

»Scheiße, was ist passiert?«, fragt er.

»Keine Ahnung«, sage ich. »Du hast einen Schlag abgekriegt, und dein Körper hat völlig dichtgemacht. Dein Herz ist stehengeblieben, Sam.«

Er rollt sich wieder auf den Rücken und blickt zur Decke. Verängstigt beobachten wir ihn. Ich weiß nicht, was für Verletzungen das System dazu veranlassen, so komplett den Dienst einzustellen, und ich sehe mich schon wieder auf seinem Brustkorb sitzen, sein Herz massieren, ihm meine Atemluft zwischen die kalten Lippen pusten. Falls er uns wieder wegbricht, bleibt mir nichts anderes übrig.

Aber stattdessen sagt Samuel: »*Wie ein Schiffsuntergang sterben wir dem Innern zu …*«

Und ich lache auf, verblüfft, weil er selbst jetzt noch … und dann sage ich: »*Als ertränken wir in unserem Herzen.*«

Kaum hörbar haucht Samuel: »Ihr Iren.« Dann schließt er die Augen und atmet weiter.

Der Fang ist dem Sturm und der gerissenen Trosse zum Opfer gefallen. Samuel hat eine Platzwunde davongetragen, die sich quer über seinen Rücken zieht. Die Besatzung ist erschöpft, tieftraurig über den verlorenen Fang, voller Sorge um Samuel. Ennis ist so wütend auf sich selbst, dass er überhaupt nichts mehr sagt.

Und ich?

Ich bin nicht mehr das Federding.

Denn das Peillicht meiner Seeschwalbe ist verloschen, vom Sturm erstickt, hinabgezogen in das Reich der Tiefe, wo keine Sonne es mehr finden kann. Und sie mit ihm.

11

FRAUENGEFÄNGNIS, IRLAND, VIER JAHRE ZUVOR

Bei jedem Laut zucke ich zusammen. Meine Nerven liegen blank. Die Betäubung hat nachgelassen, jetzt gibt es überall nur noch scharfe Kanten.

Weil ich in Untersuchungshaft sitze, kann meine Anwältin mich an jedem beliebigen Wochentag besuchen. Eine Wärterin führt mich an einen Tisch im offenen Besucherzimmer. Die Fenster sind weit oben in den Wänden angebracht, fast unter der Decke, und sie lassen sich nur ganz leicht kippen. Aber das ist immer noch besser als meine Zelle.

Ich warte eine gefühlte Ewigkeit auf Mara Gupta. Sie ist eine gewiefte Anwältin Mitte, Ende fünfzig und hat ihren attraktiven, blitzgescheiten jungen Assistenten dabei, Donal Lincoln, der mindestens dreißig Jahre jünger sein muss als sie. Bei unseren bisherigen Treffen habe ich den Eindruck gewonnen, dass sie miteinander ins Bett gehen. Ein ferner Teil von mir ist begeistert von ihnen, vor allem von Mara. Aber der Teil von mir, der Liebe und Begeisterung empfindet, wird gerade lautstark zum Schweigen gebracht. Mein Herz ist erkaltet.

Und zwar.

Wegen der Angstwelt. Meinem neuen Zuhause. Der Angst, dass ich das alles nicht überleben werde, der Angst, dass ich es doch überleben werde.

»Wie geht es Ihnen?«, fragt mich Mara.

Ich zucke die Achseln. Für meinen Zustand gibt es keine Worte.

»Haben Sie genug Geld?«

Ich nicke ausdruckslos.

»Franny, wir müssen über die neuen Beweise reden, die bei der kriminaltechnischen Untersuchung aufgetaucht sind.«

Ich warte, bemerke die zierliche goldene Uhr, die sie trägt. Was die wohl wert ist? Vermutlich einiges, da bin ich mir nach acht quälenden Jahren des notgedrungenen Umgangs mit Nialls Eltern recht sicher. Mir kommt der Gedanke, sie wieder einmal zu feuern. Das habe ich schon zwei Mal gemacht. Sie wurde jedes Mal wieder eingestellt. Die Familie Lynch bekommt immer, was sie will, und sie will mich hier rausholen.

Solche gewaltigen, unrealistischen Dinge wollte ich früher auch. Jetzt will ich nur noch meinen Mann.

»Franny?«

Mir wird klar, dass ich Mara nicht zugehört habe. »Wie bitte?«

»Sie müssen sich auf das konzentrieren, was ich sage, das ist wirklich ernst.«

Ernst. Pah. »Können Sie erreichen, dass ich nach draußen kann? Die lassen mich nicht nach draußen.«

»Wir arbeiten daran, aber ich sagte ja schon, Sie müssen über Ihre Klaustrophobie mit der Psychologin sprechen.«

»Hab ich doch.«

»Franny, sie sagt, Sie hätten eine halbe Stunde lang schweigend dagesessen, so dass sie keine Diagnose stellen konnte.«

Daran erinnere ich mich nicht.

»Ich werde eine weitere Sitzung beantragen, aber diesmal müssen Sie wirklich versuchen, etwas zu sagen, ja? Und jetzt besprechen wir die Beweislage.« Maras Augen sind riesig. Jemand hustet, und ich zucke zusammen, zerstört, erschöpft und so scheißverängstigt, dass ich nicht mehr richtig rundlaufe. Mara greift nach meiner Hand, zentriert mich, zwingt mich, mir anzuhören, was sie zu sagen hat.

»Es liegen neue kriminaltechnische Beweise vor, und die Anklage deutet sie als Hinweis darauf, dass es kein Unfall war. Wir beide wissen, dass es einer war, aber augenblicklich sieht es so aus, als wäre es Vorsatz gewesen, und ich brauche Ihre Aussage, um das zu widerlegen. Sie müssen mir also noch einmal erzählen, was wirklich passiert ist …«

»Vorsatz.«

»Dass Sie es tun wollten«, wirft Donal beflissen ein. »Dass Sie Pläne gemacht und diese Pläne ausgeführt haben.«

»Ich weiß, was ›Vorsatz‹ bedeutet«, sage ich und sehe, wie er rot wird. »Was für Beweise sind das?«

»Dazu kommen wir noch, Franny, hören Sie mir erst mal genau zu«, sagt Mara. »Das ändert die Sachlage. Man will Sie jetzt nicht mehr wegen Totschlags verurteilt sehen. Man will Sie wegen zweifachen Mordes anklagen.«

Ich starre sie unverwandt an. Beide Anwälte schweigen, vielleicht wollen sie mir Zeit lassen, das zu verarbeiten. Aber ich habe es schon tausendmal verarbeitet. Ich habe nur darauf gewartet. Ich drücke Maras Hand und sage: »Sie hätten dieses Mandat nicht annehmen sollen. Ich habe versucht, Sie zu warnen. Es tut mir leid.«

Nordatlantik, an Bord der Saghani, zur Zeit des Vogelzugs

»Tut mir leid«, sagt Lea, als ich ihr von den ertrunkenen Seeschwalben erzähle. Wenn meine den Sturm nicht überlebt hat, ist es sehr unwahrscheinlich, dass es sonst einer aus ihrem Schwarm gelungen ist. »Es tut mir so leid«, sagt sie noch einmal, und ich sehe, dass sie das Geschehene ebenfalls trifft.

Ich nicke, weiß aber sonst nichts mehr zu sagen. Ich habe es ihr nur erzählt, damit sie es für mich an die Besatzung weitergibt. Meine Brust ist ein gähnender Schlund. Wenn ich die Augen schließe, sehe ich die Vögel, die einer nach dem anderen in ihr feuchtes Grab sinken.

Beim Abendessen ist es heute still. Der arme Samuel kann noch nicht wieder aufstehen, wir müssen also auf seine tröstliche Gegenwart verzichten. Basils Riesenknie gräbt sich in mein Bein, und ich hasse es, ich hasse diese Berührung, habe aber keinen Platz, von ihm wegzurücken.

Der Kurs ist gesetzt. Wir halten auf St. John's in Neufundland und Labrador zu. Dort wartet Samuels Familie auf ihn, er wird medizinisch versorgt, und wir können die gerissene Trosse reparieren. Was danach kommt, weiß ich nicht. Ennis hat zwar gesagt, er wolle den Atlantik nicht überqueren – die

Reise ist lang, und das Meer ist ihm unbekannt –, aber das sind die letzten Vögel, denen wir noch folgen können.

Vielleicht hat er es ja satt, Vögeln zu folgen.

Ich weiß nicht, ob ich ihn noch einmal überreden kann, trotzdem lasse ich zu, dass meine Füße mich zur Brücke tragen.

Zum ersten Mal steht Ennis nicht selbst am Ruder. Anik hat seinen Platz eingenommen, den Blick auf den Horizont gerichtet. »Wo ist er?«

»Macht Pause. Er hat seit Tagen nicht geschlafen. Lass ihn in Frieden, Franny.«

Ich sinke auf einen Stuhl, klappe aber nicht den Rechner auf, um die Punkte zu überprüfen. Aniks Blick bremst mich ein wenig. Es liegt eine Schwere darin.

»Schickst du mich jetzt zurück an die Arbeit?«, frage ich.

»Würdest du denn auf mich hören?«

»Vermutlich nicht.«

Aniks breiter Mund verzieht sich zu einem Lächeln, dem ersten richtigen Lächeln, das ich von ihm bekomme. Er sagt etwas in einer fremden Sprache. Ich warte auf eine Erläuterung, aber er wendet sich wieder dem Ruder zu.

»Was war das für eine Sprache?«, frage ich.

»Inupiaq.«

»Ist das Inuit?«

Er nickt. »Ein Dialekt aus Nordalaska.«

»Hast du Ennis dort kennengelernt?«

Wieder ein Nicken.

»Wie seid ihr euch begegnet?«

»Auf einem Schiff. Wo sonst?«

»Und wie ist es so da oben?«

»So viele Fragen.«

»Ich habe noch Millionen mehr.«

Seine ewig mürrische Miene ist längst zurück. Aber dann überrascht er mich mit der Antwort: »Da oben ist der Tod. Und das Leben. Beides so echt wie sonst nirgends.«

Ich betrachte das Meer, das sich vor uns erstreckt, in der ständigen Erwartung, Land am Horizont zu sehen. »Wie lange brauchen wir dorthin?«, frage ich.

»Vielleicht zwei Tage. Was hast du jetzt vor, wo die Vögel …«

»Sie sind ja nicht alle tot«, sage ich. Und doch … »Ich weiß es nicht.« Ich kann nicht aufhören, an meinen Wunden herumzupulen, bis meine Hände wieder bluten. »Wenn Ennis nicht mehr weiterwill …«

»Dann findest du einen anderen Weg«, sagt Anik schlicht.

Aber er versteht das nicht. Ich habe Monate gebraucht, um einen Kapitän zu finden, der überhaupt einverstanden war.

»Sie sind ja nicht alle tot«, wiederholt er meinen Satz.

Ich hole tief Luft. Er hat recht, trotzdem sehe ich sie immerzu im trüben Meer versinken, und ich kann auch die Leere in Samuels Brustkorb nicht vergessen, als ich ihn beatmet habe. Sie lässt mich erschauern. »Dieser Moment, bevor er wieder aufgewacht ist. Bevor wir ihn reanimiert haben …«

Anik sieht mich von der Seite an.

»Das war beängstigend.«

»Ja.«

»Für eine Sekunde war er fort. Es war, als wäre er nicht mehr in seinem Körper. Ich habe ihn beatmet, und das war, als würde ich einen Luftballon aufblasen. Er war einfach nur noch … ein leeres Etwas.«

Anik nickt. »Meine Großmutter würde jetzt sagen, er hat kurz in der Geisterwelt vorbeigeschaut. Wir haben ihn wieder zurückgeholt, das wird er uns vielleicht danken, vielleicht aber auch nicht. Manche halten es für grausam, einem solchen Ort wieder entrissen zu werden.«

»Hast du schon mit Menschen gesprochen, die von dort zurückgekehrt sind?«

»Zumindest behaupten sie das.«

»Und glaubst du ihnen?«

Ich will, dass er ja sagt, ich will es so sehr, aber er zuckt nur die Achseln.

»Wie beschreiben sie diesen Ort?«

Anik überlegt eine Weile, und ich merke, dass ich mich so weit vorgebeugt habe, bis ich fast vom Stuhl rutsche.

»Sie sagen, dort ist alles frei von Gesetzen und Strafen«, sagt er. »Sie schildern es als schwerelos und wunderschön.«

Plötzlich muss ich weinen. »Kommt jeder dorthin?«

»Das sagen sie.«

»Auch wir? Auch ich?«

»Ja.«

»Und die Menschen, die wir lieben?«

»Klar.«

Ich schließe die Augen, die Tränen fließen mir über die Wangen, und ich spüre, wie der Geist, von dem er spricht, mein Geist, freikommen will, seinen Weg dorthin zu finden versucht, aber mein Körper lässt ihn nicht, noch nicht. »Dann wartet sie dort also auf mich.«

»Wer?«

Ich öffne die Augen, begegne seinem dunklen Blick.

»Meine Tochter.«

Er atmet aus, seine Schultern sacken ab. Jetzt fließen auch seine Augen über.

»Franny«, sagt Anik und legt mir eine Hand aufs Haar. Wir blicken auf das Meer, warten auf das Land und wünschen uns doch, niemals dort ankommen zu müssen.

12

Labradorstrom, an Bord der *Saghani*, zur Zeit des Vogelzugs

Die Stimmung ist düster an dem Morgen, als wir uns der Küste Neufundlands nähern. Wir haben jede weitere Suche nach Fischen aufgegeben, und ich hätte nie gedacht, wie tief der Verlust die Besatzung schmerzt. Wie sehr das Meer diese Menschen antreibt, wie sehr die Jagd ein Teil von ihnen ist, lässt sich viel leichter erkennen, wenn sie nicht mehr mittendrin stecken.

Samuel hat mich vor dem Labradorstrom gewarnt, davor, wie es sein würde, dorthin zu kommen, wo er mit dem Golfstrom zusammentrifft. Trotzdem hätte ich es mir nicht ausmalen können. Wir werden in einem solchen Tempo vorangetrieben, dass ich jeden Glauben daran verliere, irgendetwas könnte uns jemals wieder bremsen. Zudem umgeben die beiden nebeneinanderher fließenden Ströme, der eine eisig, der andere warm, unseren Weg Richtung Land mit einer Wand aus Nebel. Ich stehe am Bug, halte die Reling umklammert und sehe nicht einmal die Hand vor Augen, geschweige denn die Felsen, auf die wir zuhalten.

Über mir ertönt die Schiffsglocke. Ich stelle mir den schrillen Schrei einer durch den Nebel stürzenden Möwe vor, das Schlagen ihrer Flügel. An einer Küste wie dieser müsste es doch eigentlich von Möwen wimmeln.

Wir werden langsamer. Die Besatzungsmitglieder an Deck rufen einander Kommandos zu, der Lichtstrahl des Leuchtturms schlägt eine Schneise in den Nebel. Die Glocke ertönt in einem gleichmäßigen Rhythmus, dem ich meine Atemzüge anpassen kann. Ennis lotst uns scheinbar mühelos in den Hafen von St. John's. Aber ich weiß, welchen Stress so ein Anlegemanöver für die Besatzung bedeutet. Den ganzen Morgen waren sie angespannt, weil sie weder das Wetter noch das Geschick ihres Käptens beeinflussen können.

Ich selbst bin aus anderen Gründen nervös: Ich habe einen gefälschten Pass.

Wobei das auch nicht ganz stimmt. Gefälscht ist er nicht, es ist nur nicht meiner.

Vor allem anderen erreicht mich der Lärm. Ich registriere die Rufe weiterer Stimmen, die sich in den Wind mischen. Umrisse lösen sich aus dem Nebel. Gestalten, die Schilder hochhalten: *Stoppt das Massaker! Das Meer gehört den Fischen, nicht den Menschen! Schluss mit dem Morden!*

Ich hole Luft, keuche; es trifft mich wie eine Faust in die Brust. Das Geschrei ist fast schon gewalttätig, erfüllt von einem Zorn, den ich nur zu gut kenne: Es ist der Zorn meines Mannes, den sie mit ihren Rufen und Sprechchören verkörpern, mit ihren Versuchen, das wenige beizutragen, was sie können, um dieses ebenso unerträgliche wie unvermeidliche Schicksal noch aufzuhalten, das wir uns geschaffen haben.

Lea tritt neben mich. Ihr Blick ist kalt, der Kiefer verkrampft. »Schau gar nicht hin«, sagt sie ausdruckslos.

Ein Schild sehe ich, es ist größer als die anderen – *Was müssen wir denn noch zerstören?* – und lässt mich in bodenlose Scham versinken. Ich stehe auf der falschen Seite dieses Schilds.

Schon nach den wenigen Wochen auf See ist es seltsam, wieder an Land zu sein. Es fühlt sich nicht mehr normal an. Viel zu hart ist der Boden unter meinen Füßen, als wollte er mich mit jedem Schritt etwas mehr zusammendrücken. Ich gehe über die Landungsbrücke zur Passkontrolle, gebe mir Mühe, mich zwischen der übrigen Besatzung der *Saghani* zu verstecken. Ich bekomme ein Einreiseformular zum Ausfüllen und schreibe die Daten von Riley Loach aus Dublin darauf. Die ganze Zeit behält mich ein übereifriger Zollbeamter mit seinen Adleraugen im Blick. Der Mann am Schalter allerdings mustert mich nur flüchtig – ich schenke ihm mein breitestes Lächeln, um meine Gesichtszüge etwas zu verbergen –, dann stempelt er meinen Pass und winkt mich durch.

Barrieren trennen uns von den Demonstranten, aber ich höre sie mehr als deutlich, kann sogar einzelne Gesichter erkennen, die uns alle voller Abscheu anstarren und von der gleichen Fassungslosigkeit, der gleichen Verwirrung sprechen, mit der ich zu kämpfen hatte. Ein Mann am Ende der Gruppe trägt eine gestreifte Mütze und schwenkt ein Schild mit der Aufschrift *Gerechtigkeit den Fischen, Tod den Fischern.* Mir läuft ein kalter Schauer über den Rücken, und genau in dem Moment treffen sich unsere Blicke, nur kurz, aber es ist, als sähe dieser Mann direkt in mich hinein und hätte mich als Ungeheuer erkannt.

»Los, komm.« Basil zieht mich am Ellbogen. »Gib ihnen nicht die Genugtuung.«

Wir gehen weiter, bis die Straße wieder frei ist, und warten dort auf den Rettungswagen, der Samuel ins Krankenhaus bringen soll.

»Alles okay mit dir?«, fragt mich Lea leise. Wir stehen etwas abseits von den anderen.

Ich sehe sie von der Seite an. »Was soll denn nicht okay sein?«

»Wirkst einfach ein wenig verschreckt.«

Neuerdings beobachtet sie mich, diese Mechanikerin aus Frankreich. Oft spüre ich, wie ihre dunklen Augen auf mir ruhen, und manchmal, wenn ich ihrem Blick begegne, schaut sie rasch weg. Bis jetzt bin ich mir nicht darüber klargeworden, ob ihr Interesse von Sorge um meine geistige Gesundheit befeuert wird oder ob es sich um etwas Intimeres, Schmerzlicheres handelt.

Ennis fährt mit Samuel im Krankenwagen, wir anderen verteilen uns auf Taxis. Die ganze Fahrt über schaue ich aus dem Fenster auf die verwinkelte Stadt, die kunterbunten Häuser, mitten hineingebaut ins schroffe Gestein. Über allem liegt immer noch ein schwerer Nebel, der dem Tag etwas Unwirkliches verleiht.

Wir finden Ennis erschöpft hingefläzt im Wartezimmer und lassen uns ringsum auf die Stühle fallen. »Er wird gerade untersucht. Ich habe Gammy angerufen, sie ist auf dem Weg hierher.«

Es dauert vierzig Minuten, bis Gammy, Samuels Frau, eintrifft. Sie kommt hereinmarschiert, den kompakten Körper in dicke Lederstiefel, Reiterhose und einen zotteligen Wollpullover gehüllt. Ihr Haar ist genauso rot wie das von Samuel und klebt ihr an der verschwitzten Stirn, den geröteten Wangen. Die blauen Augen wandern besorgt hin und her, während sie Ennis fest umarmt und ihm auf den Rücken klopft. »Wo ist er?«

Ennis zeigt ihr, wo sie hinmuss, dann wird es wieder still, und wir warten. Mit Warten komme ich nicht gut klar.

»Wie lange sind die zwei schon verheiratet?«, frage ich Dae.

»Etwa dreißig Jahre. Ich glaube, sie haben inzwischen ein Dutzend Kinder.«

»Ach, Quatsch!«

»Doch. Samuel hat sehr viel Liebe zu verschenken. Frag ihn ruhig.«

»Hab ich schon, und er hat mir genau das geantwortet, jedes Mal.«

Wir vertrödeln den Tag, vertreiben uns die Zeit mit einem Kartenspiel, das Dae geistesgegenwärtig eingesteckt hat. Lea und ich gehen Essen holen und kommen mit Wraps und Kaffee zurück. Schließlich taucht am späten Nachmittag Gammy wieder auf, mit angespannter Miene.

»Sie behalten den Volltrottel über Nacht hier. Er kriegt eine ordentliche Dosis Antibiotika gegen die Entzündung, und sie wollen sich sein Herz genauer ansehen. Da vermuten sie Probleme.«

»Durch den Defibrillator?«, frage ich.

Gammys Blick wandert zu mir und wird weicher. »Nein, Kindchen. Die Herzgeschichte war schon vor der Verletzung da. Ihr habt ihm das Leben gerettet.« Sie schaut zu Ennis. »Und die gottverdammte Trosse, die ihn getroffen hat, vermutlich auch. Sonst hätten wir von der defekten Pumpe womöglich viel zu spät erfahren. Hätte ich auch nicht gedacht, dass ich dir noch mal für was dankbar sein würde, Ennis Malone.«

Ich halte das für einen Witz, aber niemand grinst. Ennis neigt nur zustimmend den Kopf. Gammy mustert ihn ausführlich, ihre Miene ist schwer zu deuten. Dann spreizt sie die Finger. »Na gut. Dann wollen wir mal. Ich habe ein Rudel hungriger Raubtiere zu Hause, die gefüttert werden wollen, und ihr habt sicher auch nichts dagegen, euch mal richtig zu waschen und was Ordentliches zu essen.«

Ich lande mit Ennis und Lea in Gammys Auto, während die anderen gemeinsam losziehen, um sich einen Mietwagen zu suchen. Das Haus von Gammy und Samuel liegt irgendwo außerhalb der Stadt.

»Ich hoffe nur, jetzt reicht's dir endlich, Ennis Malone«, sagt Gammy. Sie gehört offenbar zu den Menschen, für die das Verwenden des vollen Namens größere Autorität vermittelt. Sie spricht mit dem gleichen Akzent wie Samuel, diesem typisch neufundländischen Mix aus Irisch und Kanadisch. »Wobei es dich ja noch nie aufgehalten hat, Leute ans Meer zu verlieren«, fährt sie frostig fort. »Man könnte allmählich meinen, du wirfst sie eigenhändig über Bord.«

Eine ungeheuer grausame Äußerung, und ich überlege, wer die bedauernswerten Leute wohl sind, von denen sie da spricht; ich frage mich, was Ennis mit deren Tod zu tun hat, was er sich vorzuwerfen hat. Überraschen sollte es mich eigentlich nicht. Hat er nicht auch Anik im Sturm rausgeschickt? War es nicht seine Entschlossenheit, einen Fang zu machen, die Samuel fast das Leben gekostet hat? Und uns andere nebenbei auch?

Allmählich, stelle ich fest, entwickele ich ein leicht beklommenes Verständnis für den Willen des Kapitäns. Etwas Vergleichbares ist mir bisher erst zwei Mal begegnet – bei mir selbst und dann noch einmal bei meinem Mann –, und ich weiß, wie zerstörerisch es sein kann. Wie weit wird Ennis gehen, um zu bekommen, was er will, den sagenumwobenen Goldenen Fang? Was wird er dafür opfern?

»Jetzt ist er ja zu Hause, Gam«, entgegnet Ennis leise vom Rücksitz. Ich mustere ihn verstohlen im Außenspiegel. Er hat den Kopf müde ans Fenster gelehnt, schaut auf das Meer links von uns. Die Bürde seines Verlangens lastet schwer auf ihm.

»Zu spät, Ennis Malone. Viel zu spät, Scheiße nochmal. Und falls du noch mehr Ärger im Gepäck hast, dann setzt es wirklich was.«

»Wir können auch in der Stadt bleiben, wenn du dich damit wohler fühlst.«

»Red kein Blech.«

»Der Käpten konnte nichts dafür«, begehrt Lea auf. »Wir kennen doch alle die Gefahr. Nur ein Narr geht auf ein Fischerboot und rechnet damit, es lebend wieder zu verlassen. Das weißt du, und Samuel weiß es auch.«

Gammy mustert die sehr viel Jüngere im Rückspiegel. »Und findest du es fair, die Loyalität der Leute gegen sie zu verwenden? Sie so lange beim Gefühl zu packen, bis sie alles tun, was man ihnen sagt, und auch noch für einen in die Schusslinie treten?«

Niemand antwortet.

Gammy schaut zu mir, und ich wappne mich für ihren nächsten Seitenhieb. »Und wer bist du eigentlich? Wie hat er dich in sein Chaos reingezogen, Kindchen?«

»Ich habe mich da selbst reingezogen.«

»Na, dann viel Glück. Das wirst du weiß Gott brauchen. Und jetzt schau mal rüber zu den Bergen, da kannst du gleich unser Haus sehen.«

Als wir um die nächste Kurve biegen, taucht ein Leuchtturm vor uns auf, der von der Landspitze in den Himmel ragt.

»Nein«, sage ich. »Seid ihr wirklich …?«

Gammy muss über meine Miene lachen.

Der Leuchtturm ist so abgelegen, dass er nicht automatisch überwacht wird, sondern noch bemannt ist, und als Gammy mir die Geschichte ihrer Familie erzählt, die ihn immer schon betrieben und von Generation zu Generation weitergegeben hat, spüre ich ihr tiefverwurzeltes Heimatgefühl. Das spüre ich auch im Boden, als ich aus dem Wagen steige und über die Felsen gehe. Es liegt im Himmel, im tosenden Meer, im Klagen des Windes, es liegt in der Art, wie sie mit großen Schritten über ihr Grundstück geht und ihren Leuchtturm betritt: Sie besitzt diesen Ort, und er besitzt sie, handfest und unbestreitbar. Wie es wohl sein muss, so tief und aus freien Stücken mit einem Ort verbunden zu sein?

»Alles gut, Schätzchen?«, fragt Ennis, als er meinen Rucksack aus dem Kofferraum holt.

Ich nicke und folge ihm nach drinnen. Das Haus, das an den Leuchtturm grenzt, wirkt unauffällig, kein Überbleibsel aus der Vergangenheit, sondern ein ganz alltägliches Haus mit niedriger Decke und einem Kamin, so unordentlich, dass man gleich Kinder darin vermutet.

Und was für Kinder.

Ich versuche nur kurz, sie nicht anzustarren, dann gebe ich es auf und starre mit wachsender Freude, während sie aus ihren gemeinsamen Zimmern kommen oder von den Hügeln draußen hereinstürmen. Kein Dutzend, aber immerhin sechs Töchter, die sich zum Verwechseln ähneln, die Kleinste sechs, die Älteste sechzehn Jahre alt, und alle mit dem gleichen unbändigen roten Haar und der gleichen hellen, sommersprossigen Haut. Keine von ihnen trägt Schuhe. Sie wirken robust, ein bisschen verdreckt, ungeheuer frei. Und mustern mich alle mit der gleichen interessierten Miene, voller Schalk und Intelligenz. Noch bevor ich ihre Namen weiß, bin ich schon ganz verliebt in sie. Vielleicht ist es ja das Irische an ihnen, das Vertraute. Vielleicht auch ihre fabelhafte und zugleich seltsame Ähnlichkeit.

Alle fallen sie erst Ennis und dann Lea aufgeregt um den Hals und begrüßen die anderen, die jetzt ebenfalls aus ihrem Mietwagen steigen. Bei mir bleiben sie noch wachsam.

»Hally«, stellt sich die Älteste vor und gibt mir die Hand. Sie hat das zerzausteste Haar von allen, und ihre Augen sind blauer als das Meer an klaren Tagen.

»Und das sind Blue, Sam, Coll, Brin und Ferd.«

Ich begrüße jede Einzelne von ihnen und versuche, mir die merkwürdigen Namen einzuprägen.

»Keine Sorge, niemand kann sich uns alle merken«, sagt die, von der ich glaube, dass sie Brin heißt.

»Ich werde mein Bestes tun.«

»Manchmal lasse ich sie Namensschilder tragen«, gesteht Gammy.

»Bist du Irin?«, will Hally von mir wissen.

Ich nicke.

»Wir auch!«, ruft Ferd.

»Das ist aber lange her«, ergänzt Blue. Dann fragt sie: »Aus welcher Ecke kommst du?«

»Galway.«

»Also aus der Republik«, sagt Hally. »Warst du einverstanden mit dem Ende des Unabhängigkeitskriegs und der Besetzung Nordirlands durch die Briten?«

Ich bin perplex. »Ähm … Wie alt genau sehe ich für dich aus?«

Hally gibt einen ungeduldigen Laut von sich und beschließt wohl, dass es sich nicht lohnt, mich weiter zu dem Thema zu befragen.

Während mich im Wohnzimmer die Kinder umringen, haben sich die übrigen Erwachsenen um den großen Tisch in der Küche gesetzt. Obwohl die Sonne noch hoch am Himmel hängt, prasselt ein Feuer – hier draußen fährt der Wind auch durch die Hausmauern und lässt die Luft eisig werden.

»Ihr müsst mal nach Irland reisen«, sage ich zu den Mädchen und lasse mich in einen breiten Ledersessel sinken. »Ihr würdet dem Land sehr gut stehen.«

»Dürfen wir hier bei dir bleiben?«, fragt Hally.

»Klar«, antworte ich überrascht.

Ferd, die Kleinste, klettert mir auf den Schoß und macht es sich dort bequem.

»Hallo.«

»Hi«, sagt sie, dreht eine meiner Haarsträhnen um den Finger und summt zufrieden vor sich hin.

»Du interessierst dich wohl sehr für Geschichte?«, frage ich Hally.

Sie nickt.

»Mom will, dass sie studiert«, sagt Blue.

»Lasst Franny in Frieden, Meute«, ruft Gammy aus der Küche. Sie hat den schweren Wollpullover ausgezogen, und ich sehe, wie muskulös ihre Arme und Schultern sind.

Die Mädchen treten widerwillig den Rückzug an, aber ich sage rasch: »Nein, bleibt.«

Von da an habe ich sechs Schatten. Hally bestürmt mich mit Fragen. Ferd will ununterbrochen schmusen. Coll sagt nichts, lässt aber keinen Blick von meinem Gesicht, als fänden sich dort alle Geheimnisse des Universums. Blue und Brin blödeln auf den ersten Blick lieber miteinander herum, bleiben aber trotzdem stets in der Nähe, und Sam lacht gutmütig über jede Bemerkung der anderen.

»Willst du unseren Garten sehen?«, fragt Ferd.

In der Küche streiten Basil und Gammy über das Abendessen, das sie gemeinsam zubereiten. Offenbar ist Basil sich nicht zu schade, andere in ihrem eigenen Haus herumzukommandieren, und Gammy ist die Erste mit genug Mumm, um ihm etwas entgegenzusetzen. Dae und Mal spielen Karten und fordern sich gegenseitig zu Gefechten heraus. Lea ist zu den Autos gegangen – ich höre sie am Motor von

Gammys Wagen herumdoktern. Anik hat sich irgendwo nach draußen verdrückt, und wo Ennis abgeblieben ist, weiß ich nicht.

Also lächele ich, denn ich möchte nichts lieber tun, als mir den Garten ansehen. Ferd möchte huckepack getragen werden, und ich lasse sie aufsitzen und marschiere nach draußen. Ihre kleinen Hände liegen sanft an meinem Hals.

»Wir ernten schon seit Monaten«, erläutert Sam, während wir einen Hang erklimmen, der mit wundersamen, breit angelegten Gemüsebeeten übersät ist. »Den ganzen Sommer über.«

»Was für Gemüse pflanzt ihr denn an?« Ich folge dem kurvigen Steinpfad zwischen den Beeten hindurch.

»Hier haben Zwiebeln gestanden«, erklärt Blue und zeigt mir das Beet. »In den Beeten ganz hinten waren Kartoffeln, aber die haben wir gerade alle rausgeholt. Und da sind Rote Bete, Möhren, Blumenkohl und … was war das noch mal, Coll?«

»Grünkohl«, haucht Coll und fährt mit den Fingern über die leuchtend grünen und lilafarbenen Blätter.

»Den mag Coll am liebsten«, sagt Blue. »Sieht er nicht aus wie Rosen?«

»Es gibt noch massig anderes«, sagt Sam. »Da drüben stehen nur Kräuter. Minze und so was.«

»Bäh, Minze!« Brin hält sich angewidert die Nase zu.

»Kannst du gärtnern?«, fragt mich Hally.

»Ein bisschen. Nicht so wie ihr.«

»Und wie willst du dann ein nachhaltiges Leben führen, wenn du nicht richtig gärtnern kannst?«

Ich verbeiße mir das Lachen. »Da hast du recht, ich sollte es wirklich lernen. Aber so einfach ist das nicht, wenn man auf einem Boot lebt.«

»Ja, klar«, räumt sie ein. »Aber wenn du dann wieder zu Hause bist.«

Ich nicke.

»Wir essen nur, was wir selbst angebaut haben, die Eier, die unsere Hühner legen, und alles, was wir aus dem Meer angeln.«

»Aber Fisch hatten wir schon ewig nicht mehr.« Brin seufzt.

»Was ist mit anderem Fleisch?«, frage ich. »Habt ihr Nutzvieh?«

»Fleisch gibt es keins«, sagt Hally. Sie wirft sich ein bisschen in die Brust und wirkt regelrecht furchterregend. »Dad sagt, das brauchen wir nicht.«

So, so. Auf dem Schiff hat Samuel eindeutig Fleisch gegessen – kein Wunder, dass er so betreten dreingeschaut hat, als ich erzählt habe, dass ich Vegetarierin bin.

»Ich bin sehr beeindruckt und ein bisschen neidisch«, sage ich, und das Misstrauen weicht aus Hallys herausforderndem Blick.

»Wir haben die Netze weggemacht, siehst du?« Sie zeigt zum anderen Ende des Gartens, auf ein Metallskelett, an dem ein langes Netz hängt. »Hey, raus da mit euch!«, ruft sie Blue und Brin zu, die beim Rangeln in ein Beet mit lockerer Erde geraten und jetzt ganz dreckig sind.

»Und warum?«, frage ich sie.

Hally zuckt die Achseln. »In letzter Zeit versuchen die Vögel nicht mehr, uns irgendwas wegzufressen.«

»Weil es keine mehr gibt«, sagt Blue, als läge das auf der Hand.

Ich schlucke. »Wie traurig.«

Hally zuckt wieder die Achseln. »Ja, schon.«

»Aber gut fürs Gemüse!«, piepst Ferd fröhlich von meinem Rücken herunter.

Als Nächstes besichtigen wir das Hühnergehege, ein großes, weiträumiges Labyrinth aus hölzernen Häuschen, in denen die Tiere schlafen, und Grasflächen, auf denen sie scharren und picken können. Insgesamt sind es dreiundzwanzig, alle so an Menschen gewöhnt, dass sie sich auf den Arm nehmen und streicheln lassen. Ihr gesprenkeltes Gefieder fühlt sich seidig an, ihr leises Gackern wirkt beinahe mütterlich, und ich finde das alles wunderbar.

Es wird schon dämmrig, als wir den Hang wieder herunterkommen und uns dem langen Sandstrand zuwenden. Die Mädchen laufen voraus, nur Ferd bleibt auf meinem Rücken sitzen. Sie wird minütlich schwerer, aber ich würde sie um nichts in der Welt absetzen.

Zwei der Mädchen verschwinden, um ihre riesigen schwarzen Pferde zu holen, und führen sie auf den Strand hinaus. Sie winken mir zu, dann schwingen sie sich auf den Rücken der Tiere und treiben sie zu einem Galopp an. Schwere Hufe donnern vorbei, Sand spritzt auf; sie wirken klein, regelrecht winzig auf ihren Reittieren und sind doch auf urtümliche Weise mit ihnen eins.

Ferd klettert von mir herunter, um mit ihren Schwestern im Sand zu spielen, und ich setze mich auf eine Düne und sehe zu, wie die beiden Reiterinnen den Strand auf und ab galoppieren. Die goldene Sonne zieht beim Untergehen rosa Schlieren über den Himmel, lässt das Meer metallisch glänzen. Ich grabe Füße und Hände in den Sand, spüre die rauen Körner an der Haut und flehe mich an, ganz und gar in diesem Abend zu leben, aber ich bin Millionen Kilometer weit weg. Es gab eine Zeit, da hätte ich ganz für die Süße eines solchen Abends gelebt, ich hätte sie eingesaugt, mein Blut von ihr beleben lassen, und jetzt ist da nichts mehr. Ich stehe abseits, ebenso gut könnte ich auch tot sein.

Ennis kommt leise heran und setzt sich zu mir. Er hat ein Glas Wein für mich mitgebracht und für sich ein Bier. Ich wundere mich darüber, wo er mich doch bisher so sorgfältig gemieden hat.

»Unglaublich, was?«, sagt er mit Blick auf die Mädchen.

Ich nicke. »Wie sind deine Kinder?«

Obwohl ich nicht mit einer Antwort rechne, sagt er: »Weiß ich nicht. Ich kenne sie gar nicht mehr.«

»Wie heißen sie denn?«

»Owen und Hazel.«

Seine Stimme klingt angespannt, und ich frage nicht weiter nach seinen Kindern.

Stattdessen richte ich meine Neugier auf etwas anderes. »Was ist denn jetzt eigentlich das große Geheimnis, das mir niemand erzählen will? Wie ist Anik dein Erster Offizier geworden?«

»Das ist kein Geheimnis«, sagt Ennis. »Es ist nur einfach unsere Geschichte. Vor der *Saghani* waren wir zusammen auf einem anderen Boot. Es gab einen Sturm, das Schiff sank, und alle an Bord sind ertrunken, bis auf mich und Anik, und wir haben nur überlebt, weil wir uns an einem Stück Mast festgehalten haben und aneinander. Drei Tage mussten wir im Wasser warten, bis wir gefunden wurden. Seitdem fahren wir nur noch zusammen raus, und das ist auch schon alles, mehr ist nicht dabei.«

Ich schweige. Ich hatte etwas ganz anderes erwartet, mir wird kalt bei dem Versuch, mir vorzustellen, wie es sein muss, so lange im Wasser auszuharren, und mir ist klar, dass ein solches gemeinsames Erdulden einen auf ewig mit jemand anderem zusammenschweißen kann.

»Warum redest du jetzt mit mir?«, frage ich schließlich.

Ennis sieht kurz zu mir rüber. »Ich dachte, ich erbarme mich mal.«

Ich verdrehe die Augen.

Die Pferde donnern vorbei, ein Sturmwind aus Lärm. Zwei rote Haarschöpfe wehen in ihrem Windschatten, verschmelzen mit den dunklen Mähnen der Tiere.

»Die Fische werden zurückkehren«, sagt Ennis unvermittelt.

»Nein, werden sie nicht. Nicht, solange es Menschen gibt.«

»Das sind doch immer Zyklen …«

»Es ist ein Massensterben, Ennis. Sie kommen nicht mehr zurück.«

Er verzieht das Gesicht, will es nicht wahrhaben. Ich bin wirklich verblüfft.

»Warum tust du dir das an?«, frage ich ihn. »Es hat etwas von einer Strafe. Warum?«

»Weil es nichts anderes gibt. Für mich gibt es nichts anderes. Nur das und meine Kinder, aber die sind nur noch meine, wenn ich es schaffe weiterzumachen, wenn ich es schaffe, noch etwas aus mir zu machen.«

»Kann sein, dass ich völlig falschliege, aber seit wann hat Geld etwas mit Sorgerecht zu tun?«

»Arbeitslos und abgebrannt bekomme ich sie nie zurück.«

»Dann geh nach Hause, fahr Taxi, geh putzen, kellnern, egal was. Wie willst du denn ein Vater sein, wenn du nicht da bist?«

Er schüttelt den Kopf. Ich glaube, er hört mich gar nicht richtig. Starr blicke ich ihn an, und ganz langsam dringt etwas durch meine Poren. Eine Erkenntnis.

Ennis und ich sind uns gleich.

Er hat gesagt, ich würde ihn verurteilen, ihn für Abschaum halten, und es stimmt, das habe ich getan. Aber wie kann ich ihn für sein selbstzerstörerisches Getriebensein verurteilen, wenn ich die gleiche Bürde trage?

»Ich kann ums Verrecken nicht aufhören«, gesteht er mir. Er nimmt einen großen Schluck von seinem Bier, wohl zur Beruhigung, wie mir scheint. »Es ist wie eine Krankheit.«

Das Gleiche habe ich zu Niall über meine Wanderfüße gesagt, über den Umstand, dass ich ihn verlassen und immer wieder verletzen werde, aber als ich es jetzt selber höre, klingt es vor allem nach Ausrede. Es klingt egoistisch.

Ennis redet weiter, er redet sich alles von der Seele, vielleicht sucht er auch nach einer Art Absolution, aber da hat er sich die Falsche ausgesucht – die kann ich ihm nicht erteilen. »Seit Hunderten von Jahren wird in meiner Familie gefischt. Lauter Fischer, von Generation zu Generation. Etwas anderes gab es nie. Ich habe nichts weiter mitbekommen, nur diesen brennenden Wunsch nach dem Goldenen Fang, danach, der Erste in einer langen Ahnenreihe Besessener zu sein, der das schafft.«

Er bleibt eine Zeitlang still, dann setzt er leiser hinzu: »Es ist das Einzige, worin ich wirklich gut bin. Es muss doch einen Weg geben, ein Vater und ein guter Mensch zu sein und trotzdem noch *ich* zu bleiben.«

Darauf habe ich keine Antwort. Ich habe ja selbst nie herausgefunden, wie man zuverlässig sein kann und gleichzeitig frei.

Ennis' Hand, die das Bier hält, zittert. »Wenn ich wirklich alles aufgeben muss, um für sie da zu sein, dann mache ich das, aber vorher muss ich es noch gut zu Ende bringen. Ich muss etwas … *erreichen.*«

»Selbst wenn du andere damit gefährdest.«

»Ja.« Ihm bricht die Stimme. »Selbst dann.«

Wir schweigen, während die Mädchen hin und her galoppieren, immer hin und her. Zwischen uns liegt eine Schwere, die ganz aus Scham besteht, aber da ist auch ein neues gegenseitiges Verständnis.

»Was wäre, wenn du die anderen gehen lässt?«, frage ich.

»Allein schaffe ich das nicht.«

»Würdest du es mit mir zusammen schaffen?«

Ennis sieht mich an. »Nur wir zwei?«

Ich nicke.

Er schüttelt ganz langsam den Kopf. »Nein. Ich glaube nicht.« Trotzdem hat sich etwas in seinem Blick verschoben; ich habe das Gefühl, ein Streichholz angerissen zu haben.

»Essen!«

Wir drehen uns beide um und sehen Basil, der uns vom Haus her ruft. Ennis erhebt sich. Das Grau in seinem Bart wirkt silbrig im Abendlicht.

»Ich warte noch auf die Mädchen«, sage ich, weil ich allein sein möchte.

Dick und schwer sind die weißen Fesseln der Pferde; bebend strömt Liebe durch ihre Muskeln und durch die kleinen Körper auf ihrem Rücken. Ferd, die Jüngste, ist sechs. So alt wäre auch meine Tochter jetzt, ihr Haar kohlrabenschwarz wie meines, wie das ihres Vaters.

13

Neufundland, Kanada, zur Zeit des Vogelzugs

»Warum weinst du?«

Ich mache die Augen auf und sehe Ferd vor mir im Sand sitzen. Die anderen Mädchen führen die Pferde wieder den Hang hinauf. Die Sonne ist jetzt ganz untergegangen, über uns bilden die Sterne eine glitzernde Decke.

»Ich weine dauernd«, sage ich und reibe mir die Tränen aus dem Gesicht.

»Hally weint auch dauernd. Mom sagt, das ist, weil sie schon mal ein früheres Leben hatte, das sich immer wieder einschleicht.«

Ich muss lächeln. »Das ist aber schön.«

»Wahrscheinlich stimmt es auch, wenn Mom das sagt.«

»Ja, wahrscheinlich.«

»Los, komm. Hast du keinen Hunger, Franny-Panny?« Sie lacht über den Spitznamen, und ich lache mit.

»Doch, ich bin halb verhungert.« Sie nimmt mich an der Hand und führt mich zum Haus. Der Strahl des Leuchtturms kreist so unermüdlich wie Ebbe und Flut, er ist da und dann wieder weg, da und dann wieder weg.

Am Ende des langen Esstischs ist noch ein Klapptisch aufgestellt worden, trotzdem müssen wir uns ziemlich quetschen, um zu vierzehnt Platz daran zu finden. Gammy verbannt ihre Kinder nicht an einen Extratisch, und sie benehmen sich beim Essen alle tadellos.

»Auf Dad«, sagt Coll mit ihrer verträumten, leisen Stimme. Und wir erheben unsere Gläser auf Samuel.

Das Essen wird aufgetragen, ein köstlicher Eintopf aus Wintergemüse. Basil hat sich mit seinen üblichen Mätzchen zurückgehalten, lässt es sich aber nicht nehmen, einmal den Tisch zu umrunden und jedem ein Zweiglein Rosmarin und eine Zitronenscheibe auf den Teller zu legen und sich zu vergewissern, dass alle Erwachsenen ein Glas Wein vor sich haben. Zu meiner Überraschung merke ich, dass mir seine Akribie gefällt, seine Leidenschaft, sein Blick fürs Detail. Dann ertappt er mich dabei, wie ich ihn ansehe, und zwinkert mir zu, und der Moment ist dahin.

»Ich habe immer noch nicht richtig verstanden, wer eure Neue eigentlich ist«, sagt Gammy, und aller Augen richten sich auf mich.

»Das ist unsere Ornithologin«, sagt Mal. »Ihre Vögel führen uns zu den Fischen.«

»Es gibt doch gar keine Vögel mehr«, beanstandet Ferd.

»Ein paar schon«, sage ich zu ihr. »Sie verstecken sich nur.«

»Und was für welche?«, fragt Hally.

»Küstenseeschwalben«, sage ich. Und mit einem Mal stehe ich wieder im Labor meines Mannes, wo er mir zum ersten Mal von ihnen erzählt hat. Ich bin bei ihm, und er weint echte Tränen, die ersten, die ich ihn je weinen sah, während er mir von der Reise dieser kleinen Vögel erzählt, von ihrem Mut. »Von allen Tieren der Welt absolvieren sie die längste Reisestrecke, von der Arktis bis zur Antarktis und wieder zurück.«

»Und du folgst ihnen, Franny?«, fragt Gammy. »Um sie zu erforschen?«

Ich nicke. »Ich habe drei von ihnen mit Peilsendern ausgestattet.« Ich muss schlucken. »Oder nein, zwei.«

»Und warum reist du dann selbst mit?«

»Das ist Teil der Vorgehensweise.«

»Hast du denn kein Team? Machst du das ganz allein, ortest sie alle auf diese Weise?« Ohne den Blick von mir zu lassen, schüttelt sie langsam den Kopf. »Wie kommt man bloß dazu, sich ein so einsames Leben auszusuchen?«

Erwartungsvolles Schweigen.

Ich falte die Hände im Schoß, spüre die Frage. »Das Leben ist doch immer einsam. Aber mit den Vögeln nicht so sehr. Damals haben sie mich sogar zu meinem Mann geführt.«

Es klingt nach Irrsinn.

Das Schweigen zieht sich in die Länge.

»Scheißdurchgeknallt«, platzt Basil heraus.

»Benimm dich, Bas«, sagt Dae, und die Mädchen kichern los.

Nach dem Essen beschließen die Mädchen, etwas zu singen, was sie anscheinend häufig tun. Sie zanken gute fünf Minuten darüber, mit welchem Lied sie anfangen sollen, bis Hally schließlich verkündet, sie würden nur irische Lieder für mich singen, damit ich nicht mehr so viel Heimweh hätte.

Aber es schmerzt, und plötzlich ist da wieder Kilfenora,

meine Familie, die in der Küche für mich musiziert, plötzlich ist da das Häuschen meiner Mutter am Meer und meine Sehnsucht nach ihr, ist da mein Mann und die Distanz zwischen unseren Körpern, ist da meine Tochter, das Kind, das ich nie haben wollte, das ich mit aller Kraft bekämpft habe, loswerden wollte, in das ich mich dann aber so tief und katastrophal verliebt und das ich doch verloren habe. Es ist Ferd, die Jüngste, ihre Finger an meinem Hals und ihr heißer Atem an meinem Ohr, sie hat mich geknackt, und jetzt halte ich wieder meine eigene Jüngste im Arm, ein viel zu starres, kostbares Wesen, ohne Atem und ohne Wärme, und ganz gleich, wie oft ich versuche, es hinter mir zu lassen, er wird doch nie zu Ende gehen, dieser Schmerz, diese Pein, sie so unerträglich schwerelos in den Händen zu spüren.

Ich spüre meinen Körper kaum noch, als ich zur Tür stolpere. Draußen ist es kalt, ich merke es kaum, und bevor ich die Tür hinter mir schließe, höre ich, wie Blue fragt: »Haben wir sie traurig gemacht?« und wie Aniks Stimme antwortet: »Das hat etwas Dunkleres getan«, und dann strebe ich auf die Hügel zu, auf die Küste, aufs Meer. Ich ziehe meine Kleider aus und wate hinein ins eiskalte Wasser, und der Schmerz ist gewaltig und ist gleichzeitig nichtsnichtsnichts.

Ich liege im Wasser und fühle mich verlorener als je zuvor, denn es steht mir nicht zu, Heimweh zu haben, es steht mir nicht zu, mich nach dem zu sehnen, was ich immer so verzweifelt hinter mir lassen wollte.

Wie ungerecht das ist, ein Geschöpf sein zu müssen, das lieben, aber nicht bleiben kann.

Schließlich finden mich Lea, Gammy und Hally. Sie wickeln mich am Ufer in eine Decke, und ich höre jemanden sagen: »Lasst mich sterben«, immer und immer wieder, und dann, als Gammy mich auf die Stirn küsst und Hally mir übers Haar streicht und sie mich alle so fest halten, dass wir zittern, wird mir klar, dass ich es bin.

»Bleib«, flüstert Hally mir ins Ohr.

Aber das kann ich nicht.

Trondheim, Norwegen, acht Jahre zuvor

»Hallo?«

»Hey.« Ich lausche lange auf seinen Atem.

»Wo bist du?«, fragt er und klingt dabei so müde.

»In Trondheim.«

Er braucht einen Moment. Ich verlange viel von ihm. Ich mache ihn mürbe. »Warum denn in Trondheim?«

»Ich war erst in Oslo, aber durch die Lichter in der Großstadt kann man das Nordlicht nicht sehen.«

»Und jetzt hast du es gefunden? Wie ist es?«

»Ich schaue es mir gerade vom Balkon aus an. Es gibt nichts Umwerfenderes, Niall … Es würde dir gefallen.«

»Wessen Balkon ist das?«

»Der von Freunden.«

»Und du bist in Sicherheit?«

»Ja.«

»Wessen Balkon ist es? Schickst du mir Namen und Adresse?«

»Ein Ehepaar, das ich beim Essen kennengelernt habe, Ann und Kai. Ich schreib's dir nachher.«

»Hast du genug Geld?«

»Ja.«

»Wann kommst du nach Hause?«

»Bald.«

Er schweigt ein Weilchen. Ich rutsche an der Wand entlang zu Boden. Am Himmel tanzen strahlende Lila- und Grüntöne. Ich spüre ihn durch die Telefonleitung, so stark ist das zwischen uns, als könnte ich ihn berühren, seinen Atem an der Wange spüren, ihn riechen. Mir wird ganz schwindelig davon, von seiner Nähe und seiner entsetzlichen Ferne.

»Es ist so einsam hier, Liebling«, sage ich, und die Tränen laufen mir übers Gesicht.

»Es ist so einsam hier, Liebling«, sagt Niall.

»Leg nicht auf.«

»Nein.«

Und wir tun es nicht, nicht für lange Zeit.

Neufundland, Kanada, zur Zeit des Vogelzugs

Sie packen mich ins Bett, mit einem Stapel Wärmflaschen rund um die Füße. Ein ferner Teil von mir schämt sich für das alles, aber das Geschöpf, das ich gerade bin, will einfach nur seine Ruhe.

Nur ist auch die Ruhe eine ganz andere Zeitgenossin,

wenn sie zu einem kommt. Ein Ding der Vollkommenheit, bis sie dann da ist und sich gegen einen wendet.

Als ich aufstehe, tut mir jeder Knochen weh; in meinem Kopf ist Gebrüll, ich haste den Flur entlang bis zur Treppe, und es treibt mich zurück nach draußen, trotz der Kälte, die ich ohnehin nicht spüre, und ich gehe vor bis zur Landzunge und setze mich dorthin, wo ich den wilden Atlantik sehen kann, und dann kehre ich zurück zu jenen ersten Tagen mit dir, mein Liebling, so, wie ich das immer wieder tue.

Teil Zwei

14

Galway, Irland, zwölf Jahre zuvor

Anfangs ist es nur ein Kitzeln, das sich immer tiefer pirscht, bis es ein Kratzen ist, ein Schaben, ein Würgen, bis ich schließlich nichts anderes mehr tun kann, als Feder um Feder hochzuhusten, die alle meinem Körper entstammen, und ich kriege keine Luft mehr, nicht einen Atemzug …

»Franny!«

Etwas liegt auf mir, presst mich nieder, o Gott, ein fremder Körper …

Mein Mann hält mich auf das Bett gedrückt. Angewidert von der plötzlichen Einschränkung meiner Bewegungsfreiheit, dieser Machtlosigkeit, bäume ich mich auf.

Sofort weicht Niall zurück, hebt beide Hände. »Ganz ruhig. Alles okay.«

»Was soll denn das?«

»Franny – ich bin davon aufgewacht, dass du mich würgst.«

Ich starre ihn an, versuche, wieder zu Atem zu kommen. »Nein … Ich bin fast erstickt …«

Er sieht mich mit großen Augen an. »Du hast mich gewürgt.«

Furcht wabert in mir. Ich habe noch nie neben jemandem

geschlafen, bin nie neben einem anderen Körper aufgewacht. Gestern Abend haben wir geheiratet. Heute Morgen habe ich versucht, ihn umzubringen.

Ich stolpere, verheddere mich in der Bettdecke, schaffe es gerade noch rechtzeitig auf die Toilette, um mich zu übergeben.

Er kommt mir nach, will mir die Haare halten, aber ich wehre ihn ab, ich will nicht angefasst werden, dafür schäme ich mich viel zu sehr. Als es vorbei ist, spüle ich mir den Mund aus. Kann ihn kaum ansehen.

»Es tut mir leid. Ich bin Schlafwandlerin. Und manchmal mache ich noch andere Sachen. Das hätte ich dir sagen sollen.«

Er lässt es sacken. »Hm. Okay. Mannomann.« Er lacht ein wenig. »Da bin ich jetzt irgendwie erleichtert.«

»Erleichtert?«

»Ich dachte schon, du bereust echt, was gestern passiert ist.«

Sein Tonfall ist so trocken, dass ich mich bei einem leicht irren Lachen ertappe. »Ich habe geschlafen.«

»Muss ein richtig schlimmer Albtraum gewesen sein.«

»Ich erinnere mich schon gar nicht mehr.«

»Du hast gesagt, du wärst erstickt.«

Dieses Kratzen in Mund und Lunge … Ich erschauere, dränge die Erinnerung weg, so gut es geht.

»Träumst du oft, du würdest ersticken?«

»Nein«, schwindele ich und drücke mich an ihm vorbei zur Küche. Nachdem mein Mageninhalt in der Kanalisation verschwunden ist, habe ich einen Bärenhunger. Seine Wohnung ist schlicht und viel zu modern für meinen Geschmack, aber wir haben gestern schon darüber gesprochen, uns etwas Neues zu suchen, das unser gemeinsamer Ort werden kann.

Ich will den Kühlschrank plündern, aber er hat nur ultragesunde Körner da, und ich brauche jetzt etwas richtig Fettiges, um den Alkohol aufzusaugen, den wir gestern getrunken haben. »Wollen wir was frühstücken gehen?«

»Ist das wirklich so normal für dich?«, fragt er verwirrt. »Muss ich jetzt jede Nacht damit rechnen, gewürgt zu werden? Was kann sonst noch passieren? Gehst du auch nach draußen? Ist das gefährlich?«

Zum ersten Mal, seit ich aufgewacht bin, zwinge ich mich, ihm ins Gesicht zu sehen. *Da ist er wieder, wie er mich aufs Bett drückt, all seine Muskeln stärker als meine, Schreck und Entschlossenheit in seinem Blick, und habe ich etwa so auf ihn gewirkt, als er auf die gleiche Weise erwacht ist?* »Es kommt nicht noch mal vor«, sage ich. »Versprochen. Ich habe Medikamente dagegen.« Wieder gelogen. Bisher hat kein Medikament gewirkt. Aber ich will nicht, dass er Angst hat – weder um mich noch vor mir. Ich will nicht, dass er diesen Blick in den Augen hat, dass er sich so fühlt, wie ich mich gefühlt habe, als ich aufgewacht bin und seine Hände mich klein drückten.

Die nächsten drei Nächte verlaufen genauso – ich würge ihn zwar nicht, aber ich schlage um mich, gehe durch die Wohnung, reiße in der Küche die Schränke auf. Niall befürchtet, ich könnte mich verletzen. Ich will mir nicht eingestehen, dass es häufiger passiert als sonst, weil ich mich noch nie so aus der Wirklichkeit gerissen gefühlt habe wie hier, in dieser unbekannten Wohnung mit diesem fremden Mann. Stattdessen bitte ich ihn, mir zu helfen, alle scharfen Gegenstände und überflüssigen Möbel aus dem Schlafzimmer zu entfernen, und ich bitte ihn, innen ein Extraschloss anzubringen und den Schlüssel irgendwo aufzubewahren, wo ich ihn nicht finden kann.

Ich sage ihm nicht, was für Sorgen mir das alles macht.

Ich sage ihm nicht, dass nachts, wenn ich einschlafen will, die Wände näher kommen und die Decke auf mich herabsinkt, dass ich die Tür eintreten, durchs Fenster brechen und nur noch rauswill aus dieser Wohnung, aus dieser Stadt, aus diesem ganzen gottverdammten Land. Das alles sage ich ihm nicht, ich binde nur meine Handgelenke an den Bettpfosten fest, damit ich meinen armen Mann nicht im Schlaf erwürge.

»Was machen wir heute?«

Niall bindet meine Hände los, damit ich mich zu ihm herumdrehen kann.

»Musst du denn nicht arbeiten?«

»Wozu?«, fragt er. »Ist doch eh immer das Gleiche.«

Ich staune, so etwas von ihm zu hören, aber wahrscheinlich sollte mich das gar nicht wundern: Melancholie ist schließlich die Kehrseite der Leidenschaft. Und so küsse ich ihn, anstatt ihm in Erinnerung zu rufen, dass es sich immer lohnt, Menschen Bildung zu vermitteln. Wir schlafen im Morgenlicht miteinander, aber ich bin noch verkrampft vom Nachhall der Federn, meine Handgelenke sind wund gescheuert, und ich fühle mich ihm nicht nahe, habe nur das Gefühl, dass dieser

Mann in meinem Bett nichts von den Ungeheuerlichkeiten ahnt, die ich in mir verberge.

Hinterher fragt er noch einmal, was wir machen sollen.

»Was du willst«, sage ich.

»Wirklich? Hast du denn keine Pläne?«

»Ich habe heute frei.«

»Weiß ich, aber hast du jenseits der Arbeit nichts geplant?«

Stirnrunzelnd sehe ich ihn an.

Er lacht. »Ich habe gestern gehört, wie du telefoniert und vereinbart hast, bei jemandem in Doolin vorbeizuschauen.«

»Du hast mich belauscht? Du Stalker!«

»Die Wohnung ist nicht gerade groß.«

Ich verziehe das Gesicht.

»Also, willst du fahren, oder soll ich?«, fragt er.

»Was ist, wenn ich da allein hinwill?«

»Dann geh allein.«

Ich mustere ihn, halte Ausschau nach einer Falle. Aber er wirkt aufrichtig, also zucke ich nur die Achseln und tue unbeteiligt. »Du kannst gern mitkommen, wenn du willst, aber wahrscheinlich langweilst du dich nur.«

Er steuert die Dusche an. »Langeweile ist was für Langweiler.«

Der Großteil der Fahrt nach Doolin verstreicht ohne Musik oder Gespräche, mit langen Schweigephasen, die sich mal entspannt, dann wieder unbehaglich anfühlen. Im Wagen ist es stickig, und ich lasse das Fenster offen, trotz der eisigen Temperaturen.

Je näher wir unserem Ziel kommen, desto aufgelöster fühle ich mich. Ich komme zu dem Schluss, dass es ein Fehler ist und ich umkehren muss, dass diese Tür nur ins Unheil führen wird: Genau deshalb ist Mam auch nie mit mir hergekommen.

»Erzähl mir mal was über deinen Akzent«, sagt Niall in die Stille hinein. Wahrscheinlich spürt er meine Verzagtheit.

»Was soll damit sein?«, frage ich, ohne den Blick vom Meer zu lassen, das sich rechts neben uns erstreckt.

»Ich kann ihn nicht richtig einordnen«, gesteht er mir. »Manchmal glaube ich, es ist ein englischer Akzent, und dann klingst du wieder total amerikanisch. Und dann plötzlich typisch irisch.«

»Du hast mich geheiratet, ohne zu wissen, woher ich komme.«

»Stimmt«, sagt er. Und dann: »Weißt du es denn?«

»Woher ich komme?« Ich drehe mich zu ihm um, will schon antworten, halte dann aber inne. »Ich … Nicht so ganz.«

»Und darum geht es hier?«, fragt Niall und deutet mit dem Kopf auf die Straße, die sich vor uns entrollt.

Ich nicke.

»Na dann. Umso besser.«

Das kleine Haus thront oben auf einer Anhöhe, von der Einfahrt aus überblicken wir den gesamten grünen Hang bis runter zum Meer. Steinige, unebene Weideflächen ziehen sich kreuz und quer durch die dazwischenliegende Landschaft, hier und da stehen ein paar Ziegen.

Niall klopft, ich bringe es nicht fertig. Der Mann, der uns öffnet, ist an die tausend Jahre alt, mit windgegerbter, harter

Miene. Er muss die Augen zusammenkneifen, um uns zu erkennen.

»Guten Tag, Sir«, begrüßt ihn Niall. »Wir sind auf der Suche nach John Torpey.«

»Das bin ich. Es sei denn, es geht um das Weideland, dann ist der alte Jackey nicht zu sprechen.«

Niall lächelt. »Es geht nicht um das Weideland.«

Ich räuspere mich – weiter wird Niall nicht kommen, denn er weiß ja nichts darüber, warum ich hier bin. »Ich wüsste gern, ob Sie vielleicht mal eine Iris Stone kannten.«

John starrt mich an, kneift die Augen so eng zusammen, dass es aussieht, als hielte er sie geschlossen. »Soll das ein Witz sein?«

»Nein.«

»Dann bist du wohl das Töchterchen. Hab schon gehört, dass du dich hier rumtreibst. Wie groß du geworden bist!« Mit einem tiefen Seufzer bittet er uns herein.

Ich bleibe angespannt, weiß nicht, was mich erwartet, fühle mich der Wahrheit aber näher als je zuvor.

Das Haus ist schlicht, hier und da finden sich noch Spuren einer weiblichen Hand, Überbleibsel aus einem anderen Leben. Alte Spitzengardinen, am Rand schon ganz schmutzig. Einstmals fröhliche Porzellanfigürchen im Bücherregal, die meisten davon angeschlagen. Über allem liegt eine dicke Staubschicht, und die Fenster sind so verdreckt, dass nur noch vereinzelt Lichtstrahlen hindurchfinden. Unmittelbare Traurigkeit erfasst mich angesichts von so viel Einsamkeit. Auf dem Sims über dem Kamin steht nur ein Foto. Es zeigt einen sehr viel jüngeren John mit einem unfassbar karottenroten Haarschopf, neben ihm eine dunkelhaarige Frau, bei der es sich wohl um Maire handeln muss, und zwischen ihnen ein kleines Mädchen, dessen tintenschwarze Locken denen der Mutter gleichen. Ich kann es nur kurz betrachten, dann fordert uns John auf, uns zu setzen.

»Was willst du denn, Kindchen? Wenn es doch um das Land geht, haben wir einiges zu besprechen.«

Ich lege verwirrt die Stirn in Falten. »Nein, Sir. Ich wollte nur nach meiner Mutter fragen. Margaret Bowen aus Kilfenora hat mir gesagt, dass Sie sie vielleicht kennen.«

Er lacht, es wird aber schnell ein keuchendes Husten daraus. »Ach, jetzt versteh ich. Margaret wird auch langsam wunderlich, kriegt nicht mehr ganz zusammen, wer wohin gehört.«

Er verschwindet in der Küche, und Niall und ich hören, wie er dort herumhantiert.

»Kann ich Ihnen helfen, John?«, fragt Niall, aber John brummt nur und kommt gleich darauf mit einem blumenverzierten Tablett wieder herein, auf dem ein Teller mit Keksen und zwei Gläser Wasser stehen.

»Danke«, sage ich, greife nach einem Glas und bemerke die Schmutzschlieren daran. John ist offensichtlich halb blind.

»Ich sag's dir jetzt mal, wie's ist, Mädelchen, du weißt ja anscheinend sehr wenig.«

»Das würde mich freuen.«

»Iris ist meine Tochter.«

Meine zappeligen Hände halten still. Alles an mir hält still.

»Ich habe sie seit vielen Jahren nicht mehr gesehen, aber das da, das ist sie.« Er zeigt auf das Foto auf dem Sims.

Mit zitternden Knien stehe ich auf und greife danach. Der Schock hat mir den Atem geraubt. Aus der Nähe sieht das kleine Mädchen genauso aus wie ich. Davon hatte ich keine Ahnung – ich habe noch nie ein Foto von meiner Mutter als Kind gesehen. Ich kehre an meinen Platz zurück, halte das Foto im Schoß, hinterlasse Fingerabdrücke auf ihrem Gesicht, ihrer dunklen Mähne, dem roten Kleidchen, das sie trägt.

»Das wurde unten an der Küste aufgenommen«, sagt John, und genau auf diese Küste schauen wir jetzt, dort unten, am Fuß des weitläufigen Hangs.

Ich räuspere mich. »Aber wenn Sie … Wenn du mein Großvater bist, warum hat man mich dann nicht zu dir geschickt?«

»Warum hätte man das denn machen sollen?«

»Na ja … weil Mam fortgegangen ist.«

»Fortgegangen?«

Ich nicke ausdruckslos. »Als ich zehn war.«

John lässt die Schultern hängen. Für einen Moment wird seine Miene weicher, verliert ein paar Runzeln, und ich sehe echte Trauer in seinen kleinen, wässrigen Augen aufblitzen.

»Ach ja. Das ist die Last, die ich tragen muss, und sie gehört zu einer sehr dunklen Zeit.«

»Kannst du mir davon erzählen? Bitte! Ich weiß überhaupt nichts über meine Familie.«

Niall greift nach meiner Hand und drückt sie. Ich zucke zusammen; ich hatte ganz vergessen, dass er da ist.

John verschränkt die knorrigen Finger im Schoß. Sie zittern ein wenig vom Alter. »Maire, meine Frau, die hatte diese

Wanderlust. Sie schwebte immer ein Stück über dem Boden. Trotzdem ist sie jeden Tag im Meer geschwommen, und die Burschen lagen ihr alle zu Füßen, das konnte ich einfach nicht aushalten. Weißt du, manchmal verschwand sie einfach, tagelang, und ich habe mir immer gesagt, es spielt keine Rolle, sie gehört ja trotzdem mir, diese seltsame, schöne Frau, die jeder für sich haben wollte. Aber als dann die kleine Iris da war, da hab ich mir in den Kopf gesetzt, sie wäre von einem anderen.«

Ich blicke wieder auf das Foto. Es stimmt, das kleine Mädchen sieht dem Mann kein bisschen ähnlich.

»Maire hat Stein und Bein geschworen, sie sei von mir, und eine Zeitlang ging es auch ganz gut. Aber es hat an mir genagt, und eines Tages hab ich's nicht mehr ausgehalten und Maire gesagt, sie soll mit dem Mädchen dorthin verschwinden, wo sie hingehören, egal wo das ist, egal mit wem. Ich war fertig mit den beiden.

Also hat Maire sich von mir scheiden lassen und wieder den Namen Stone angenommen. Auch Iris hat ihren Nachnamen bekommen. Sie wollten nichts mehr mit mir zu tun haben, und so ist das an die zwanzig Jahre geblieben, bis ich einen Brief von Iris bekam, in dem sie mir mitteilte, dass Maire tot ist.«

Er sieht von mir weg, zum Fenster. »Du warst da noch nicht geboren, Mädelchen«, sagt er leise, und dann schweigt er eine Zeitlang.

Ich bin froh über diese Pause. Und ich bin so froh über Nialls Hand, ihre Wärme, wo es doch noch nie eine Hand gab, die meine gehalten hat.

»Du sagst, sie ist fortgegangen, Kind?«, fragt John mich schließlich.

Ich nicke wieder.

»Ich hatte gehofft, das Übel wäre nicht von der Mutter auf die Tochter übergangen.«

»Ich glaube schon.« Und danach noch weiter, auf die Enkelin.

»Ich kann verstehen, warum Iris nicht wollte, dass du bei mir bleibst«, sagt John schließlich. »Ich war ihr ja kein Vater. Aber … Manchmal wache ich nachts auf und weiß nichts sicherer, als dass ich falschlag, dass sie doch von mir war.«

Ich kann nicht mehr verhindern, dass mir Tränen über die Wangen laufen. Eine tropft auf das Foto, lässt das Gesicht meiner Großmutter verschwimmen, ertränkt sie. Ich wische den Tropfen weg, damit sie wieder atmen kann.

»Wo bist du denn hingekommen?«, fragt John.

Aber das will ich ihm nicht sagen. Ich will nicht, dass dieser Mann etwas über mich weiß, dieser Mann, der seine Familie einfach wegwirft, als wäre sie kein bisschen kostbar.

»Zu meinem Vater«, schwindele ich.

»Und war er ein guter Mann? Hat sie einen guten Mann gefunden, der sie liebt?«

»Er ist ein guter Mann, er wartet immer noch auf sie.« Das ist völliger Blödsinn, trotzdem schützt mich diese grundfalsche Aussage wie eine Rüstung.

Der Himmel verdunkelt sich allmählich. Bald wird es Abend sein.

»Wie geht es ihr?«, fragt John unvermittelt, und ich höre seinen Schmerz und die Sehnsucht und spüre das Gleiche in mir, Schmerz und Sehnsucht, und ein hässlicher, kleiner Teil von mir verabscheut ihn dafür, dass er mir nicht helfen kann, sie zu finden, dass er noch weniger weiß als ich, und ein anderer Teil von mir liebt ihn dafür, und es ist alles zu viel und zu schnell, deshalb stehe ich einfach auf.

»Es geht ihr gut«, sage ich, und dann, ohne einen Grund dafür nennen zu können, einfach nur, weil es mich wärmt, es auszusprechen, setze ich noch hinzu: »Sie redet sehr gut von dir. Also, von ihrem Vater und dem, was sie noch von ihm weiß …«

John vergräbt das Gesicht in der zitternden Hand. Es ist einfach zu schrecklich, all diese verschwendeten Jahre. Ich muss hier raus.

»Danke, dass wir kommen durften«, sage ich steif. »Wir müssen jetzt los.«

»Bleibt ihr nicht zum Essen?«

»Nein, vielen Dank.«

Ich strebe schon zur Tür, kann sie gar nicht schnell genug erreichen.

»Kommst du mich wieder besuchen, Kindchen?«

Ich atme aus und bin auf einmal sehr müde. »Ich glaube nicht. Aber ich danke dir.«

Erst an der Tür merke ich, dass ich das Foto immer noch so fest umklammert halte, dass mir die Knöchel davon weiß werden. Ein bisschen fühlt es sich an wie Sterben, als ich es wieder auf den Kaminsims stelle.

»Auf Wiedersehen, John«, bringe ich noch heraus. Und erneut: »Danke.«

Dann bin ich draußen, im Wind, der sich den Weg vom

Meer herauf bahnt. Ich höre, wie Niall noch etwas zu John sagt, dann führt er mich rasch zurück zum Wagen.

Er fährt mich nicht wieder nach Galway, sondern nimmt die kurvige Straße, die mitten durch die hell erleuchtete kleine Stadt führt und weiter bis an die Küste. Rosa- und Lilatöne überziehen den Himmel. Am Horizont steht er in Flammen.

Hier legt die Fähre zu den Aran-Inseln ab, und ich wünschte, wir könnten an Bord gehen, aber so spät verkehrt sie nicht mehr; der Parkplatz ist leer, als wir dort halten. Stattdessen steigen wir aus und gehen zu den Felsen hinunter. Das Meer brüllt, sein Rufen ist unermüdlich wild.

»Der Mann da oben – der ist deine Familie«, sagt Niall.

»Nein.«

»Er könnte es aber sein.«

»Wieso soll ich mich für jemanden entscheiden, der mich nie haben wollte?«

Niall sieht mich an. Das Haar schlägt mir ins Gesicht, ich streiche es zurück.

Er sagt: »Ich hasse alle Menschen außer dir.«

Ich will schon lächeln, weil ich glaube, er macht sich über mich lustig, aber dann fasst er mich an den Armen und drückt mich an sich, und da ist ein solches Brennen, dass mein Lachen erstirbt und etwas anderes in mir aufwacht. Er wirft den Kopf in den Nacken und *brüllt.*

Ich spüre Erregung in mir und Trauer über all die Jahre, die verschwendet wurden, die ein eifersüchtiger Mann einfach weggeworfen hat. Und so lasse ich meinen eigenen Schrei ertönen, schreie John an, schreie wegen ihm, wegen seiner

Einsamkeit, ich schreie, weil ich meine Mutter vermisse, weil ich meine Großmutter niemals kennengelernt habe und weil ich diesen Wahnsinnigen geheiratet habe, der womöglich genauso wahnsinnig ist wie ich. Wir schreien und schreien, und dann lachen wir, erschaffen uns unsere eigene Welt.

Danach schwimme ich eine Zeitlang im Meer, dann kehre ich zu ihm zurück, und wir bleiben auf den Felsen sitzen, um uns anzusehen, wie die Dunkelheit den Himmel befleckt. Er hat den Arm um mich gelegt, und ich dränge mich so eng an ihn, wie es geht. Es ist die Zeit am Tag, die ich am wenigsten mag, wenn ich wieder aus dem Wasser kommen muss, aber wenn er auf mich wartet, ist es besser. Unermesslich besser.

»Wo ist deine Mutter?«, fragt er mich.

Die Lüge bildet sich so leicht auf meiner Zunge. »In dem Holzhaus am Meer, in dem ich aufgewachsen bin.«

Er denkt darüber nach. »Warum habe ich dann den Eindruck, dass du sie suchst?«

Ich antworte nicht.

»Weißt du, wo sie ist, Franny?«

Die Kehle wird mir eng, und ich schüttele den Kopf.

»Du hast nicht mehr mit ihr gesprochen, seit deiner Kindheit?«

»Ich will sie finden.«

Schweigend lässt er das sacken. Dann fragt er: »Und dein Vater?«

»Ich habe keinen Vater.«

»Was ist aus ihm geworden?«

»Keine Ahnung.«

Ich frage mich, ob ich Niall wohl jemals die Wahrheit über meinen Vater sagen werde oder ob ich sie für immer an diesem dunklen, fauligen Platz in mir vergraben halte.

»Und warum hat sie dich dann zu ihm geschickt?«

»Sie hat mich an den einzigen Ort geschickt, den es noch gab, zu seiner Mutter nach New South Wales.«

»Nach Australien? Ach du Schande.« Er kratzt sich den Bartschatten. »Jetzt wird mir auch dein Akzent klar. Ein echter Mischmasch. Wie lange hast du bei deiner Großmutter gelebt?«

»Warum stellst du so viele Fragen?«

»Weil ich die Antworten wissen will.«

»Wolltest du bisher doch auch nicht.«

»O doch.«

»Und warum hast du dann nicht gefragt? Warum jetzt?«

Er gibt keine Antwort.

»Warum hat keiner von uns beiden auch nur eine Frage gestellt?« Ich lasse nicht locker. »Wir waren so dumm.«

»Bereust du es schon?«, fragt er. Die Hochzeit, falls man das so nennen kann.

Und einen endlosen Augenblick lang glaube ich, die Antwort müsse ja lauten, es liegt so klar auf der Hand, aber als ich ihm antworte, sagt mein Mund das andere Wort, und ich bin selbst verblüfft, es als die Wahrheit zu empfinden.

Wir entdecken einen Reiher, der in einen Wasserstrudel geraten ist. »Bisschen windig für dich, Süßer«, raunt Niall ihm zu. Der Vogel wirbelt herum und wird unseren Blicken entzogen.

»Ich war ein paar Jahre bei ihr«, sage ich. »Edith. Aber ich war auch sehr viel unterwegs, und am Ende habe ich gar nicht so viel Zeit mit ihr verbracht, bevor sie starb.«

»Wie war sie denn?«

Ich suche nach dem richtigen Wort, mein Kopf kehrt nur ungern dorthin zurück, auf diesen Hof mit all seinen Ecken und Kanten, all der Einsamkeit. »Gnadenlos«, sage ich.

Niall streicht mir das Haar aus dem Gesicht und küsst mich auf die Schläfe.

»Mam war ganz anders«, sage ich leise. »Sie war warmherzig, zärtlich – und verloren. Ich hatte sie so lieb. Sie hatte diese Wanderlust in sich, aber sie hatte auch große Angst davor. Sie hat mich immer angefleht, sie nicht zu verlassen. Bis ich kam, hielt sie es allein bestens aus, aber seither wollte sie lieber sterben, als sich vorzustellen, ohne mich zu sein. So hat sie mir das erzählt. Aber da war dieser Junge, den ich mochte. Ich wollte mit ihm ans Meer, und ich habe ihr nichts davon gesagt, ich bin einfach gegangen. Warum habe ich das getan? Zwei ganze Tage bin ich weggeblieben – vielleicht waren es sogar drei. Und als ich endlich wiederkam, war es schon zu spät, und sie war fort. So, wie sie es mir immer prophezeit hat.«

»Sie ist gegangen?«

Ich schüttele den Kopf. Er hört mir nicht richtig zu. »*Ich* bin gegangen.« Ich sehe ihn an, wappne mich für die Wahrheit, die schlimmste überhaupt. »Ich gehe immer.«

Er schweigt lange, dann fragt er: »Aber du kommst auch wieder?«

Ich lege den Kopf an seine Schulter, lege mich ganz in seine Hände. Sie sind ein sicherer Ort, an dem ich bleiben, an den ich vielleicht sogar gehören kann. Aber wohin soll er gehören? Gibt es ein grausameres Schicksal, als in die Arme einer Frau zu gehören, die jede Nacht stirbt?

Jahrelang habe ich mit Wärme an diesen Abend in Doolin zurückgedacht, den Abend, an dem mir zum ersten Mal klarwurde, dass ich sein bin. Erst als er sich verblüfft über diese Erinnerung zeigte, kam etwas zurück, was ich längst beiseitegeschoben hatte.

»Ich dachte, du verabscheust alles Tote«, sagte Niall.

Und mir fiel wieder ein, wie wir über die Felsen gingen, bis wir den Reiher dort wiederfanden, mit gebrochenem Genick und grausam verdrehten Flügeln. Dieses Bild war einfach aus meinem Kopf verschwunden, wie ein verlöschendes Licht.

15

IM GEFÄNGNIS VON LIMERICK, IRLAND,
VIER JAHRE ZUVOR

Ich habe einen der seltenen Momente abgepasst, in denen ich allein bin, um mir den stümperhaft spitz gefeilten Stiel meiner Zahnbürste ins Handgelenk zu rammen. Es schmerzt viel mehr, als ich gedacht hätte. Ich steche noch einmal zu, will die Wunde vertiefen. Als Blut hervorquillt, schwarz wie die Nacht, weiß ich, dass ich es richtig gemacht habe. Es wird glitschig, die Zahnbürste rutscht mir aus der Hand, aber ich greife gleich wieder danach und nehme mir das andere Handgelenk vor, will, dass es vorbei ist …

Sie duftet süß, nach billigem Zucker, als sie sich hinhockt und fest meinen Arm umklammert. Die improvisierte Waffe wird aus meiner Reichweite befördert, sie ruft um Hilfe, und ich schluchze, sie solle mich lassen, bitte, einfach nur gehenlassen …

Beth heißt sie. Meine Zellengenossin. Wir reden nicht miteinander, seit diesen ersten Tagen, als ich versucht habe, Schluss zu machen. Ich glaube, sie wird nie wieder mit mir reden, und das ist mir nur recht. Wir heulen nachts nicht, sie und ich, nicht wie die Frauen in den Nachbarzellen. Wir brüllen auch nicht herum wie sie, machen keine fiesen, anzüglichen Bemerkungen, um die Wachleute zu beeindrucken oder uns gegenseitig aufzustacheln. Ich glaube, sie brüllen und heulen, um dem Zorn und der Angst eine Stimme zu geben, weil sie so machtlos sind. Aber Beth ignoriert mich, und ich liege da und zittere vor Grauen, dem Grauen vor den Wänden und vor meiner Tat. Ich bin zerstört.

Nach kaum einem Monat wurde ich aus den vergleichsweise komfortablen Einzelzellen des Frauengefängnisses, mit Tagesdecke, Küchenzeile und duftendem Duschgel, ins Gefängnis von Limerick verlegt, wo die Uhren anders gehen und das viel besser zu mir passt. Die Zellen hier sind klein, grau und aus Beton. Beth und ich müssen uns eine Metalltoilette teilen, die Fensterscheibe ist aus Milchglas, so dass ich nicht hinaussehen kann.

Hier sitzen Frauen ein, die durch Drogen- oder Alkoholeinfluss gewalttätig geworden sind. Frauen mit Suchtproblemen. Frauen, die Diebstähle oder Vandalismus begangen haben. Gewalttätige Mütter. Obdachlose. Und es gibt auch Männer. Es ist schließlich ein gemischtes Gefängnis, und viel ist da nicht, was uns trennt. Nur eine Tür, um genau zu sein. Um die Angst zu schüren.

Hier gibt es alles. Aber ich bin die einzige Frau, die zwei Menschen umgebracht hat.

Ich bin schon fast vier Monate hier, als es zum ersten Mal passiert. So lange haben sie gebraucht, um zu kapieren, dass die Mörderin harmlos ist, sogar apathisch. Ich sage nichts. Ich esse so gut wie nichts, schaffe es kaum, mich zu bewegen, außer zum Putzen und zum Laufen, wenn ich nach draußen darf. Aber auch ohne Stimme ist es mir irgendwie gelungen, Lally Shaye zu beleidigen – es muss wohl irgendwas in meinem Blick sein –, und sie prügelt mich grün und blau. Einen Monat später passiert es wieder und dann erneut, nach drei Wochen schon. Das wird zur Gewohnheit bei ihr. Ich bin ein leichtes Opfer.

Nach dem dritten Vorfall komme ich mit gebrochenen Rippen, gebrochenem Kiefer und einem komplett blutunterlaufenen Auge von der Krankenstation zurück. Ich fühle mich furchtbar. Aber Beth sieht mich an und steht auf. Seit dem schlimmen Tag am Anfang hat sie mich nicht mehr so lange angesehen.

»Steh auf«, sagt sie mit ihrem Belfast-Akzent.

Ich rühre mich nicht, weil ich nicht kann.

Sie packt mich am Handgelenk, zieht mich auf die Füße; es tut weniger weh, es einfach geschehen zu lassen.

»Wenn du jetzt nichts machst, hört das nie auf.«

Ich schüttele teilnahmslos den Kopf. Mir ist es egal, wenn ich verprügelt werde.

Da sagt Beth: »Stirb nicht hier drinnen. Nicht hinter Gittern. Komm wieder frei, dann kannst du immer noch sterben, wenn du musst.«

Das lässt mich innehalten. Mir kommt eine Idee.

»Arme hoch.« Sie hebt ihre eigenen, ballt die Hände zu Fäusten wie ein Boxer. Das ist doch albern. Das bin ich nicht, ich kann nicht kämpfen. Sie reißt mir die Arme hoch, bringt sie in Position. Meine Rippen schmerzen. Die Lunge pfeift. Der Rücken sackt zusammen.

Sie schlägt zu. Ich keuche auf vor Schmerz, halte mir die Wange.

Und Beth sieht es. Das Aufblitzen von Wut in meinen Augen. Ein Rest von Willenskraft, der doch noch nicht ganz abgestorben ist. Sie facht sie an, ruft sie zurück ins Leben, und ich, also gut, von mir aus, warum nicht, setze mir einen neuen Plan in den Kopf: Ich will in Freiheit sterben.

16

Neufundland, Kanada,
zur Zeit des Vogelzugs

Ich laufe über taufeuchtes Gras, durch eine Decke aus morgendlichem Nebel. Eigentlich müsste ich nach dieser praktisch schlaflosen Nacht auf dem absoluten Tiefpunkt sein, aber ich fühle mich stattdessen gestärkt an diesem Morgen, fest entschlossen, unseren Weg fortzusetzen. Ich habe schließlich nie damit gerechnet, dass diese Reise einfach werden würde, woher nehme ich also das Recht, gleich beim ersten Hindernis aufzugeben?

Obwohl es noch früh ist, herrscht im Leuchtturm helle Aufregung, als ich durch die Hintertür in die warme Küche trete.

Schiffsbesatzung und Kinder haben sich gleichermaßen im Wohnzimmer versammelt und schauen die Nachrichten. Das Feuer im Kohleofen ist in Vergessenheit geraten, es steht kurz vor dem Verlöschen, und das sagt mir gleich, dass etwas passiert sein muss.

Daeshim schaut zu mir – alle anderen halten den Blick fest auf den Bildschirm gerichtet – und knurrt: »Gewerbliche Fischerboote werden alle zurückgerufen.«

Ich verstehe nicht. »Was? Was heißt denn das?«

»Sie haben ein Verbot erlassen, mit Fischerei Geld zu verdienen.«

»Wo?«

»Überall.«

»Moment mal – *alle* Fischerboote?«

»Jedes einzelne, verdammt«, sagt Basil. »Bis auf weiteres bleiben alle an Land, bei Zuwiderhandlung konfiszieren sie das Schiff. Die Wichser.«

»Benimm dich, Basil!«, faucht Gammy. Aber diesmal lacht keins der Mädchen.

»Dann sitzen wir hier also fest«, sagt Lea.

Ich sehe Ennis an. Er sagt nichts, aber sein Gesicht hat alle Farbe verloren.

Damit war schon lange zu rechnen. Ein schwerer Schlag für die Wirtschaft und all die Menschen, für die das Meer die Lebensgrundlage ist. Eine Katastrophe für mein Vorhaben und die Möglichkeiten des armen Ennis, sich seine Kinder zurückzuholen. Trotzdem kann ich mir ein inneres Lächeln nicht verkneifen. Denn eigentlich ist das gar nicht schlecht, im Gegenteil – es ist großartig. Ein gewaltiger Umschwung, endlich ein Schritt in die richtige Richtung seitens der Mächtigen, und selbst hier, wo ich jetzt stehe, gefühlte Millionen Kilometer von ihm entfernt, sehe ich Nialls Strahlen genau vor mir.

Mit vier Männern und zwei Frauen wird es eng in dem Hotelzimmer in St. John's. Ich strecke den Kopf aus dem offenen Fenster und rauche eine Zigarette. Mir gegenüber sitzt

Basil, von dem ich die Zigarette habe; in der Zeit, die er für seine erste braucht, habe ich schon drei geraucht. Ennis wollte Gammy nicht länger zur Last fallen, deshalb sind wir jetzt wieder in der Stadt, warten auf Nachricht von Samuel und versuchen halbherzig herauszufinden, wie es weitergehen soll. Unser Kapitän hat sich den ganzen Nachmittag nicht blicken lassen. Anik hat erzählt, Ennis habe sich zurückgezogen, um allein für sich die *Saghani* zu betrauern.

Ein Besuch bei der Küstenwache hat uns einen Packen Informationen zu den neuen Gesetzen eingebracht, die jetzt in Kraft treten, und darüber, was mit unserem Schiff geschehen soll. Da wir nicht in unserem Heimathafen sind, bleibt das Schiff dreißig Tage stillgelegt, danach wird es freigegeben, und Ennis darf es direkt zu seinem Liegeplatz in Alaska bringen, ohne Umwege und in Begleitung eines Beamten der Hafenpolizei.

Ich bin die Einzige, die nicht weiß, wo sie hinsoll. Wenn ich nach Irland zurückgehe, wird mich die Polizei dort sofort festnehmen, weil ich gegen meine Bewährungsauflagen verstoßen habe.

Mir bleibt also nur, einen anderen Weg zu finden, den beiden verbliebenen Seeschwalben und ihren Peilsendern zu folgen.

»Alles okay mit dir?«, fragt Basil leise.

Ich schenke ihm keine Beachtung, bin viel zu sehr damit beschäftigt, über mein Problem zu grübeln. »Kann ich noch eine haben?«

Er gibt mir die Zigarette und tatscht dabei nach meinen Fingern, bis ich sie wegziehe.

»Was hast du denn?«

»Nichts.« Ich will nur nicht angefasst werden, vor allem nicht von dir.

Basil runzelt die Stirn, beugt sich näher zu mir und sieht mich auf eine Weise an, die so übertrieben ist, dass ich sein Gesicht am liebsten wegschlagen würde. »Franny. Ich steh auf dich. Du musst dir keine Sorgen machen.«

Mir bleibt der Mund offen stehen, fast muss ich lachen. »Du glaubst, deswegen mache ich mir Sorgen?«

»Ja, worüber denn sonst?«

Unfassbar, wie anmaßend und eingebildet er ist; diesmal lache ich wirklich und sehe, wie er errötet. Stumm sitzen wir da und rauchen, aber diese Zigarette hinterlässt nur einen schlechten Geschmack im Mund und entspannt mich kein bisschen.

»Ich mache einen Spaziergang«, verkünde ich.

»Soll ich mitkommen?«, fragt Mal, aber ich schüttele den Kopf.

»Ich muss mir über ein paar Dinge klarwerden.«

Ich gehe zum Hafen hinunter und teile mir noch ein paar Kippen mit den gestrandeten Seeleuten. Es hatten schon Gerüchte kursiert, dass so etwas passieren könnte, aber keiner von ihnen hat geglaubt, dass es so schnell gehen würde, so wie kein Mensch jemals glaubt, dass etwas enden könnte, was er liebt. Ich will von ihnen wissen, was sie jetzt vorhaben, und die meisten antworten, sie würden nach Hause zurückkehren, ihre Schiffe zur Umnutzung verkaufen und sich selbst einen anderen Broterwerb suchen. Manche haben sogar schon einen konkreten Plan B in der Hinterhand. Ein alter

Mann mit einem vom Wind gefurchten Gesicht vergießt ein paar Tränen, schüttelt aber nur den Kopf, als ich ihn trösten will, und sagt: »Ist gar nicht wegen der Arbeit. Sondern wegen dem Schaden, den wir der Erde angetan haben.«

Ich komme an zwei Touristenschiffen vorbei und überlege, ob ich es mir irgendwie leisten könnte, ein Privatschiff zu chartern, das mich an mein Ziel bringt. Kaum. Wie zum Teufel soll man auf die Schnelle so viel Geld zusammenkriegen, ohne auf Diebstahl zurückzugreifen?

An der Ecke ist eine Kneipe, die ich schon beim Anlegen gesehen habe – ich gehe hinein und bestelle mir ein Guinness und einen Whisky. Im Kamin prasselt ein Feuer, ich setze mich davor, neben einen jungen Mann, der einen Beagle namens Daisy bei sich hat. Daisy schnüffelt an meiner Hand und lässt sich dann zu meinen Füßen nieder, um von mir gestreichelt zu werden. Ihr Herrchen, dessen Namen ich gleich wieder vergesse, versucht, mich in eine Unterhaltung zu verwickeln, aber als ich nicht viel erwidere, verliert er die Lust und sucht sich neue Gesprächspartner.

Lea setzt sich zu mir und reicht mir ein weiteres Guinness.

»Ich brauche kein Kindermädchen«, sage ich.

»O doch. Du gehst nämlich ins Meer, wenn man nicht auf dich aufpasst.«

Ich leere meinen Whisky und mache mich über das Bier her. Daisys Ohren sind seidenweich. Ihre tiefsinnigen schokoladenbraunen Augen blicken hingebungsvoll zu mir auf und schließen sich dann langsam, während ich sie kraule.

»Glaubst du, wir könnten die *Saghani* irgendwie privatisieren?«, frage ich Lea.

»Wie soll das gehen?«

»Keine Ahnung. Das Triebwerk entfernen? Die Netze, den Kühlraum … die ganze Fischereiausrüstung.«

Ihr Blick ist mitleidig, das macht mich wütend. »Du willst das unbedingt, was? Warum?«

»Ich habe einen Auftrag.«

»Was spielt es für eine Rolle, wo diese Vögel sterben? Denn sterben werden sie so oder so, nicht? Aber auch das spielt eigentlich keine Rolle. Für uns ist es egal.«

Diese Äußerung nimmt mir den Atem. Ich habe keine Antwort auf so viel Gleichgültigkeit.

Mir fällt auf, wie angespannt Lea ist, ich sehe ihr förmlich an, wie fest sie die Zähne zusammenbeißt. Sie hat mit ihrer eigenen Krise zu kämpfen.

»Es wird immer Schiffe geben, auf denen du anheuern kannst«, sage ich versöhnlich. »Das wird sich alles fügen.«

»Wieso hast du Basil gevögelt?«, fragt Lea unvermittelt. »Der ist so ein Arschloch.«

Ich sehe sie fassungslos an. »Ich habe Basil nicht gevögelt.«

»Da erzählt er aber was anderes.«

Mir bleibt der Mund offen stehen. Aber warum überrascht mich das eigentlich?

»Wofür bestrafst du dich bloß?«, fragt Lea.

»Wen interessiert das?«

»Mich. Und ich würde mal vermuten, deinen Mann interessiert es auch.«

»Mein Mann hat mich verlassen.«

Jetzt ist sie für einen Moment sprachlos. »Oh. Tut mir leid. Warum denn?«

Ich schüttele langsam den Kopf. »Ich war nicht gut für ihn.«

»Du sitzt in einem schwarzen Loch«, entgegnet sie ungeduldig. »Das verstehe ich. Da war ich auch schon. Aber du musst es wieder auf die Reihe kriegen. Auf See ist es gefährlich, und ich kann nicht die ganze Zeit auf dich aufpassen.«

»Musst du auch gar nicht. Außerdem stechen wir nicht mehr in See, schon vergessen?« Zumindest nicht zusammen.

Sie senkt den Blick.

Als ich aufstehe, tut sie es mir gleich und zwingt mich, ihr zu sagen: »Ich muss einfach etwas allein sein, ja? Tut mir leid. Nach einem kleinen Spaziergang geht's mir wieder besser. Wir sehen uns später.«

Um die Kneipe wieder zu verlassen, muss ich an der Glücksspielecke vorbei, und dort, an einem der Automaten, sitzt Ennis. Ich zögere kurz, gehe dann aber doch zu ihm.

»Hey.«

Er drückt den Knopf, immer und immer wieder, als wäre er selbst ein Automat.

Malachai hat erzählt, dass Ennis Probleme mit Spielsucht hat. Jetzt sehe ich es auch. »Kommst du ein bisschen mit an die frische Luft?«, frage ich.

Er brummt so etwas wie ein »Nein« und leert seinen Cuba Libre in einem Zug.

»Wie lange sitzt du schon hier, Ennis?«

»Nicht lange genug.« Er klingt sehr angetrunken.

»Hast du … schon was gewonnen?«

Keine Antwort.

»Ich glaube, du kommst jetzt besser mit zurück ins Hotel …«

»Verpiss dich, Franny«, sagt er ausdruckslos. »Verpiss dich einfach aus meinem Leben.«

Ich tue ihm den Gefallen.

Draußen ist es kälter geworden. Ich gehe in Richtung Meer, schaffe es aber nicht mal bis zur nächsten Ecke, bevor mir unbehaglich wird und ich stehen bleibe. Ich könnte nicht benennen, was anders ist als noch vor zwei Sekunden, aber auf einmal fühlt sich alles falsch an, und ich muss zurück ins Hotel, kann gar nicht schnell genug dort ankommen. In der Ferne sehe ich schon die Lichter und beschleunige meine Schritte.

Instinkt, wie üblich. Der Körper weiß Bescheid.

Ein Mann tritt mir in den Weg.

»Riley Loach?«

Ich erkenne ihn wieder. Der Demonstrant mit der gestreiften Mütze, der direkt in mich hineingeschaut hat. Ich sage nichts, aber mein Herz donnert regelrecht, denn woher hat er diesen Namen?

»Du gehörst doch zur Besatzung der *Saghani*.«

»Nein.«

»Verarsch mich nicht.«

»Ist gut.« Ich will an ihm vorbei, aber seine Hand schließt sich um meinen Arm. Mir stehen die Haare zu Berge.

»Weißt du eigentlich, was ihr der Erde antut, du und deine Freunde?«

»Ich bin völlig auf Ihrer Seite«, sage ich rasch. »Es ist falsch. Aber mit den Sanktionen hat das ja jetzt ein Ende.«

»Du glaubst, das reicht? Und ihr kommt einfach so davon mit dem, was ihr angerichtet habt? Das ist doch Scheiße!« Er ist ungeheuer wütend. Ich weiß nicht, was ich machen, wie ich das entschärfen soll.

»Hören Sie, ich gehöre nicht zu denen. Ich versuche nur …«

»Ich hab dich doch gesehen, du Schlampe. Du sagst mir jetzt, wo euer Kapitän ist. Ich kann ihn nicht ungestraft lassen.«

Das Tier in mir erwacht. »Woher soll ich das wissen?«

Er ist ein schwerer Mann, mindestens doppelt so breit wie ich, und ich bin mir seiner Kraft sehr bewusst, als er mich an die Wand drückt. Ich merke es an all den uralten Instinkten, die mir Generationen von Frauen hinterlassen haben, an dem ererbten Adrenalin, das jetzt meinen Körper flutet, ich merke es am Schlagen Treten Kämpfen Ficken Töten in mir, und ich will ihn schlagen, unbedingt, aber stattdessen verhalte ich mich ganz ruhig, lasse all diese Gefühle zu, weiß genau, dass ich womöglich nur eine Handbreit von großem Schmerz oder Schlimmerem entfernt bin, dass meinem Körper Gewalt droht oder Tod, und dann fletsche ich ohne Vorwarnung die Zähne, bin derartig scheißwütend, dass ich die ganze verdammte Welt niederbrennen könnte.

Verblüfft über mein seltsames Verhalten fährt er zurück. Dann lacht er und schnürt mir die Luft ab, indem er mich am Hals gegen die Mauer drückt und meinen Kopf dagegen knallt. Ein scharfer Schmerz fährt mir in den Rücken.

»Sag mir einfach, wo sie sind.«

Aber das mache ich nicht, und er zerrt mich brutal um

die Ecke in eine dunklere Nebenstraße, und die hehre Mission, auf der er sich wähnt, ist jetzt ganz vergiftet von Hass; schon in der Sekunde, bevor er aktiv wird, weiß ich, womit er mich für diesen Hass bezahlen lassen will. Er grabscht mir zwischen die Beine, will die Knöpfe meiner Jeans öffnen, aber jetzt habe ich wirklich und wahrhaftig die Nase voll.

Ich brülle aus Leibeskräften, gleichzeitig sende ich ein stummes Dankgebet an Beth und versetze ihm mit der Linken einen Hieb in die Magengrube, dann noch einen zweiten und einen dritten, und als er verblüfft den Griff lockert, trifft ihn mein rechter Haken an der Kehle, ein weiterer am Kinn. Die Schläge sind hart, härter als alle, die ich je ausgeteilt habe, gestählt von Angst und Wut und dem Gefühl *Wie kannst du es wagen, mich anzufassen* – ein weiterer Haken auf die Nase, einer zwischen die Rippen, ich muss so viele unterbringen, wie ich kann, bevor er sich wieder sortiert hat, und er rechnet mit keinem davon, schafft es aber selbst im Schmerz noch, seinerseits mit der Faust auszuholen, und ich versuche, sie abzuwehren, aber mir fehlt die Kraft, und so trifft sie mich gleichzeitig an Unterarm und Kopf. Die ganze Welt dreht sich. Ich lasse mich auf ein Knie sinken und nehme seinen Unterleib ins Visier, aber jetzt ist er vorbereitet und wehrt mich ab, packt meinen rechten Arm und verdreht ihn, bis ich vor Schmerzen brülle. Kein Mensch kommt, ich kann nicht fassen, dass kein Mensch kommt, dabei mache ich so verdammt viel Lärm. Ich bin ganz allein hier, er ist kurz davor, mir den Arm zu brechen, und ich spüre das atemlos pochende Toben der Verweigerung in mir, und als es mich immer mehr erfüllt, greife ich mit der Linken nach dem Taschenmesser, das ich immer im Stiefel trage, ich denke mir: *Scheiß drauf, ich weigere mich*, und dann wirbele ich herum, richte mich auf und ramme ihm die Klinge in den Hals.

Er keucht auf vor Schreck. Sein Griff lockert sich.

Blut sprudelt wie eine Fontäne über uns beide.

Jetzt kommen Leute, glaube ich. Neben uns ist Bewegung.

»Verdammte Scheiße …«, ruft jemand, jemand anders verlangt nach der Polizei, und wieder jemand anders sagt, sie sollten allesamt die Klappe halten, irgendwelche Arme halten mich aufrecht. Das Messer fällt mir aus der Hand. »Alles gut«, sagt jemand dicht an meinem Ohr. Aber der Mann starrt mich immer noch an, er starrt und starrt, hält sich dabei den Hals, versucht, die Blutung zu stoppen, und dann sinkt er auf die Knie, und ich glaube, er ist schon kaum noch in seinem Körper, und ich bin kaum noch in meinem, glaube ich.

»Ruhig«, sagt die Stimme, und es ist Ennis, der mich hält.

Er zieht, trägt, führt mich irgendwohin. Zurück zum Hotel? Ich bin noch ganz betäubt vom Schock.

Auch die anderen sind jetzt da, sie treiben uns an, und es geht nicht ins Hotel, stattdessen rennen wir alle zum Schiff, und zwar, glaube ich, weil man uns auf den Fersen ist. Wie ein adrenalinbefeuertes Knäuel rennen wir, Sohlen schlagen auf Holzbohlen, leise Stimmen geben dringliche Kommandos. Ein Wimpernschlag, und plötzlich bin ich an Bord des Schiffs, und die Besatzung arbeitet wie verrückt daran, es in Bewegung zu setzen. Noch ein Wimpernschlag, und die *Saghani* legt ruhig vom Ufer ab und gleitet aufs Meer hinaus. Noch ein Wimpernschlag, und ich bin in einem mir unbekannten Zimmer, ein Teil von mir denkt, dass es Ennis' Kabine sein muss, aber das ist auch egal, und dann höre ich seine Stimme, wie aus weiter Ferne.

»Du bist nicht allein, Schätzchen«, sagt er. »Entspann dich. Du bist nicht allein.«

Glaubt er das wirklich?

»Ist er tot? Habe ich ihn umgebracht?«

»Ich weiß es nicht.«

Ich lasse los. Ein Damm bricht, und die Erschöpfung strömt herein. Nur mit Mühe kann ich mich daran hindern, das Bewusstsein zu verlieren. Ein Wimpernschlag, und ich liege im Bett.

»Legen wir ab?«, frage ich.

»Wir sind längst unterwegs«, sagt Ennis. »Schlaf jetzt.«

»Habe ich uns alle in Schwierigkeiten gebracht?«

»Nein, Schätzchen«, sagt er. »Du hast uns befreit.«

Aber ich werde niemals frei sein. Ich frage mich, ob mein Vater sich auch so gefühlt hat, an dem Tag, als er jemanden umgebracht hat.

17

An der Südküste von New South Wales, Australien, neunzehn Jahre zuvor

Edith verbringt diese Nacht bei den Lämmern draußen, hingekauert, das Gewehr im Anschlag, immer auf der Suche nach den leuchtenden Augen hungriger Füchse. In manchen Nächten zwingt sie auch mich dazu, trotz aller Proteste – ich habe ihr schon hundertmal erklärt, dass ich es ablehne, Tiere zu töten, selbst wenn es dabei darum geht, unsere Lebensgrundlage zu schützen, und außerdem ist doch Finnegan dafür da, auf die Lämmer aufzupassen, aber sie schickt mich trotzdem zum Wachehalten raus in die Kälte, wo das unhandliche Gewehr in meinen widerstrebenden Händen liegt. »Wenn es an der Zeit ist, wirst du schon tun, was du musst«, sagt sie in diesem ganz speziellen Ton, der keine Widerworte duldet, und bisher ist mir noch keiner von den Räubern begegnet, ich weiß also nicht, ob sie recht hat.

Heute Nacht jedenfalls ist meine Chance. Ich habe die verschlossene Schatzkiste unter ihrem Bett schon ausgekundschaftet, mir heimlich ihren Schlüssel verschafft und einen zweiten machen lassen, weil ich weiß, dass sie genau die Art von Frau ist, der es auffallen würde, wenn er zu lange fehlt.

Einen Zweitschlüssel machen zu lassen ist gar nicht so einfach, wenn man weit außerhalb der Stadt auf einer Farm festsitzt und selbst die vorläufige Fahrerlaubnis erst bekommt, wenn man sechzehn ist, was noch ein ganzes Jahr dauern wird. Ich musste Skinny Matt Geld geben, damit er das für mich macht, und an der ganzen Schule kifft keiner so viel wie er, als zuverlässig kann man ihn also nicht unbedingt bezeichnen. Dann musste ich noch warten, bis die Ablammsaison begann, die ersten Kleinen nachlässig aus den müden Körpern ihrer Mütter purzelten und danach vor Jägern aller Art beschützt werden mussten – nicht nur vor den Füchsen, auch vor den Adlern und manchmal sogar vor Wildhunden. Die werden immer hungriger, jetzt, da ihre wildlebende Beute immer seltener wird. Nur in diesen Nächten kann ich mir sicher sein, dass Edith mich nicht erwischt: Wenn nötig, würde sie dort draußen auf der Lauer liegen, bis ihr Körper ganz ausgemergelt ist und ihre Knochen zu Staub zerfallen. Entschlossen, stumm, voller Härte.

Gut möglich, dass ich auch ein bisschen übertreibe, wenn es darum geht, wie sorgsam Edith die Kiste hütet. Aber trotzdem. Sie interessiert mich schon, seit ich auf diese abscheuliche Farm gekommen bin. Meine Großmutter ist nämlich eine verhärtete Frau. Sie erzählt mir nichts von meinen Eltern – eigentlich redet sie sowieso kaum mit mir, außer um Befehle zu bellen, und wenn ich die Sklavenarbeit nicht genau so perfekt erledige, wie sie es verlangt, lässt sie mich nicht zum Rettungsschwimmertraining, dabei ist das so ziemlich das Einzige, was mir in diesem Land Spaß macht, und seit ich mein Bronzeabzeichen habe, muss ich auch an den Rettungspatrouillen teilnehmen, und sie kapiert offenbar nicht, wie wichtig das ist –, aber immerhin hat sie diese Kiste, und ich bin überzeugt, dass darin Geheimnisse versteckt sind. Ich mache kein Licht in ihrem Zimmer, das würde sie von der Weide aus sehen, sondern schleiche mich im Dunkeln hinein, lege mich flach auf den Bauch und taste mich vor, bis ich die kalte, massive Ecke der Kiste spüre. Ich ziehe sie hervor – schwer ist sie, schwerer als erwartet – und sause zurück in mein Zimmer, um sie zu öffnen.

Das Gewicht der Kiste stammt von mehreren militärischen Orden, die, wie ich erstaunt feststelle, von meinem Großvater sind; offenbar gehörte er zu einem berittenen Jägerbataillon. Ich lese die Gravuren, streiche über das Metall, versuche, die Puzzleteile zusammenzusetzen. Warum redet sie nicht von ihm, warum hat sie keine Bilder von ihm im Haus? Was ist an ihrer Ehe so intim, dass sie alle Andenken daran vor neugierigen Augen verschlossen halten will?

Nach den Orden ziehe ich einen Stapel Papiere hervor. Einige davon sind offizielle Dokumente – die Besitzurkunde der Farm, Hypothekennachweise, solche Sachen –, die ich ungelesen beiseitelege. Eigentlich weiß ich gar nicht, wonach ich suche, vielleicht nach irgendeinem Beweis dafür, dass ich nicht auf die falsche Farm geschickt worden bin, zu einer Frau, die gar keinen Sohn hat und folglich nicht meine Großmutter sein kann. Sie spricht weder von ihm noch von meiner Mutter. Ich weiß nicht, wo er ist und womit er sein Geld verdient – nicht mal seinen Namen weiß ich.

Ein Stapel Fotos gleitet heraus und ergießt sich auf den Teppich. Fassungslos betrachte ich die Gesichter, die zu mir aufblicken, eine plötzliche Hitze schießt mir in die Wangen.

Das ist er, ich weiß es, denn da ist Edith als junge Frau mit einem Baby auf dem Arm, mit einem kleinen Jungen beim Spaziergang am Strand, beim Gemüseputzen in der Küche mit einem Teenager und am Lagerfeuer mit einem jungen Mann. Auf einigen Bildern hat er lange, blonde Hippie-Haare, auf anderen sind sie raspelkurz geschnitten. Ein attraktives Gesicht mit dunklen Augen und einem breiten Mund, der nur zum Lächeln gemacht scheint.

Und da ist er mit meiner hochschwangeren Mutter. Er hat den Arm um sie gelegt, sie strahlt ihn an, und sie sehen beide so glücklich aus, und hinter ihnen erstreckt sich die Weide, über die ich jeden Tag laufe, um zum Schulbus zu kommen. Ich merke erst, dass ich weine, als meine Eltern ganz nass sind. Hinten drauf stehen in krakeliger Handschrift ihre Namen. *Dom und Iris, Weihnachten.*

Dom.

Ich schiebe das kostbare Foto unter mein Kopfkissen und sehe den Rest der Kiste durch. Ganz unten finde ich schließlich, wonach ich wohl gesucht haben muss. Die Erklärung oder wenigstens ein großes Stück davon.

Dominic Stewart, bei seiner Verhaftung fünfundzwanzig Jahre alt.

Ich halte inne, starre auf das Wort.

Auf der Gerichtsurkunde finden sich noch andere Wörter. Meine fiebrigen Augen erfassen sie und übertragen sie in den Hallraum meines Kopfes, meines tief verwirrten Kopfes. *Justizvollzugsanstalt Long Bay, Sydney. Lebenslänglich. Übliche Mindestverbüßungsdauer: zwanzig Jahre. Schuldbekenntnis. Tötungsabsicht. Verurteilung wegen Mordes.*

Peng!

Ich schrecke hoch. Die Papiere fallen mir aus der Hand, ich fange hastig an, die Kiste wieder einzuräumen. Das war ein Schuss. Was nicht heißen muss, dass sie gleich wiederkommt, aber ich habe genug vom Inhalt dieser Kiste, die ich niemals hätte öffnen dürfen. Ich will nichts mehr damit zu tun haben. Ich habe schon viel zu viel Zeit damit verschwendet …

»Franny!«, ruft Edith, und schon hat sie meine Zimmertür aufgerissen und sieht das Durcheinander um mich herum. Wir schweigen beide ein paar Sekunden, und ihre Augen sind so kalt, wie ich sie noch nie gesehen habe, angsteinflößend und auch angsterfüllt, scheint mir, und dann sagt sie: »Ich habe Finnegan erschossen.«

Ich brauche viel zu lange, um das zu begreifen. »Was?«

»Das Mistvieh hat den Fuchs verjagt, und ich habe ihn im Dunkeln nicht gesehen.«

»Was? Nein.«

Ich dränge mich an ihr vorbei und renne hinaus ins Dunkel. Die Lämmer stehen mit ihren Müttern auf der nächstgelegenen Weide, direkt zwischen uns und dem Meer. Ich renne bis zum Torpfosten, bleibe schwer atmend stehen. Ich sehe nur einen dunklen Umriss ein Stück weiter weg.

»Ich dachte, du willst vielleicht bei ihm sein, wenn ich ihm den Gnadenschuss gebe«, sagt Edith.

»Er lebt noch?«

»Nicht mehr lange. Die Kugel hat ihn direkt im Hals getroffen.«

»Können wir nicht den Tierarzt rufen? Oder wir bringen ihn gleich hin! Schnell, bringen wir ihn zum Wagen!«

»Da kann man nichts mehr tun, Franny. Komm mit oder lass es, ganz, wie du willst.«

»Aber er ist doch meiner!«, rufe ich verzweifelt. Ich bin es, die ihn durch den Hof führt und ihn mit Äpfeln füttert, ihm die Hufe säubert und ihn sogar in den Ohren krault, obwohl ich davon ganz schwarze Finger kriege. Ich bin es, die ihn liebt.

»Drum bin ich dich ja holen gekommen«, sagt sie und ist so ruhig dabei, so kalt, interessiert sich kein bisschen dafür, was sie getan hat, schert sich nicht die Bohne darum, dass sie gerade unseren schönen alten Esel umgebracht hat, der nichts weiter wollte, als die Kleinen in der Nacht tapfer zu beschützen.

»Du Fotze«, sage ich laut und deutlich, und wir sind beide geschockt, denn ich habe noch nie im Leben ein Schimpfwort verwendet, erst recht nicht für meine furchterregende Großmutter. »Du beschissene Fotze«, schimpfe ich weiter, angespornt von Wut, Trauer und Machtlosigkeit. »Das hast du doch mit Absicht gemacht. So, wie du mir nie von Dominic erzählt hast.«

Edith tritt durch das Metalltor und lässt es für mich offen. Sie hat das Gewehr im Anschlag. »Willst du jetzt bei ihm sein oder nicht?«, fragt sie, während sie durchs Gras stapft, auf das schwer atmende Tier zu.

Aber ich kann es nicht, ich kann nicht zu ihm gehen, ich habe zu viel Angst vor dem, was aus ihm werden wird, wenn er tot ist, wie er aussehen wird, was übrig bleibt.

»Dann mach das Tor zu«, sagt Edith.

Das tue ich, und sie schießt Finnegan in den Kopf, und es

ist so laut, so grauenvoll, dass ich mich umdrehe und zum Wagen gehe, den Schlüssel aus dem Handschuhfach nehme und den Motor anlasse. Ich muss verdammt nochmal weg von hier. Ich fahre den Transporter schon seit Jahren; Edith hat es mir beigebracht, und es ist egal, dass ich keinen Führerschein habe und auch kein Geld und keinen Besitz, es ist egal, dass das Foto noch unter meinem Kopfkissen liegt: Ich wünsche mir, dass es für immer dort liegen bleibt, verblasst und verknickt und schließlich zu Staub zerfällt, damit es niemand je wieder anschaut.

Eine kräftige Hand schlängelt sich durchs Fenster, zieht den Schlüssel aus der Zündung, würgt den Motor ab. »Hey!«, fauche ich. Aber Edith ist schon wieder auf dem Weg ins Haus zurück.

Ich renne ihr nach, versuche panisch und getrieben, ihr den Schlüssel aus der Hand zu winden, versteht sie denn nicht, dass ich hier wegmuss, dass ich nicht hierhergehöre, dass ich hier ersticke?

»Wenn du fortwillst, meinetwegen«, sagt sie, »aber meinen Transporter nimmst du dafür nicht.«

Ich keuche frustriert auf, die Tränen fluten mir die Kehle. »Bitte!«

»Die Dinge laufen nicht immer so, wie du es gern hättest, Kleine, und wir müssen lernen, das mit einer gewissen Würde zu ertragen.«

Das demütigt mich. Ich hasse sie.

Sie geht ins Haus, und ich bleibe auf der Veranda sitzen und weine. Um meinen Finnegan, meinen einzigen Freund, und weil ich mir so wünsche, meine Mutter wäre hier. Edith schert sich nicht um mich. Ich glaube, der Tag, an dem ich hergebracht wurde, hat ihr Leben zerstört. Zumindest weiß ich jetzt aber, warum sie mich so hasst: weil ich sie an ihren verkommenen Sohn erinnere.

Stunden sind vergangen, als ich schließlich wieder hineingehe. Ich habe gewartet, bis ich sicher sein kann, dass sie schläft, weil ich ihr heute nicht mehr in die Augen sehen kann. Aber als ich gerade in mein Zimmer will, höre ich von der Hintertür her ein Geräusch, und ich kann nicht anders, ich muss zum Fenster schleichen, und da sehe ich sie, in einem Kreis aus Licht sitzt sie auf der Hintertreppe, ganz allein, hält die Marke aus Finnegans Ohr in der Hand und weint leise.

Ich sinke gegen die Wand, lehne den Kopf dagegen.

»Es tut mir leid, Grandma«, flüstere ich, aber durch die Scheibe kann sie mich nicht hören.

Das Frühstück geht schweigend vonstatten, aber das ist nichts Ungewöhnliches. Edith hat sich ihre geheime Kiste in der Nacht zuvor nicht zurückgeholt, und ich habe sie wieder zugeschlossen und unter ihr Bett geschoben. Die Reue lastet schwer auf mir. Das Foto unter meinem Kopfkissen habe ich nicht angerührt – ich habe es nicht fertiggebracht, es ihr zurückzugeben, auch wenn ich mir nicht vorstellen kann, es jemals wieder anzuschauen. Ich bin müde, habe mich die ganze Nacht nur herumgewälzt. Und brauche eine ganze Schüssel Porridge, bis ich den Mut aufbringe, sie zu fragen: »Hat er wirklich jemanden umgebracht?«

Edith nickt, ohne von ihrer Zeitung aufzublicken.

»Wen?«

»Ray Young.«

»Und wer ist Ray Young?«

»Ein Junge hier aus der Nachbarschaft.«

»Weißt du, warum er es getan hat?«

»Das hat er nie erzählt.«

Ich starre sie an, fassungslos darüber, wie lässig sie die Achseln zuckt.

»Wo haben meine Mutter und er sich kennengelernt?«

»Keine Ahnung. Irgendwo in Irland.«

»Hast du ihn nie gefragt?«

»Ging mich ja nichts an.«

»Haben sie … verliebt gewirkt? Als er sie mit hergebracht hat?«

Edith sieht von der Zeitung auf, mustert mich über den Rand ihrer Lesebrille hinweg. »Was hat das denn zu sagen?«

Weiß ich auch nicht.

»Es hatte jedenfalls nichts damit zu tun, dass er den Mann umgebracht hat, das steht fest. Oder damit, dass er genau an dem Tag verurteilt wurde, als Iris dich brüllend in die Welt gesetzt hat, da drüben auf dem Sofa. Ich hab dich rausgeholt und dafür gesorgt, dass sie nicht verblutet. Geheult hat sie, weil sie so einsam war, und was da an Liebe zwischen den beiden war, hat sie nicht gehindert, mit dir fortzugehen.«

Sie faltet die Zeitung zusammen, stellt ihre Schüssel in die Spüle.

»Du musst mir helfen, eine Grube für Finnegan auszuheben«, sagt sie, und ich nicke.

»Ja, Grandma.«

Während sie sich die Stiefel anzieht, frage ich: »Wie hat er es getan?«

»Zu Tode gewürgt hat er ihn«, antwortet meine Großmutter.

18

Dublin, Irland, zwölf Jahre zuvor

Dick und kalt fallen die Regentropfen auf mein Gesicht. Ich habe weder Regenmantel noch Schirm dabei, deshalb versöhne ich mich damit, nass zu werden. Dublin ist ein düsterer Ort, wenn der Himmel grau ist, und trotzdem auch irgendwie erhebend, geheimnisvoll, man kann sich ganz darin verfangen und verlieren. Ich bin auf dem Weg zur Bibliothek, die unten am Hafen liegt.

Fast immer werde ich morgens von einem Kuss geweckt, wenn er zur Arbeit geht. Heute war es noch so früh, dass kaum Tageslicht durch die Rollläden drang, und seine Lippen könnten auch ein Traum im Dunkeln gewesen sein. Ich muss heute nicht arbeiten und hatte mir eigentlich fest vorgenommen, Nialls Wohnung zum Zuhause umzugestalten, mit Farben, Pflanzen, Bildern, ganz egal. Aber dann spürte ich, wie meine Füße in diesen vier Wänden zu zucken begannen, wie meine Finger unruhig wurden, und je länger ich versuchte, das alles zu ignorieren, desto mehr schnürte es mir die Kehle zu.

Da fiel mir wieder ein, dass ich ja schon seit längerem in die Dubliner Bibliothek wollte, ich stieg in Galway in den

Zug, und jetzt bin ich hier, gehe schnell, um dem Schauer zu entkommen, und atme wieder leichter. Ich betrete das große Gebäude, gehe unter der hohen Decke über den Mosaikboden und betrete den kathedralenartigen Lesesaal, an dem ich schon solche Freude hatte, als ich damals nach Irland zurückkam. Ich weiß nicht genau, wonach ich suche, irgendetwas über Ahnenforschung vielleicht, aber zunächst bleibe ich kurz stehen und freue mich an dem Raum. Dann versenke ich mich in die Seiten.

Irgendwann später spüre ich es in der Handtasche vibrieren.

Ich bin zu spät, um das Gespräch noch anzunehmen, und als ich auf das Handydisplay schaue, kommt mein Herz ins Schlingern, und mich durchströmt die Erkenntnis, dass ich etwas falsch gemacht habe, obwohl ich so schnell nicht darauf komme, was es genau ist. Acht verpasste Anrufe von Niall. Drei Nachrichten, die fragen, wo ich bin. Draußen ist es dunkel geworden, der ganze Tag ist vorbeigegangen, während ich ins Lesen vertieft war. Mist.

Ich rufe ihn sofort zurück.

Er meldet sich mit: »Ist alles in Ordnung?«

Ich bemühe mich um einen fröhlichen Ton. »Alles bestens, tut mir leid, dass ich deine Anrufe nicht gehört habe, ich bin in Dublin.«

Es bleibt lange still. »Warum?«

»Ich wollte in die Bibliothek.«

»Einfach … so?«

»Ja.«

»Und da konntest du nicht Bescheid sagen?«

»Ich …« So schrecklich es klingt: Ich bin gar nicht auf den Gedanken gekommen. Seit wir verheiratet sind, habe ich so etwas noch nie gemacht, habe meinen Füßen noch nie erlaubt, mich zu führen, wohin sie wollen. Ich verschweige ihm, dass das noch gar nichts ist, dass ich schließlich nur zwei Zugstunden weit weg bin, dass es auch viel weiter hätte sein können und dass ich gehen kann, wohin ich will, denn mein Instinkt sagt mir, dass das herzlos wäre.

»Ich war mittags kurz hier, weil ich dich sehen wollte, aber du warst nicht da, und jetzt bin ich eben nach Hause gekommen, um dir was zum Abendessen zu bringen, und du warst immer noch nicht da. Ich dachte schon, du bist vielleicht … Ich wusste einfach nicht, wo du bist.«

Von jetzt auf gleich fällt mir das Atmen wieder schwer. »Tut mir leid. Ich hätte dir Bescheid sagen sollen. Ich habe nicht darüber nachgedacht.«

Noch eine Stille. Schmerz liegt darin. »Und hast du vor, demnächst wieder nach Hause zu kommen?«

»Klar. So weit habe ich noch nicht geplant, aber vielleicht in ein, zwei Tagen?«

»Okay. Prima. Dann bis dann.« Er legt auf.

Ich schaue auf das Handy. Dann gehe ich wieder in den Regen hinaus, der jetzt so richtig prasselt, laufe den ganzen Weg bis zum Bahnhof und kaufe mir eine Fahrkarte für den nächsten Zug nach Galway.

Im Fachbereich Biologie ist es ausgesprochen lebhaft für einen Dienstagabend. Eigentlich auch für jeden anderen Abend. Alle Lichter brennen, in der Institutsküche drängen sich mindestens dreißig Leute. Ich zwänge mich hinein, bleibe an die Wand gelehnt stehen und suche nach Niall. Zu Hause war er nicht, also konnte er nur an der Uni sein, aber mir war nicht klar, dass ich mitten in eine Institutsparty geraten würde. Ich bin direkt vom Bahnhof gekommen, meine Schuhe quietschen, meine Haare sind regenfeucht.

Dann entdecke ich ihn, umringt von ein paar Männern und Frauen, und gehe ein wenig näher, weil ich wissen möchte, womit er sie so fesselt. Schon von weitem sehe ich die dunkle Wolke, die über ihm hängt.

»Die Menschheit ist eine gottverdammte Geißel für die Welt«, sagt er gerade.

Dann schaut er hoch und sieht mich. Unsere Blicke treffen sich quer durch den Raum. In seinem sehe ich Erleichterung, was das gleiche Gefühl bei mir auslöst, aber ich entdecke auch noch etwas Frostigeres.

Er kommt zu mir, küsst mich auf die Wange. »Da bist du ja.«

Ich nicke nur, all die Sätze, die ich mir im Zug zurechtgelegt habe, sind zerstoben.

»Es gibt Aufstände, weil ein paar von diesen Dreckswilderern in ein Schutzgebiet eingedrungen sind und den letzten Elefanten die Stoßzähne abgesägt haben«, sagt er mit schwerer Stimme.

Es tut mir im Herzen weh. Ich ertrage es nicht, das zu hören. Wir hören so etwas ständig. Und nichts ändert sich. Ich möchte heulen, aber Nialls Schmerz ist sehr viel kälter. Ich glaube, allmählich verliert er wirklich die Hoffnung.

Während ich noch überlege, was ich sagen soll, schüttelt

er den Kopf. Atmet lange und tief aus, nimmt ein Weinglas vom nächstgelegenen Tisch und schenkt mir etwas ein. »Na, komm«, sagt er leise und führt mich zu seinen Kollegen hinüber. »Freunde, darf ich euch Franny vorstellen, meine Frau.«

Die Runde besteht aus zwei Professoren, deren Namen ich gleich wieder vergesse, einer Laborantin namens Hannah und der blonden Dozentin, die mir ihren benutzten Teller hingehalten hat: Professor Shannon Byrne. Ich sehe ihren entsetzten Blick – sie glaubt anscheinend, sich verhört zu haben. »Deine Frau?«

»Meine Frau«, bestätigt Niall.

»Freut mich, Sie kennenzulernen«, sage ich.

Shannon ringt sich ein »Wie schön« ab und drückt mir knapp die Hand. »Wann ist das denn passiert, Niall?«

»Vor sechs Wochen.«

»Ist nicht dein Ernst. Warum waren wir nicht eingeladen?«

»Es war niemand eingeladen.«

Sie lässt nicht locker. »Da hast du ja geschwiegen wie ein Grab! Wie lange seid ihr denn schon zusammen?«

Niall bedenkt mich mit einem irgendwie schneidenden Lächeln. »Seit sechs Wochen.«

Betretenes Schweigen senkt sich über die Runde.

»Der blanke Wahnsinn«, sage ich. Das löst die Spannung, und alle brechen in belustigtes, beklommenes oder verständnisvolles Brummeln aus.

»So ist die Liebe immer«, sagt einer der beiden Männer, »der blanke Wahnsinn.«

»Meine Frau nennt sie immer einen Fiebertraum«, sagt der andere. Ich komme zu dem Schluss, dass ich die beiden mag.

Ich sehe Niall an und nicke. »Da ist was dran«, und dabei denke ich, dass ich diesen Menschen, den ich geheiratet habe, kaum wiedererkenne.

»Ich hätte nie gedacht, dass Niall sich noch für etwas anderes interessieren könnte als seine Arbeit«, sagt Shannon.

»Ich auch nicht«, meint Niall.

»Ich finde das sehr mutig«, sagt Hannah, und die Röte steigt ihr in die Wangen.

Dankbar begegne ich ihrem schüchternen Blick. »Das kann man sagen.«

»Shannon leitet den Fachbereich Biologie«, erklärt mir Niall. »Ihr solltet euch mal zusammensetzen. Shannon, ich sage dir – Franny begeistert sich sehr für Ornithologie, und sie ist hochintelligent.«

Shannons Blick streift meine schlammverkrustete Jeans. Sie trägt ein dunkelblaues Wollkleid und High Heels. Das blonde Haar ist elegant verwuschelt. Ich habe mir die schwarze Mähne zu einem verschwitzten, unordentlichen Zopf geflochten, mit dem ich aussehen muss wie circa zwölf. Eigentlich neige ich nicht dazu, mir über so etwas Gedanken zu machen, trotzdem schaue ich Niall rasch ins Gesicht, um zu sehen, ob ihm der Unterschied auffällt. Offenbar nicht.

Ohne Vorwarnung sagt er: »Als sie klein war, hat sich ein ganzer Krähenschwarm in sie verliebt.«

Hitze durchströmt mich.

»Wie meinst du das denn?«, will Shannon wissen.

Als klar ist, dass ich nicht darauf antworten werde, erläutert Niall: »Sie hat sie jeden Tag gefüttert, und daraufhin sind sie ihr gefolgt, haben ihr kleine Geschenke gebracht. Das ging über Jahre. Sie haben sie vergöttert.«

»Aber doch nicht jeden Tag«, sagt Shannon. »Nicht im Winter.«

Ich sehe zu ihr hoch. Nicke.

»Das stimmt nicht«, sagt sie knapp. »Krähen sind Zugvögel.«

»Vögel sind dort, wo es Futter gibt«, sagt Niall. »Und Rabenvögel besitzen die Fähigkeit, menschliche Gesichter wiederzuerkennen. Franny ist zu ihrer Futterquelle geworden, deshalb sahen sie keine Notwendigkeit fortzuziehen.«

Shannon schüttelt den Kopf, als wäre der bloße Gedanke eine Zumutung.

Tu das nicht, flehe ich und versende die Botschaft so laut und stumm, wie ich nur kann. *Nimm den Zauber nicht weg*. Ich fühle mich dreckig, als wäre etwas Kostbares verschmutzt worden, würde am liebsten von hier verschwinden oder aber ihr – und vielleicht auch Niall – meinen Wein ins Gesicht schütten.

»Darum wollte ich, dass du sie kennenlernst«, fährt Niall fort.

»Haben Sie schon einen ersten Abschluss?«, fragt mich Shannon.

»Nein.«

»Sie haben noch gar nicht studiert? Wie alt sind Sie denn?«

»Zweiundzwanzig.«

Sie zieht die Brauen hoch. »Das macht … zehn Jahre Altersunterschied?«

Niall und ich sehen einander an. Nicken.

Shannon zuckt die Achseln. »Na, Sie sind ja noch jung, Sie haben jede Menge Zeit. Rufen Sie mich an, dann setzen wir uns zusammen und besprechen, was Sie für eine Bewerbung brauchen.«

Anstatt ihr auseinanderzusetzen, dass ich dazu nicht die leiseste Lust habe, bedanke ich mich einfach nur. Alle freuen sich spürbar, das Gespräch wieder auf Themen zu lenken, bei denen sie sich wohlfühlen – aktuell ist das ein Aufsatz über artübergreifende Zuchtprogramme, den Shannon bald veröffentlichen wird –, und ich nutze die Gelegenheit, um mich aus dem Kreis zu entfernen, den Wein, von dem ich nicht getrunken habe, wieder auf den Tisch zu stellen und zur Tür zu gehen. Als sie hinter mir zufällt, verstummt der Lärm von drinnen fast völlig. Erleichtert atme ich durch. Der Knopf neben dem Fahrstuhl leuchtet gelb auf.

Hinter mir öffnet sich die Tür erneut, noch einmal strömt das Stimmengewirr nach draußen. Ich drehe mich nicht um, aber dann greift eine Hand nach meiner und zieht mich zur Seite, in irgendein Zimmer, in dem es dunkel ist – es muss wohl ein Büro sein.

»Ist dir das alles zu aufgeblasen?«, fragt mich mein Mann. Im Dunkeln kann ich ihn nicht allzu gut erkennen. Womöglich ist er ein klein wenig betrunken. »Was machst du überhaupt hier?«

»Ich wollte zu dir.«

Er breitet die Arme aus: Da bin ich.

»War das Rache?«, frage ich.

»Was?«

»Die Krähen. Etwas so Kostbares preiszugeben.«

Er schweigt, dann seufzt er. »Nein. Zumindest nicht bewusst.«

»Ich weiß nicht, wie man so was macht«, sage ich, und meine Stimme bricht dabei.

»Ich auch nicht.«

Ich gehe durch die Dunkelheit, will Abstand zwischen ihn und mich bringen. An einer Wand sind mehrere hohe Fenster, und ich schaue hinaus, nach unten. Der Park wirkt schaurig im Dunkeln, die Bäume werfen sonderbare, bewegliche Schatten. Ein Auto fährt langsam vorbei, leuchtet mir mit den Scheinwerfern ins Gesicht und verschwindet dann wieder. Ein Unbehagen wohnt diesem Augenblick inne, es wartet. Ich fühle mich unwohl in meiner Haut, weil ich mich noch nie vor einem anderen Menschen rechtfertigen, noch nie jemandem sagen musste, wohin ich gehe. Das ist wie eine Fessel. »Ich habe dich gewarnt«, sage ich und verabscheue mich sofort dafür.

»Das stimmt«, sagt er und kommt näher heran. »Und trotzdem habe ich … nicht damit gerechnet. Sag's mir einfach, Liebling, mehr will ich gar nicht. Lass mich nur wissen, wohin du gehst und dass du wiederkommst.«

Ich drehe mich um. »Du hast aber nicht gedacht, ich wäre für immer fort?«

»Doch, das ging mir durch den Kopf«, gesteht er. »Du hast mir Angst gemacht, Franny.«

Alles Unbehagen tropft aus mir heraus. »Das tut mir leid«, sage ich. »Ich würde dich niemals für immer verlassen.« Und als die Worte kommen, wird mir klar, dass sie stimmen, und eine andere Art von Fessel rastet ein, eine tiefere, sehr viel fatalere.

Niall kommt ganz nah zu mir heran und umarmt mich, drückt den Mund in meine Halsbeuge. »Wie schrecklich von mir, das mit den Krähen, dass ich sie verraten habe. Ich wusste genau, was ich da tue. Manchmal glaube ich, ich bin nur auf Zerstörung gepolt.«

Wir rühren uns nicht, aber die Welt um uns bewegt sich weiter, atmet und lebt. Über unseren Köpfen zieht der Mond seine Bahn. Ich lebe in Nialls Worten, in der ungeheuren Weite seiner Widersprüchlichkeiten.

»Und dabei hältst du mich so liebevoll im Arm«, sage ich.

»Fühlt sich das etwa an wie ein Käfig?«

Meine Augen brennen. »Nein«, sage ich, und dann erkenne ich die tiefe, furchtbare Fessel als das, was sie ist, ich kenne ihr Gesicht, weiß ihren Namen, denn es ist gar keine Fessel, es ist Liebe, und womöglich ist das ja ein und dasselbe.

»Kommst du mit mir mit?«, frage ich ihn.

»Wohin?«

»Egal. Überallhin.«

Nialls Arme schließen sich fester um mich. Er sagt: »Ja. Überallhin.«

19

Nordatlantik, an Bord der Saghani, zur Zeit des Vogelzugs

Als ich aus meinem Fieberschlaf erwache, bin ich benommen. Ich brauche lange Minuten, um mir darüber klarzuwerden, wo ich bin (in Ennis' Kabine, in seinem Bett) und was am Abend zuvor passiert ist (ich habe einen Mann erstochen). Allzu gut erinnere ich mich nicht.

Warum bist du mich nicht holen gekommen, Niall?

Die Besatzung hat sich in der Kombüse versammelt, sie sitzen auf diverse Bänke verteilt oder lehnen an der Wand, sehen Basil dabei zu, wie er in einem riesigen Topf Porridge rührt, und reden leise miteinander. Alle sind da, bis auf Ennis. Er hält sich hier nie auf, hält sich immer abseits.

Sie erschrecken, als sie mich sehen. Ich spüre es, obwohl es nur ein kurzes Aufflackern ist. Ein tierhafter Reflex. Ein Misstrauen der unzurechnungsfähigen Frau gegenüber, mit der sie sich jetzt auf sehr engem Raum befinden.

»Wie geht's dir?«, fragt Anik.

»Gut.« An meine Gefühle zum gestrigen Abend komme ich nicht mehr ran. Sie sind schon weitergezogen. »Dann sind wir also auf dem Schiff. Und es fährt.«

Niemand kommentiert das. Ihre Blicke sagen alles.

»Na, meine Fresse«, murmele ich.

Basil hält mir eine Schüssel Porridge hin, verziert mit einem Hauch Zimt und Zitronenzeste. Er sieht mich dabei nicht an. Ich gehe in die Messe hinüber und lasse mich auf die Lederbank sinken. Die anderen kommen mit ihren Schüsseln nach, setzen sich um mich herum, als wäre alles ganz normal. Mir fehlt Samuel, seine unverwüstliche heitere Ausstrahlung.

Niemand sagt etwas, bis Ennis hereinmarschiert kommt, die Arme verschränkt und verkündet: »Also, folgende Lage. Wir sind ohne Erlaubnis aus dem Hafen ausgelaufen. Ich habe einen Funkspruch der Hafenpolizei gekriegt, die uns mildernde Umstände anbietet, wenn wir auf der Stelle umkehren, weil die Änderungen ja eben erst verkündet wurden und wir vorbringen könnten, dass wir die neue Gesetzeslage nicht richtig verstanden haben.«

Ich lasse den Löffel sinken.

»Es dürfte auch noch einen anderen Grund geben, warum die Bullen mit uns reden wollen«, wirft Dae ein, und alle schauen zu mir

»Ja, und vielleicht sollten wir ihnen da behilflich sein«, sagt Basil. Als niemand reagiert, spricht er lauter. »Eine Frau, die wir kaum kennen, hat gestern Abend einen Mann ermordet. Und anstatt zu bleiben und das zu melden, sind wir einfach geflüchtet.«

»Das war einer von den Demonstranten …«, setzt Mal an.

»Na und? Scheiße nochmal, na und? Wir sind hier doch nicht beim gottverdammten *Paten*. Wir bringen keine Leute um. Sie hat ihn kaltblütig ermordet.«

»Kaltblütig?«, frage ich.

»Vielleicht hat sie ihn gar nicht getötet«, sagt Lea. »Das wissen wir nicht.«

»Wie hast du das überhaupt angestellt?«, fragt Dae mich verwirrt.

»Sie hatte ein Messer«, sagt Anik.

»Und warum trägt sie das wohl bei sich?«, will Basil wissen.

»Vielleicht, weil man als Frau oft attackiert wird«, faucht Lea.

»Ach, jetzt geht das wieder los …«

»Ich trage dieses Messer seit dem Tag bei mir, als ich im Gefängnis niedergestochen wurde«, sage ich.

Die Besatzung schweigt.

»Ich habe vier Jahre in Limerick eingesessen. Es ging dort sehr gewalttätig zu. Ich musste lernen, mich zu verteidigen. Ich musste lernen, vor anderen Menschen Angst zu haben. Seit ich wieder draußen bin, trage ich immer ein Messer.«

Entsetzen verdichtet die Atmosphäre.

Ennis mustert mich prüfend. Ich kann seine Miene nicht deuten und glaube auch nicht, dass er meine deuten kann. Die anderen versuchen zu begreifen.

»Ach du dickes Ei«, sagt Mal zaghaft.

»Was zum Geier!« Jetzt starrt Basil mich direkt an, und in seinem Blick liegt eine Härte. »Dann haben wir also eine Gewaltverbrecherin an Bord, die einfach so einen armen Kerl absticht. Und das soll uns nicht stören?«

»Einen armen Kerl?«, frage ich.

»Was denn – hat er dich ein bisschen angefasst, und da musstest du ihn gleich umbringen?«

»Du chauvinistischer Drecksack«, knurrt Lea, aber ich höre sie kaum.

»Wisst ihr was?«, ruft Basil. »Ich bin es so was von leid, dass der Feminismus immer als Entschuldigung gilt, wenn eine Frau sich falsch verhält. Da wird 'ne Tusse gewalttätig und gibt den Männern die Schuld daran. Ist doch armselig.«

Ich müsste wütend werden. Von den Umsitzenden spüre ich deutlich eine Welle der Wut. Stattdessen empfinde ich aber nur Abscheu für Basil und etwas wie Mitleid, weil er sich zu einem so kleingeistigen Menschen hat machen lassen. Ich glaube, er sieht es in meiner Miene, denn er wird knallrot vor Scham, und das schürt seinen Zorn nur noch weiter.

Da fährt Ennis ihn an. »Er hat sie angegriffen«, sagt der Kapitän, und seine Inbrunst erschreckt mich. »Er hat sie unseretwegen angegriffen, und sie wollte ihm nicht verraten, wo wir sind, daraufhin ist er gewalttätig geworden. Und du findest, da hätte sie sich nicht wehren sollen?«

Basil gibt einen wütend hilflosen Laut von sich. »Wieso warst du im Gefängnis?«

»Weil ich zwei Menschen getötet habe.«

»Großer Gott«, poltert er. »Verfickte Scheiße!«

»Beruhig dich, Basil«, sagt Dae.

»Nein! Wir müssen die Polizei über Funk benachrichtigen! Wenn wir jetzt umkehren …«

»Geh dich abregen«, befiehlt ihm Ennis.

Basil setzt zum Protest an, aber da …

»*Raus!*«

Begleitet von leisem, wütendem Schimpfen stürmt unser Schiffskoch hinaus. Ich sehe, wie Ennis' Hände zittern, als er sich wieder zu uns umdreht. Seine Augen suchen meinen Blick, sie sind grau wie die Morgendämmerung.

»Ich muss mich entschuldigen«, sagt er.

Ich weiß nicht, was ich sagen soll.

Mal fragt leise: »Wolltest du deswegen nicht an Land gehen?«

Ich nicke. »Ich habe gegen meine Bewährungsauflagen verstoßen, indem ich hergekommen bin. Eigentlich hätte ich Irland für weitere fünf Jahre nicht verlassen dürfen. Mein Pass ist gefälscht. Und …« Ich kann mich nicht mehr bremsen, warum nicht gleich die ganze Wahrheit, die ganze Schande? »Ich bin auch keine Ornithologin. Ich bin überhaupt keine Wissenschaftlerin.«

Sie sehen mich fassungslos an.

»Wie bitte?«, fragt Mal.

»Ich war nie an der Uni. Ich habe keinen Studienabschluss. Ich lese einfach nur sehr viel.«

Erneut bleibt es lange still, während sie versuchen, damit zurande zu kommen.

»Scheiße nochmal, Franny«, sagt Lea schließlich.

»Das erzählen wir Basil mal besser nicht«, schlägt Mal vor.

»Und woher hast du die Peilsender?«, fragt Dae.

»Die gehören meinem Mann.«

»Aber warum machst du das alles, wenn du gar nichts damit zu tun hast?«, fragt Anik.

»Ich habe damit zu tun. So wie wir alle.«

Dann sagt Ennis: »Spielt ja keine Rolle«, er bleibt ganz gelassen, und etwas daran lässt mich denken, dass er es die ganze Zeit gewusst haben muss, was natürlich Unsinn ist. »Es gibt noch zwei Vögel mit Peilsendern. Die kann ich abfangen. Wir folgen ihnen zu den Fischen.«

Ich atme aus, spüre ein Brennen in den Augen. Am liebsten würde ich ihn umarmen.

»Die sind ganz im Westen«, wendet Lea ein, »und schnell nach Süden unterwegs. In den Gewässern kennst du dich nicht aus, Käpten.«

»Ich werde sie finden«, wiederholt Ennis und klingt dabei so überzeugend, dass man es fast glauben könnte.

»Aber was bringt das noch, wenn wir doch nur verhaftet werden, sobald wir mit einem Kühlraum voller Fische irgendwo anlegen?«, fragt Dae.

»Ich kenne da jemanden«, sagt Anik. »Er könnte einen Fang unter der Hand verkaufen, wenn wir das wollen. Vorausgesetzt, es kommt zu einem Fang.«

»Mein Gott«, haucht Malachai, dann muss er wider Willen ungläubig lachen. Aber man kann ja auch nur noch lachen, so absurd, wie sie ist, diese Welt der Kriminellen, in der wir uns plötzlich wiederfinden. Lea schüttelt ununterbrochen den Kopf, und Dae reibt sich die Augen, als wollte er aus einem Traum aufwachen.

»Also, stimmen wir ab«, sagt unser Kapitän. »Ist jemand dafür, umzukehren und unser Schiff den Behörden auszuhändigen?« *Und Franny auch*, aber das braucht er nicht mehr hinzuzusetzen.

Ich halte die Luft an.

Niemand hebt die Hand.

»Und wer ist dafür weiterzumachen, egal was noch kommt?«

Sie zögern.

Dann reckt Anik eine einsame Hand in die Luft. »Wir stecken jetzt drin«, brummt er. »Also bringen wir es auch zu Ende.«

Eine Hand nach der anderen folgt seinem Beispiel. Ich reibe mir die Tränen von den Wangen, meine Hände zittern vor Aufregung.

Gestern war es noch vorbei, das alles. Und heute sind wir tiefer in der Wildnis als je zuvor.

»Also setzen wir Kurs nach Süden«, sagt Ennis, »und hoffen, dass unser Treibstoff reicht, denn sie haben eine Fahndungsmeldung nach der *Saghani* ausgegeben, wir können also nirgendwo mehr anlegen, bis das getan ist.«

»Und dass der Motor hält, hoffen wir auch«, sagt Lea.

»Und beten um Fische«, sagt Dae.

»Und um Vögel«, sagt Anik.

Ich nicke.

Und um Vögel.

Ich trage meinen Schlafsack aufs Deck hinauf. In der Kabine halte ich es nicht aus, trotz aller Proteste von Lea. Als Zugeständnis fessele ich mich mit den Handgelenken an die Reling, damit ich weder bei schlechter Witterung noch beim Schlafwandeln über Bord gehe. Hier draußen ist es kalt und wunderschön. Ein klarer Himmel voller Sterne.

Später kommt Ennis von der Brücke herunter und setzt sich auf die Holzplanken neben meinen Schlafsack. Wie es so seine Art ist, schweigt er.

Also rede ich.

»Warum haben sie dafür gestimmt weiterzumachen?«, will ich wissen, weil ich mir die Frage schon den ganzen Abend stelle. Die anderen sind nicht so verzweifelt wie Ennis und ich.

»Du bist eine von uns«, sagt Ennis. »Und unsere Leute liefern wir nicht aus.«

Es tut mir weh, das zu hören, es schmerzt auf eine Weise, die sich zugleich beängstigend und wunderbar anfühlt. Ich bette den Kopf auf die Knie und schaue hoch zum Mond. Er ist fast voll heute Nacht und mehr golden als weiß.

»Ich wollte ihn nicht töten«, murmele ich. Und dann: »Das stimmt so nicht. Ich wollte es. Ich wollte ihn unbedingt töten. Und ich glaube, genau deshalb hätte ich nie zum Messer greifen dürfen.«

Ennis rührt sich nicht und antwortet sehr lange nicht. Über uns wölbt sich die Nacht.

Eine halbe Ewigkeit ist vergangen, als er sagt: »Möglich. Aber ich bin froh, dass du es getan hast.«

20

Galway, Irland, zwölf Jahre zuvor

»Früher war diese Welt ein anderer Ort«, sagt Niall ins Mikrophon. »Früher gab es Lebewesen im Meer, die so wundersam waren, als wären sie direkt der Phantasie entsprungen. Es gab Geschöpfe, die über die Steppe setzten und durch das hohe Gras pirschten, Geschöpfe, die durch die Wipfel der Bäume sprangen, die es auch noch in Hülle und Fülle gab. Früher gab es prächtige Flügelwesen, die den Himmel bevölkerten und die jetzt verschwinden.« Er hält inne, sucht im Auditorium nach meinem Gesicht. »Dabei verschwinden sie gar nicht«, berichtigt er sich. »Sie werden gewaltsam und unterschiedslos von unserer Gleichgültigkeit hingemetzelt. Unsere Machthaber sind zu dem Schluss gekommen, dass Wirtschaftswachstum wichtiger ist. Das Artensterben erscheint ihnen als akzeptabler Preis für ihre Habgier.«

Manchmal, hat er mir erzählt, fällt es ihm schwer, zum Ende zu kommen. Dann steigt ihm die Galle hoch, und er würde das Pult am liebsten mit bloßen Händen zerschmettern, überwältigt von einem Gefühl tiefster Abscheu für das, was wir sind, was wir alle sind, unsere ganze vergiftete Spezies. Er hat sich als Heuchler bezeichnet, weil er immer nur redet und nie etwas tut, er sagte, er hasse sich selbst mindestens so sehr wie die anderen, sei ebenso sehr Täter, ein Konsument, der im Reichtum und mit Privilegien lebe und immer mehr, mehr, mehr wolle. Er sagte, es fasziniere ihn, wie einfach ich lebe, er beneide mich darum, und ich fand das merkwürdig, denn so habe ich das nie gesehen. Aber als er mich fragte, was ich wirklich wolle, ganz tief im Innern, da ist mir nur Wandern und Schwimmen eingefallen, also hat er vermutlich recht.

Ich sehe ihm an, wie er heute mit der Vorlesung zu kämpfen hat. Es ist Monate her, seit ich zuletzt in einem seiner Kurse gesessen habe, und mit Sorge nehme ich den Grad der Verzweiflung wahr, der sich in seine Stimme schleicht, die Verärgerung, die aus seiner Bedächtigkeit spricht, aus den gezielten Anschuldigungen, dem Drang, sich uns verständlich zu machen. In seiner Stimme höre ich den Zorn, den er angesichts seiner eigenen Nutzlosigkeit erlebt, und ich wünschte, ich könnte ihm den ein wenig nehmen, ihn mit der Berührung meiner Hände und dem Flüstern meiner Lippen wegstreicheln, aber er ist so viel größer als ich, ein Zorn, der die ganze Welt verschlingen kann.

Nach der Vorlesung warte ich im Labor auf ihn. Ich zwinge mich, den Möwenkadaver anzuschauen, der dort immer noch mit ausgebreiteten Flügeln aufgespießt steht, obwohl ich gar nicht recht weiß, warum. Vielleicht weil er mich zum Moment unserer ersten Berührung zurückführt, zu der Intimität und Angst darin.

»Die Welt wäre sicher ein besserer Ort, wenn wir auch Menschen ausstopfen und zu Studienzwecken aufstellen könnten«, sagt Niall, als er hereinkommt.

Ich muss unwillkürlich ein bisschen lächeln. »Nein, glaube ich nicht.«

»Darf ich dir was zeigen?«

Ich folge ihm zu einer Leinwand. Er löscht das Licht, zeigt mir dann aber doch nichts, sondern mustert nur mein Gesicht, meine Augen, und sagt leise: »Du siehst so müde aus, Liebling.«

In letzter Zeit hat das Schlafwandeln ab-, und die Albträume haben zugenommen. Meistens ist es entweder das eine oder das andere. Ich habe ein bisschen Angst vor dem Einschlafen, ein bisschen Angst vor meinem Körper und dem, was er anstellen wird. Aber im Moment macht mir etwas anderes Sorgen.

»Und du so hoffnungslos«, sage ich. »Ist alles in Ordnung?«

Er küsst mich zärtlich auf die Augen. Ich atme aus, lehne mich an ihn und weiß, dass bei ihm gar nichts in Ordnung ist.

Das Video beginnt und wird groß auf die Leinwand projiziert. Ton gibt es keinen. Nur urplötzliche weiße Weite, die uns beide blendet. Als wir wieder hinschauen, sind Hunderte schneeweißer Vogelbrüste und blutroter Schnäbel darauf zu sehen und das Flattern eleganter, messerscharfer Flügel.

Wie hypnotisiert nähere ich mich der Leinwand.

»Küstenseeschwalben«, sagt Niall. Und dann erzählt er mir von ihrer längsten aller Reisen, er spricht von ihrem Überlebenswillen, ihrem *Trotz*, und endet mit den Worten: »Ich möchte ihnen folgen.«

»Auf ihrer Reise?«

»Ja. Das hat noch nie jemand gemacht. Wir könnten so viel

lernen – nicht nur über die Vögel selbst, sondern auch über den Klimawandel.«

Ich strahle, die Aufregung erwacht pochend in mir. »Machen wir das doch.«

»Würdest du mitkommen?«

»Wann können wir los?«

Er lacht. »Ich weiß es nicht. Die Arbeit …«

»Das ist deine Arbeit.«

»Ich muss mich erst mal um die Finanzierung kümmern. Das wird einiges an Mühe kosten.«

Ich schlucke die Enttäuschung herunter und drehe mich wieder zur Leinwand.

»Wir machen das, Franny. Irgendwann. Versprochen.«

Aber das hat er schon oft gesagt, und wir fahren nie irgendwohin.

»Erzähl mir, wohin sie fliegen«, sage ich leise, und das tut er, er nimmt mich mit über Weltmeere und auf ferne Kontinente, er nimmt mich mit ans andere Ende der Welt, weiter als je ein Mensch gekommen ist. Ich höre die Tränen in seiner Stimme. Wende mich ihm zu.

»Ich war heute Morgen bei deinem Haus«, sagt er.

»Welchem Haus?«

»Dem Holzhaus am Meer.«

»Wo Mam und ich gewohnt haben?«

Er nickt. »Jetzt wohnt schon lange niemand mehr dort. Ich bin hineingegangen. Es war so kalt, Liebling! Der Wind pfeift mitten hindurch, und ich sah die ganze Zeit nur dich, deinen kleinen Körper, im Bett zusammengerollt, während deine Mutter versucht, dich zu wärmen.«

Ich nehme ihn in den Arm, schlinge mich um ihn. Wenn ich es nur schaffe, einen ausreichend dicken Panzer aus mir zu machen, kann ich ihn immer schützen; wenn ich Teil seiner Haut werde, wirklich unerlässlich bin, dann kann uns bestimmt nichts mehr trennen.

Besteck klappert auf den Tellern, es hallt von der hohen Decke wider. Es ist fast wie in einer Kathedrale.

Wir verbringen das Wochenende bei Nialls Eltern, damit ich sie kennenlerne. Niall wollte es bei einer halben Stunde zum Kaffee belassen; es war meine Idee, das ganze Wochenende zu bleiben, als ich am Telefon die Sehnsucht in der Stimme seines Vaters hörte. Arthur Lynch ist ein ruhiger, vergnügter Mann, der seinen Sohn sehr vermisst. Mit Penny Lynch sieht es anders aus. Ich hätte die Kaffeeoption wählen sollen.

»Was machst du denn beruflich, Franny?«, fragt sie mich, obwohl Niall ihr das längst erzählt hat. Ich bin schon dankbar, dass überhaupt geredet wird.

»Ich putze an der NUI.«

»Und hast du dich dazu immer schon berufen gefühlt?«, fragt Penny weiter. Sie trägt einen Kaschmirpullover und Rubinohrringe. Der Kamin in der Ecke ist so groß wie ganz Dublin, der Wein, den wir trinken, liegt schon Nialls Leben lang im Keller.

»Eine Berufung ist es nicht gerade«, antworte ich mit einem Lächeln. Ich weiß nicht, ob sie es als Witz gemeint hat, aber ich finde es ziemlich lustig. »Es ist nur ein Job, den ich ohne Ausbildung und weitere Qualifikationen bekommen konnte. Man kann jederzeit anfangen und aufhören, und man kann es überall auf der Welt machen.« Ich halte die Gabel auf halbem Weg zum Mund an. »Wenn ich ehrlich bin, mache ich es eigentlich ganz gern. Es hat etwas Meditatives.«

»Glückliche Zeiten«, sagt Arthur. Seine Wangen sind vom Wein stark gerötet, und es macht ihn sichtlich froh, uns hier zu haben. Sein Akzent klingt mehr nach Belfast als nach Galway.

»Und was machen deine Eltern?«

Niall atmet so hörbar aus, als würde er gleich aus der Haut fahren. Sicher hat er sie vor unserer Ankunft genauestens präpariert, aber seine Mutter hält sich einfach nicht ans Drehbuch.

»Ich weiß es nicht«, antworte ich ihr. »Ich habe sie beide seit sehr langer Zeit nicht gesehen.«

»Dann wissen sie gar nichts von deiner Ehe mit Niall?«

»Nein.«

»Ach, wie schade! Du hast eine gute Partie gemacht, sie wären sicher sehr stolz.«

Ich blicke ihr in die haselnussbraunen Augen, exakt derselbe Farbton wie bei ihrem Sohn. Was für ein Spiel das auch ist, ich werde es nicht mitspielen. »Das wären sie sicher«, bestätige ich. »Euer Sohn ist etwas ganz Besonderes.«

»Wie macht sich denn der neue Gärtner, Dad?«, fragt Niall betont laut.

»Oh, bestens …«

»Wie habt ihr zwei euch eigentlich kennengelernt?«, fragt mich Penny.

Ich stelle mein Weinglas ab. »Ich saß in seiner Vorlesung.«

»Der einzige Mensch in der Geschichte meiner Lehrtätigkeit, der mittendrin aufgestanden und gegangen ist«, sagt Niall.

»Ich habe sein Ego verletzt.«

»Wie romantisch«, sagt Arthur.

Pennys Blick ist eindeutig, alles an ihr ist sorgfältig inszeniert. Dann sagt sie sehr gezielt: »Wenn man auf dem Campus arbeitet, hat man ja sicher auch Zugang zum Lehrplan erfolgreicher junger Professoren.«

»Großer Gott, Mutter …«, setzt Niall an, aber ich drücke ihm unter dem Tisch das Knie.

»Unglücklicherweise legt die Fakultät hinsichtlich ihrer Dozenten keine große Transparenz an den Tag«, sage ich. »Sosehr ich mich auch bemüht habe, ich konnte beim besten Willen nichts über das Nettomonatseinkommen und den Familienstand der Professoren herausfinden. Das macht es gar nicht leicht zu wissen, in wessen Kurs man sich setzen soll.«

Es dauert einen Moment, dann bricht Niall in schallendes Gelächter aus. Selbst Arthur gluckst ein wenig. Penny dagegen hält den Blick auf mich gerichtet und schenkt mir ein großherziges Lächeln.

»Ich habe einfach nur eine Schwäche für Vögel, Penny«, sage ich zu ihr. »Ich schwör's.«

»Aber ja doch«, murmelt sie und gibt ihrem Personal ein Zeichen, unsere Teller abzuräumen.

»Ich glaube, ich war noch nie so glücklich.« Niall grinst noch immer vor Vergnügen. Ich verdrehe die Augen und verberge mein eigenes Lächeln. Ich will es nicht gutheißen, dass er sich über seine Mutter lustig macht – er kann von Glück sagen, noch eine zu haben, die es mit ihm aushält, und jetzt, da der Moment vorbei ist, bereue ich den Seitenhieb bereits.

»Sie war nur in Sorge um dich«, sage ich.

»Sie war unsagbar biestig, und das Schlimmste ist: Sie war nicht einmal schlau genug, es irgendwie subtil zu machen.«

Wir sind im Gästetrakt, weil Niall nicht wollte, dass ich in seinem alten Kinderzimmer schlafe. Dieses Zimmer war früher seine Zuflucht, aber auch sein Gefängnis; Penny hat ihn schon wegen der kleinsten Lappalie dort eingeschlossen, damit er sein Verhalten überdenken sollte, und weil das praktisch täglich vorkam, macht es seine Kindheitserinnerungen zu einem traurigen Kapitel. Jeder Schritt in dieses Zimmer ist ein Schritt zurück zu seinen Unzulänglichkeiten, seiner Einsamkeit, dem Gefühl, für das Glück seiner Mutter verantwortlich zu sein und zugleich kläglich daran zu scheitern.

»Bitte schön, Liebling.« Er hat mir ein Bad eingelassen, und ich gehe durch den Raum ins angrenzende Badezimmer, ziehe mich im Gehen aus und lasse die Kleidungsstücke einfach fallen, so wie man es im Urlaub macht. Ich tauche ins heiße Wasser ein, Niall setzt sich auf den Wannenrand und betrachtet die aufwendigen Schmuckfliesen und die vergoldeten Armaturen im elterlichen Bad, als würde ihn der Anblick sehr verwirren.

»Ich bin froh, dass ich eine Frau geheiratet habe, die ihren Mann stehen kann«, sagt er.

»Hast du mich geheiratet, um deine Mutter zu ärgern?«

»Nein.«

»Nicht mal zum Teil? Wenn es nur zum Teil war, wäre es mir egal.«

»Nein, Liebling. Ich habe schon vor langer Zeit aufgehört, meiner Mutter irgendeine Reaktion abringen zu wollen.«

»Du bist immer noch wahnsinnig wütend auf sie.«

Seine Erwiderung kommt so prompt, dass es mich überrascht. »Sie hat einfach kein Talent zum Lieben«, sagt er.

Ich erwache aus einem Traum von gefangenen Motten, die sich bei dem Versuch, das Mondlicht zu erreichen, immer und immer wieder gegen eine Scheibe werfen. Niall ist schon aufgestanden und sieht deshalb nicht, was ich sehe: Meine Füße sind erdverschmiert, das ganze Laken ist beschmutzt. Ich stutze. O nein. Da muss ich wohl im Schlaf wieder auf Wanderschaft gewesen sein.

Beim Frühstück ist die Stimmung schlecht. Penny marschiert durch das Haus und gibt dem Personal knappe Anweisungen, Arthur hat sich hinter seiner Zeitung verschanzt und hofft wohl, dadurch unsichtbar zu werden. Niall schenkt mir einen Kaffee ein und führt mich zu einem Fenster mit breiter Fensterbank und Blick auf den Garten.

»Was ist denn los?«, frage ich.

»Gestern Abend wurde Pennys Voliere im Gewächshaus offen gelassen. Ihre Vögel sind alle entkommen.«

»Ach du Schande …« Ich versuche, ihre schneidenden Worte im Nebenzimmer zu verstehen, und höre etwas von Schadensersatz und Gehaltskürzungen. Ich stürze meinen Kaffee hinunter und sage Niall, ich sei gleich wieder da.

Die Sonne macht das Wasser im Teich zu flüssigem Feuer.

Auf dem Weg zum Gewächshaus streift hohes Gras meine Waden. Drinnen ist es still und kühl, und ich sehe gleich, dass die großen Volieren ganz hinten nicht mehr vor Farbe, Bewegung und Lärm bersten, sondern nur noch ein leeres Knochengerüst sind. Ich sehe mir das Schloss an der Tür an, und meine Beklommenheit wächst – es gibt keinen Schlüssel, keinen Zahlencode, es ist nur ein einfaches Bolzenschloss, das sich ohne weiteres von außen öffnen lässt. Ich überlege, ob sie vor der Flucht wohl gezögert haben, skeptisch gegenüber dem, was jenseits des Käfigs liegt, oder ob sie der Freiheit entgegengestürmt sind, eine farbenfrohe Explosion aus Freude.

»Ich hatte mehr als zwanzig Unterarten«, sagt eine Stimme, und ich drehe mich zu Penny um. In diesem schmutzigen Käfig wirkt sie irgendwie fehl am Platz.

»Niall hat sie mir einmal gezeigt. Sie waren großartig.« Und eingesperrt. Selbst wenn ich weder den Dreck an meinen Füßen noch das Schloss gesehen hätte, ich hätte doch gewusst, was passiert ist. Der Schmerz in meiner Brust war sofort da, als ich sie dort drinnen sah, vor dem wahren Himmel verborgen. Ich wollte nichts lieber als sie freilassen. Aber nur mein anderes, mein wildes Ich würde das tatsächlich tun.

»Penny, ich …« Ich räuspere mich. »Es tut mir furchtbar leid, aber es könnte sein, dass ich das war.«

»Wie bitte?« Sie tritt ins Sonnenlicht, und ich erschrecke, als ich ihre Augen feucht schimmern sehe.

»Ich war gestern Nacht draußen, ich bin schlafgewandelt. Offenbar … Ich meine, ich muss es eigentlich gewesen sein.« Ich mache einen Schritt auf sie zu, widerstehe dem Drang, die Hand auszustrecken. Sie rührt sich nicht. »Es tut mir so leid.«

»Unsinn«, sagt Penny schwach. »Du hast ja keine Schuld an etwas, das du nicht kontrollieren kannst.«

Das Schweigen dauert an, und ich zwinge mich, darüber nachzudenken, wie sich die Situation noch retten lässt. Jetzt erkenne ich, wie sie an den Vögeln hing, und es schmerzt mich sehr zu sehen, dass ich ihr weh getan habe.

»Wie kann ich das wiedergutmachen?«

Sie schüttelt langsam den Kopf. Statt stolz und stählern ist sie auf einmal nur noch klein, alt und verängstigt. »Es war immer ein Widerspruch. Ich war jedes Mal traurig, wenn ich sie gesehen habe.«

Jetzt brennen auch mir die Augen.

Penny ringt um Fassung und versteckt sich wieder hinter ihrer Fassade aus Selbstbeherrschung. »Franny, ich muss mich entschuldigen, dass ich gestern Abend so unhöflich war. Viele meiner Patienten leiden unter einer Eigenschaft, die ihr Leben und das der Menschen um sie herum stark beschädigen kann. Ich dachte, ich hätte diese Eigenschaft auch bei dir wahrgenommen, aber es war nicht fair von mir, so schnell ein Urteil zu fällen, und vollkommen unangebracht, eine Diagnose bei einer Person zu stellen, die ich nicht behandele. Das gehört zu meinen Schwächen.«

»Oh …« Ich weiß nicht recht, was ich darauf erwidern soll. »Was ist denn das für eine Eigenschaft?«

»Ich dachte, du bist vielleicht flatterhaft.«

In der knisternden Stille erkenne ich die Entschuldigung als das, was sie wirklich ist: eine höflich verbrämte Spitze.

»Du solltest etwas essen«, fährt sie frostig fort. »Du hattest eine bewegte Nacht. Und vielleicht lässt du dir gegen das

Schlafwandeln ja etwas von mir verschreiben.« Damit lässt sie mich allein im Gewächshaus zurück, und sie hat recht: Ich bin impulsiv, unbeständig und ruhelos, aber das sind alles nur freundliche Umschreibungen für die brutale Wahrheit.

21

Mittelatlantik, an Bord der Saghani, zur Zeit des Vogelzugs

Wir haben einen Monat gebraucht, um den Äquator zu erreichen. Keine Vögel, keine Fische und seit geraumer Zeit auch keine anderen Schiffe mehr. Wir sind ganz und gar allein hier draußen, aber nach Aussage der Besatzung werde ich mit der Überquerung des Äquators von der Landratte zum Seebären. »Jetzt bist du eine echte Seefahrerin, Franny«, erklären sie mir.

Ennis hat sich dicht an der amerikanischen Küste gehalten – er meinte, wenn wir uns nach Osten wenden, holen wir die Vögel niemals ein. Es würde viel zu lange dauern, den Atlantik zu überqueren, stattdessen sollten wir den Kurs sukzessive anpassen und weiter im Süden auf die Vögel treffen.

Rechts von uns liegt jetzt Brasilien, so nah, dass wir es sehen können. Zur Linken, um einiges weiter weg, liegt Afrika. Mich juckt es in den Füßen, in einem dieser Länder an Land zu gehen, es zu erkunden, aber dafür fehlt die Zeit.

Basil würdigt mich keines Blickes und spricht auch nicht mit mir, was mir nur recht ist. Die meiste Zeit verbringt er damit, über seine Stellung zu zetern, die hier an Bord kaum besser sei als die eines Strafgefangenen, weil ihm die Gelegenheit verwehrt wurde, fürs Umkehren zu stimmen. Er kocht immer noch wie ein Besessener, kann aber nicht mehr allzu viel ausrichten, denn unsere Vorräte bestehen inzwischen fast nur noch aus Konserven. Ich werde nicht traurig sein, wenn ich nie mehr Bohnen in allen Variationen essen muss. Die meiste Zeit verbringe ich mit Lea, Dae und Mal, die mich einarbeiten. Trotz all der Zeit auf See weiß ich auch jetzt noch so gut wie nichts, und Mal gibt sich außerdem größte Mühe, mir erfundene Fachbegriffe beizubringen, bei denen alle losgackern, wenn ich sie verwende.

Hier draußen fällt es leicht, uns nicht als Flüchtige zu sehen. Ich kann mir einreden, dass ich nicht – schon wieder – wegen Mordes gesucht werde.

An diesem Nachmittag bin ich unter Deck im Bauch des Bootes, zusammen mit Lea in den Maschinenraum abkommandiert. Das gehört zu den Aufgaben, die ich am wenigsten mag, weil es so heiß und stickig hier unten ist. Lea lässt mich den Pegel von Dingen wie Hydraulikflüssigkeit, Luftdruck und Sauerstoff überprüfen, was regelmäßig gemacht werden muss. Sie selbst hantiert mit etwas Ölverschmiertem herum, die Schmiere verteilt sich wie immer großflächig auf Händen und Gesicht, aber dann bricht sie unvermittelt ab und lässt einen Schwall Schimpfwörter hören.

»Der ist hin.«

»Was ist hin?«, will ich wissen.

»Unser Notfallgenerator.«

»Kriegst du ihn wieder repariert?«

»Nee.«

»Und das heißt?«

»Dass wir geliefert sind, Franny«, faucht sie und streicht sich die verschwitzten Haare aus dem Gesicht. »Ohne Notfallgenerator versagt der Strom völlig, wenn die Hauptgeräte mal ausfallen, und wir können nichts dagegen tun.«

»Und wozu brauchen wir Strom?«

Sie schnaubt. »Für alles, du Blödkopf. Heizsysteme, Navigationsgeräte, das Triebwerk, das heiße Wasser, die gesamte Küchenausrüstung, ganz zu schweigen vom gottverdammten Trinkwasser.«

»Okay. Scheiße. Wie wahrscheinlich ist es denn, dass die Hauptgeräte ausfallen?«

»Sehr wahrscheinlich, das passiert ständig.«

»Aber wir merken es nie, weil dann der Notfallgenerator einspringt?«

»Gut kombiniert, Sherlock.«

Sie stapft den Niedergang hoch – man hat mir streng verboten, weiter von »Stiege« zu sprechen –, und ich folge ihr hastig. »Wo willst du hin?«

»Dem Käpten Bescheid sagen.«

Wir finden Ennis auf der Brücke, und ich höre mir an, wie Lea ihm das Problem sehr viel geduldiger auseinandersetzt als mir. Ennis zeigt keine Reaktion, er atmet nur sehr lange aus, und ich bilde mir ein, dass seine Schultern weniger straff wirken. Er wendet sich wieder dem Steuer zu, blickt auf das öde Meer, das sich vor uns erstreckt.

»Danke, Lea.«

»Ich glaube, wir müssen anlegen.«

Es bleibt lange still, dann sagt er: »Einstweilen noch nicht.«

»Käpten, ohne Notfallgenerator kommen wir nicht weiter. Das Risiko ist einfach zu groß, es ist Wahnsinn. Es muss nur irgendwas passieren …«

»Ich hab's verstanden, Lea.«

Sie schluckt, richtet sich auf, und ich sehe ihr an, wie sie ihren Mut zusammennimmt. »Hast du auch verstanden, dass du uns alle in Gefahr bringst?«

»Ja«, antwortet er schlicht.

Sie zögert, schaut zu mir hin. Ihr Blick wird ein wenig weicher. »Na gut, aber ewig geht das so nicht weiter, Käpten. Wir brauchen einen ordentlichen Plan, mit dem wir Franny nicht gefährden. Früher oder später müssen wir tanken, unsere Vorräte auffüllen – wir sind hier nämlich nicht bei *Liebe in Zeiten der Cholera*. Wir können nur beten, dass unser altes Mädchen überhaupt noch schwimmt, wenn diese Phantasiefische endlich auftauchen.«

Nachdem Lea davongestapft ist, wechseln Ennis und ich einen stummen Blick.

»Ich kann mir ein anderes Schiff suchen«, schlage ich vor.

Ennis geht gar nicht darauf ein. »Immer noch derselbe Kurs?« Er sieht die Karte auf dem Bildschirm so gut wie ich, zwingt mich aber, sie noch einmal durchzugehen. Wir haben die Flugroute der Seeschwalben genau markiert, um ihre Bewegungsmuster nachzuvollziehen, die mit jedem Tag unvorhersehbarer werden. Aktuell fliegen sie gerade von der angolanischen Küste weg auf uns zu.

»Nach wie vor Südwesten«, sage ich. »Wenn sie ihren Kurs halten, müssten wir sie einholen, aber es kann gut sein, dass sie das nicht tun, Ennis. Das hängt vom Wind ab und von der Futtersituation.«

Ennis nickt knapp. Ihn interessiert das nicht. Wie Anik gesagt hat: Jetzt stecken wir drin.

»Sie bleiben standhaft«, sagt er. »Und wir auch.«

Lea macht immer als Erste ihre Nachttischlampe aus, während ich noch weiterlese. Heute allerdings schläft sie nicht, wie sonst immer, auf der Stelle ein. Sie dreht sich mit dem Gesicht zur Wand und fragt mit dumpfer Stimme: »Wie hast du eigentlich die Zehen verloren?«

»Erfrierungen.«

»Und wie hast du dir die Erfrierungen geholt?«

»Ich bin … ohne Schuhe durch den Schnee gelaufen.«

»Ganz schön bescheuert, oder nicht?«

»Jep.«

»Was, glaubst du, wird passieren, wenn wir die Vögel finden?«

»Wie meinst du das?«

»Wir kriegen unseren Riesenfang, okay, Supersache für uns, aber was wird aus dir? Hast du vor, irgendwann nach Hause zurückzugehen? Oder willst du den Rest deines Lebens auf der Flucht verbringen?«

»Darüber brauchst du dir nicht den Kopf zu zerbrechen.«

»Mache ich aber. Wenn sie dich schnappen, musst du wieder ins Gefängnis, richtig? Weil du gegen die Bewährungsauflagen verstoßen hast. Und wenn sie dich mit der Sache in St. John's in Verbindung bringen …«

Ich schlage mein Buch zu.

»Die werden herausfinden, welchen Pass du verwendest«, ermahnt sie mich, als wüsste ich das nicht selber.

»Und wie?«

»Was weiß ich! Wie die Polizei so was halt macht!« Verärgert setzt Lea sich auf, schwingt die Beine aus dem Bett. »Warum erzählst du's mir nicht? Du machst mir nämlich verdammt wenig den Eindruck, als wärst du auf der Flucht.«

»Ich bin auch nicht auf der Flucht.«

»Solltest du aber! Du solltest eine Heidenangst haben, Franny! Ich will nicht, dass du wieder ins Gefängnis musst.«

Ich höre die Tränen in ihrer Stimme und stelle erschrocken fest, dass sie plötzlich weint. »Mein Gott, hör doch auf«, versuche ich, sie zu beschwichtigen. »Das ist es wirklich nicht wert.«

»Ach, leck mich doch«, faucht sie und hält sich die Hände vors Gesicht.

Widerwillig stehe ich auf und setze mich neben sie. »Komm schon, Lea.«

»Dich schert das kein bisschen, oder?«

Ich zögere, dann schüttele ich den Kopf. »Nicht so richtig.« Wie soll es auch, wo der Plan doch ist, längst tot zu sein, bevor mich irgendjemand schnappen kann?

Lea sieht mich an, und da liegt noch etwas anderes hinter dem Schmerz in ihren Augen, etwas Verführerisches, und bevor ich mich abwenden kann, küsst sie mich schon.

»Lea, hey, das geht nicht.«

»Warum nicht?«, fragt sie an meinen Lippen.

»Ich bin verheiratet.«

»Hat dich bei Basil auch nicht gestört.«

»Das war Kamikaze, völlig bedeutungslos. Das hier wäre anders.«

Sie seufzt leicht, gibt sich auf einmal weich und wissend. »Dann lass es zu.«

Wir küssen uns wieder, und ich will es, will mich hineinfallen und ganz davon überwältigen lassen, meine Wunden durch die Nähe heilen lassen, was, glaube ich, auch klappen würde, könnte, aber es wäre ein solcher Betrug, nicht nur an Niall, sondern auch an meiner eigenen Gewissheit, an dieser Reise, zu der ich aufgebrochen bin. Zerstören will ich nur einen Menschen, mich selbst, und auf dem Weg dahin soll es nicht noch mehr Kollateralschäden geben.

Also beende ich den Kuss, so sanft ich kann, gehe zu meinem Bett zurück und schalte das Licht aus. Im Dunkeln betrachtet sie mich, stumm und sehnsüchtig und verunsichert. Dann legt auch sie sich schlafen.

Wir sind die Geißel der Welt, sagt mein Mann oft.

Heute liegt eine gewaltige Landmasse links von uns, das überrascht mich, denn auf der Karte, die ich studiert habe, ist kein Land eingezeichnet. Als wir nahe genug sind, um es genauer zu sehen, wird mir klar, dass es sich um eine riesige Insel aus Plastikmüll handelt, und an ihren Ufern liegen Fische, Seevögel und Robben, alle tot.

Ich schreibe Niall; der Stapel Briefe, die ich ihm schicken will, wird immer dicker vom Gewicht meiner Gedanken. Ich versuche, mit unserer Beziehung zurande zu kommen, mit den Fehlern, die ich gemacht habe, den verschlungenen Wegen, die wir eingeschlagen haben. Ich denke darüber nach, wie es anders hätte laufen können, versuche aber, nicht zu lange darüber zu grübeln: Im »Was wäre, wenn« kann nur Reue gedeihen, und davon habe ich schon ein ganzes Meer voll. Stattdessen verbringe ich die meiste Zeit mit dem Schönen, den Momenten, die sich zwischen Worten und Blicken verbergen, den Zeilen, die er mir geschrieben hat, wenn ich fort war, immer großherzig und zärtlich, obwohl ich ihn so oft verließ. Ich durchlebe die Abende, die wir im Bett verbracht und uns vorgelesen haben, die Wochenendvormittage, an denen wir uns gegenseitig ein Bad eingelassen haben, die endlosen Vogelbeobachtungsausflüge, die wir unternommen haben, auf denen wir schweigend und vollkommen nur einander atmeten. Ich versuche, mir weiszumachen, wir hätten noch mehr solche Momente vor uns.

Wir reisen an der Küste Brasiliens entlang. Jeder Tag beginnt voller Hoffnung, wird mit nach oben gewandtem Kopf verbracht, mit Schauen, Suchen und Kaum-zu-blinzeln-Wagen, und endet in atemloser Enttäuschung. Nur zwei tragen noch Peilsender, aber es müssten doch so viel mehr von euch da sein, und ihr müsstet ganz in der Nähe sein. Wo steckt ihr? Flattern eure kleinen Flügel noch? Kämpft ihr noch immer gegen Wind, Gezeiten und Erschöpfung? Was, wenn ich die Antarktis erreiche, und ihr seid nicht dort? Was, wenn ihr auf dieser Reise sterbt, so wie die anderen? Dann sind auch meine schwachen Bemühungen vergebens, im Ende meines Lebens noch einen Sinn zu finden.

Ob das noch wichtig ist?

Ob jemals ein Tod irgendeinen Sinn hatte? Früher hatte der Tod von Tieren einen Sinn, aber ich bin kein Tier. Wäre ich das nur!

Ob Niall mir je vergeben wird, wenn ich scheitere?

Das Funkgerät gibt als Erstes den Geist auf. Lea und Dae machen es wieder flott, aber das führt zu einem Stromausfall in der Küche, so dass Kühlschrank, Mikrowelle, Wasserkocher und Herd nicht mehr funktionieren. Wir versuchen, die kalten Lebensmittel so schnell wie möglich zu verbrauchen, aber der Großteil unserer Vorräte verdirbt.

Mit jedem Tag versagt etwas anderes; Lea erklärt, es liege daran, dass das Schiff den Strom automatisch an den Autopiloten umleite, der die meiste Energie verbraucht und immer das wichtigste Gerät an Bord bleibt – abgesehen vom Navigationssystem. Wir büßen unseren Fernseher ein und die Fähigkeit, die Lagerräume zu kühlen. Wir können von Glück sagen, dass wir es in wärmere Gegenden geschafft haben, bevor die Heizung weg war. Das heiße Wasser kommt und geht – irgendwer probiert es meistens aus, um abzuschätzen, wann wir uns eine schnelle Dusche oder eine Tasse Tee genehmigen können. Bald fällt auch der Autopilot aus; die Stromversorgung ist zu schwach, um ihn noch am Laufen zu halten. Einen Tag später tut das Navigationssystem es ihm gleich.

Niemand verliert ein Wort darüber. Unermüdlich wird daran gearbeitet, das, was den Geist aufgibt, zu reparieren. Lea und Dae schrauben Tag und Nacht an den Geräten herum, manchmal schaffen sie es, etwas wieder in Gang zu setzen, aber meistens nicht. Wir anderen schuften rund um die Uhr, um das Schiff am Laufen zu halten, schaufeln Wasser aus dem Maschinenraum und vom Deck, versuchen verzweifelt, alles trocken zu bekommen. Seit wir keinen Autopiloten mehr haben, schläft Ennis kaum noch und verbringt seine Tage mit Seekarten, Kompass und Sextant, so wie die alten Seefahrer früher ihren Kurs bestimmt haben. Das alles ist sehr beängstigend, ich spüre die Wellen der Furcht, die von der Besatzung ausgehen, nur in unserem Kapitän erkenne ich einen stillen Funken von Leidenschaft, der wieder aufflackert, eine Rückbesinnung darauf, wie die Welt einmal war. Er kennt dieses Meer nicht, trotzdem glaube ich, dass ein uraltes Herz in ihm alle Meere kennt, so wie das uralte Herz in mir es tut.

Inzwischen schöpfen nicht mehr nur Ennis und ich Trost aus den roten Punkten der Seeschwalben, sondern die ganze Besatzung. Nach und nach suchen sie alle die Brücke auf, um ihre Beklommenheit zu lindern und sich zu vergewissern, dass diese winzigen Leuchtfeuer der Hoffnung uns immer noch sicher leiten.

»Wird Zeit, es zu beenden«, höre ich Anik eines Tages zu Ennis sagen. »Wir hatten große Pläne, und wir sind weit gekommen, aber jetzt ist es vorbei, Bruder. Die Vögel haben zu viel Vorsprung, und das Schiff macht's nicht mehr lange.«

Ich glaube schon, das war es. Wir können uns ja nicht ewig so weiterschleppen.

Aber Ennis sagt nur: »Jetzt noch nicht.«

Ich sehe zu, wie der Kapitän auf die Brücke zurückkehrt und Anik ihm nachsieht, seinem alten Freund. Ich kann mir vorstellen, was Ennis denkt: Wir sind zu weit gekommen, um jetzt aufzugeben. Er ist noch nicht an der Grenze, ab der es für ihn auf keinen Fall mehr weitergeht. Ich weiß nicht, wo meine Grenze liegt, aber auch ich habe sie noch nicht erreicht.

Behutsam trete ich zu unserem Ersten Offizier, um ihm gut zuzureden. »Er wird uns da schon durchbringen«, sage ich leise. »Er ist stark.«

Anik reagiert mit einem bitteren Lächeln, ohne mich anzusehen. »Je stärker man ist, desto gefährlicher wird die Welt.«

22

GALWAY, IRLAND, ELF JAHRE ZUVOR

An unserem ersten Hochzeitstag empfinde ich vor allem Staunen. Niall ist kein bisschen überrascht, aber ein Teil von mir war insgeheim die ganze Zeit überzeugt, dass es sich um ein leichtsinniges Abenteuer handelt, das am Ende zu nichts führen wird. Dass wir lauter Eigenschaften aneinander entdecken würden, die uns nicht gefielen, dass ich in Panik geraten und fortgehen, dass er sich irgendwann mit mir langweilen würde. Manchmal, beim Putzen, stelle ich mir vor, Niall und ich wären in ein endloses Angsthasenspiel verwickelt, und ich frage mich, wer von uns beiden als Erstes zugeben wird, wie albern wir waren, einen Rückzieher machen, lachen, das Handtuch werfen wird, hat ja wirklich Spaß gemacht, Schatz, aber jetzt widmen wir uns wieder unserem richtigen Leben, der Aufgabe, uns ordentliche Ehepartner zu suchen. Das Zusammenleben mit einem Fremden hat etwas von beängstigender, peinlicher Nacktheit.

Aber heute, wie an jedem anderen Tag, staune ich nur darüber, wie sehr wir uns ineinander verliebt haben.

Was für ein Glück. Was für eine Willenskraft.

Um unseren Jahrestag zu feiern, klappern wir in der Stadt

verschiedene Live-Musik-Sessions ab, ziehen von einem Pub ins nächste und hören überall den Musikern zu, die dort spielen. Für mich ist das eine der schönsten Unternehmungen, denn die irische Fiddle erfüllt mich immer mit einem unerklärlichen Gefühl der Vertrautheit. Die Musiker finden sich zusammen, die Musik schwillt an, und die gemeinsame Freude ist mit Händen zu greifen.

Nach einiger Zeit ändert sich die Stimmung, die Lieder werden langsam und melancholisch. Dieses kenne ich irgendwoher … Die Antwort kommt ohne Vorwarnung. Meine Großmutter hat es immer beim Abspülen gehört und dabei mitgesummt. »Raglan Road«.

Niall fasst nach meiner Hand. »Stimmt was nicht?«

»Nein, entschuldige.« Ich schüttele den Kopf. »Kennst du das Gefühl, im falschen Körper geboren zu sein?«

Er drückt meine Finger.

Ich frage ihn: »Was glaubst du, wer bist du eigentlich?«

Niall trinkt von seinem Wein. Wahrscheinlich würde er jetzt gern die Augen verdrehen. »Keine Ahnung.«

»Seit einem Jahr verbringen wir jeden Tag zusammen, und du bist mir immer noch fremd.«

Wir mustern einander.

»Das, was wichtig ist«, sagt er entschieden, »das weißt du von mir.«

Das muss wohl wahr sein, denn es fühlt sich so wahr an.

»Aber wer ich bin?«, wiederholt Niall. »Was ist daran wichtig? Wie soll ich das beantworten? Was würdest du darauf sagen?«

Wer bin ich?

»Stimmt, ich weiß es auch nicht«, sage ich. »Aber ich glaube, es liegt vielleicht irgendwo in dem Tag verborgen, als Mam fortgegangen ist. Warum komme ich sonst immer wieder darauf zurück? Warum kann ich nicht aufhören, nach ihr zu suchen?«

Niall küsst meine Hand, die auch seine Hand ist, meinen Mund, der auch seiner ist.

»Bei mir liegt es wohl eher in den vielen Tagen verborgen, die meine Mutter geblieben ist«, brummt er.

»Hat sie es nicht wenigstens versucht?«

Er zuckt die Achseln, trinkt noch einen Schluck. »Wir können nur geben, was wir auch haben.«

»Willst du Kinder?«

»Ja. Und du?«

Das wird alles verändern. Fast will ich lügen, um das zu schützen, was wir haben, aber so eine Lüge kommt selbst mir zu grausam vor, zu schädlich. »Nein«, sage ich. »Tut mir leid. Ich will keine.«

Nialls Blick verrutscht. Etwas in ihm ist so erschüttert, dass ich schon glaube, es wird nie mehr an seinen Platz zurückfinden. Seine gelassene Sicherheit ist aus dem Gleichgewicht.

»Warum nicht?«

Weil ich nicht weiß, was wäre, wenn ich das Kind verlassen würde, so wie meine Mutter mich verlassen hat? Was wäre, wenn meine schlimmsten Ängste wahr würden und ich es wirklich nicht unter Kontrolle habe? Wie könnte ich einem Kind das antun?

»Ich weiß es nicht«, sage ich, weil meine Feigheit schon

den Versuch abwürgen würde, das in Worte zu fassen. »Ich will einfach keine.«

»Na gut«, sagt er schließlich, womit es aber längst noch nicht vorbei sein wird. Dann sagt er unvermittelt: »Ich finde, du solltest morgen nicht fahren.«

»Warum denn nicht?« Ich habe eine Zugfahrkarte nach Belfast, auf der Suche nach weiteren Anhaltspunkten.

»Weil ich finde, du solltest nicht weitersuchen.«

Ich bin verblüfft. »Irgendwann werde ich sie finden …«

»Sie will aber nicht gefunden werden, Franny. Wieso sollte sie es dir sonst so schwer machen?«

Ich schüttele den Kopf, mein Brustkorb ist eng und aufgebläht.

»Wenn sie dich wiedersehen wollte, würde sie sich doch melden.«

»Hör mir zu, Niall«, sage ich so ruhig, wie es mir möglich ist. »Diese Ruhelosigkeit … die kann die Macht übernehmen.« Ich zwinge ihn, mir zuzuhören. »Falls ich dich jemals verlasse – falls ich fortgehen muss –, dann musst du mir versprechen, dass du wartest, bis ich wiederkomme, dass du auf mich wartest, und wenn es zu lange dauert und du nicht mehr warten kannst, dann musst du kommen und mich suchen und mich wieder daran erinnern. Versprichst du mir das?«

Langsam nickt er. »Ja. Ich verspreche es.«

»Du wirst also warten?«

»Immer.«

»Und du wirst mich holen kommen, falls das nötig sein sollte?«

»Auch wenn du mich nicht drum gebeten hättest, Liebling.«

Das Lied ist zu Ende, und die schwere Last löst sich von meiner Brust. Dieser namenlose Schmerz. An seine Stelle tritt grenzenlose Erleichterung – und Liebe. Wir bleiben auf einen weiteren Drink, reden über gar nichts mehr, und ich könnte stundenlang weiter zuhören, aber Niall hat noch etwas anderes geplant. Wir radeln zu einem der Anlegeplätze hinunter, wo ein kleines Motorboot auf uns wartet. Ich mache große Augen, als er mir bedeutet einzusteigen. Ich kann nicht sagen, ob er das Boot gemietet hat oder ob wir es gerade klauen. Aber mir ist beides recht. Ein freudiges Beben erfüllt mich, als wir auf das dunkle Wasser hinausfahren. Wir bleiben dicht an der Küste, bewegen uns im unermüdlich kreisenden Licht des Leuchtturms nach Norden. Der salzige Geruch des Meeres, das Krachen seiner Brecher, das Schwappen der Wellen und der schwarze Abgrund seiner Tiefen, dieses Dunkel, das sich reckt, bis es auf den tintig-samtigen, vom Glitzern durchsetzten Himmel trifft. So, wie die Sterne sich im Wasser spiegeln, könnten wir auch direkt durch den Himmel fahren; es gibt kein Ende, weder das Meer noch der Himmel haben ein Ende, sondern gehen sanft ineinander über.

Viel zu bald steuert Niall wieder das Ufer an. Wir steigen an einem steinigen Strand aus, er zieht das Boot hinter uns an Land. Einen Finger an die Lippen gelegt, bedeutet er mir zu schweigen, und wir schleichen die Küste entlang, bis sich vor uns der gähnende Schlund einer Höhle öffnet. Über das Tosen des nächtlichen Meeres hinweg höre ich etwas. Nicht nur etwas, sondern vieles. Erst ein Schnurren, dann ein Trillern, hundertfach, ein widerhallendes Lied. Mein Herz hämmert, als wir behutsam die Höhle betreten. Ihr Geruch legt sich um mich, beißend, modrig, warm. Nialls Hand tastet nach meiner, er zieht mich zu Boden, flüstert mir zu, mich flach auf den Bauch zu legen. Die Felsen sind schartig und kalt, aber über uns schwellen die Laute an, und im Dunkel sind Umrisse zu erkennen, Schatten. Kurz muss ich an Fledermäuse denken – es sind die gleichen, flatternden Bewegungen.

»Was ist das?«, flüstere ich.

»Wart's ab.«

Schließlich verziehen sich die Wolken am Himmel, und das Licht eines fast vollen Mondes scheint in die Höhle, übergießt sie mit Silber. Ich sehe mehrere hundert nistende Vögel, sie fliegen und flattern und rufen einander, ein Meer aus schwarzen Federn, geschwungenen Schnäbeln und glitzernden Augen, eine ganze Welt, die nur aus ihnen besteht.

»Sturmschwalben«, flüstert Niall. Er zieht meine Hand an die Lippen. »Alles Gute zum Hochzeitstag.«

Und ich begreife, dass wir das Wort niemals nötig haben werden, denn dies ist das viel größere Bekenntnis, dies ist die Liebe in all ihrer Unermesslichkeit, ihren tiefsten Tiefen. Ich küsse ihn, drücke ihn an mich, und so bleiben wir, betrachten die wunderschönen Geschöpfe und hören ihnen zu, und für diese paar Stunden im Dunkeln können wir uns einreden, wir wären wie sie.

Es wird schon fast hell, als er nach dieser Nacht greift und sie zerstört, mit ein paar Worten nur, so, wie fast alles zerstört wird.

Zurück am Ufer, wir waten vom Boot zu den Steinen an Land. Meerwasser umfängt meine Knöchel. Über uns liegt das Grau.

»Franny«, sagt er, und ich drehe mich um und lächele. Das Wasser reicht ihm bis zu den Knien. Er hält den Rand des Bootes fest. Seine Haut ist aschfahl.

»Ich habe selber auch gesucht«, sagt Niall.

»Wonach denn?«

»Ich habe es nur anders angefangen. Ich habe nie richtig begriffen, warum du es nicht über die Polizei versucht hast.«

Mein Lächeln schwindet.

»Du hast sie nie gefunden, weil sie den Namen deines Vaters angenommen hatte. Offiziell hieß sie damals also Stewart und nicht Stone.«

Er kommt ein wenig näher, lässt aber immer noch Raum zwischen uns, anscheinend nicht in der Lage, die Lücke zu schließen.

»Liebling«, sagt er, ach, so liebevoll. »Du weißt, was passiert ist. Erinnerst du dich nicht?«

Erinnere ich mich?

Nein.

Aber ich könnte dorthin zurück. Diesmal wirklich dorthin zurück, an die geheimen Orte.

Ich könnte das hölzerne Haus am Strand von neuem betreten. Sie von neuem beim Namen rufen. Von neuem sehen, wie sie am Hals von der Decke baumelt.

»Oh!« Ich hole Luft, und die ganze Welt verschwimmt.

»Sie hat dich nicht verlassen«, sagt Niall, aber da liegt er falsch. »Sie ist gestorben.«

Ich nicke, einmal nur. Ja. Das weiß ich jetzt. Irgendwo habe ich es immer gewusst. So wie ich weiß, wie ihr verschwollenes Gesicht aussah, die Röte in den gebrochenen Augen, die bläulichen Quetschungen auf der Haut. Ich weiß, wie schmutzig ihre Füße aussahen, als sie dort baumelten, ohne Schuhe und Strümpfe. Ich wollte sie zudecken, um sie vor der Kälte zu bewahren. Es war immer so kalt in diesem Haus.

Meine Beine geben nach, ich lande ohne jede Anmut auf dem Hinterteil im Wasser.

Wie seltsam, dass mir so etwas so leichthin entfallen konnte. Wie ein flatterndes, herabfallendes Blatt.

Was habe ich sonst noch verloren, das einfach frei davongeflattert ist?

»Franny«, sagt Niall. Ich sehe, dass er vor mir hockt. Sein Gesicht ist verschwommen, anziehend und nicht mehr das eines Fremden.

»Jetzt weiß ich es wieder«, sage ich, und er drückt seine Wärme an meine Kälte, seine Lippen auf meine Augen, und ich spüre es so stark, dieses Wissen. Egal, ob ich jetzt gehe oder in zehn Jahren, ich bin fertig mit diesem Ort.

23

MITTELATLANTIK, AN BORD DER SAGHANI, ZUR ZEIT DES VOGELZUGS

»Bevor ihr geht«, sage ich.

Die Besatzung dreht sich geschlossen zu mir um. Wir haben gerade in der Messe gefrühstückt, alle zusammen, bis auf unseren abtrünnigen Kapitän.

Ich räuspere mich, weil ich es nicht aussprechen will.

»Los, spuck's aus«, sagt Basil. »Hier fällt gerade ein Schiff auseinander, schon vergessen?«

»Der Akku vom Laptop ist wieder leer, und es gibt keinen Strom mehr, um ihn aufzuladen.«

Die Luft knistert vor Schmerz. Es war klar, dass das passieren wird, aber indem ich es laut ausspreche, töte ich das letzte Restchen Hoffnung, das die Besatzung noch empfunden hat.

»Es ist nicht wie letztes Mal – es heißt ja nicht, dass die Vögel ertrunken sind«, versuche ich ihnen, versuche ich mir einzureden. »Es heißt nur einfach, dass wir sie nicht mehr sehen.«

Dae legt den Arm um seinen Freund – Malachai hat sichtlich zu kämpfen, um nicht vor allen die Fassung zu verlieren.

»Ennis meint, es ist egal«, sage ich noch sanfter. »Er meint, wir wissen ja, wohin sie fliegen.«

»Ennis hat verdammt nochmal den Verstand verloren«, sagt Basil. »Er kann kein Meer befahren, das er nicht kennt. Das kann keiner von uns.«

Das wurde schon mehrfach geäußert. Die Sorgen haben die Besatzung fest im Griff, die fremden Gewässer und die streikenden Geräte bringen sie aus dem Tritt.

Ratsuchend schaue ich zu Anik, aber er hält den Blick weit in die Ferne gerichtet.

»Es kommt noch schlimmer«, sagt Lea. »Die Wasserpumpen sind ausgefallen, sprich, wir können die Entsalzungsanlage vergessen und haben nur noch Trinkwasser für zwei Tage. Höchstens.«

»O mein Gott!« Dae lässt den Kopf auf die Tischplatte sinken.

»Das war's dann wohl«, sagt Basil. »Wir sind geliefert.«

»Was machen wir denn jetzt?«, fragt Mal. »Vögel hin oder her, wir brauchen Wasser.«

Basil springt auf, läuft im Zimmer auf und ab, füllt es mit seiner aggressiven Energie. »Haben wir wirklich so viel Angst vor einer Meuterei, dass wir nicht mal unser Leben retten können?«

»Was redest du denn da, Basil?«, fragt Lea.

»Wir haben's versucht. Nik hat's versucht, und wenn selbst er nicht mehr durchkommt, muss der Alte komplett gaga sein.« Basil zittert vor lauter Frust. »Wir müssen anlegen. Das machen wir allein.«

»Der Käpten ist der Einzige, der das kann.«

»Wie es abläuft, wissen wir doch alle.«

»Darum geht es aber nicht …«

»Wir könnten ihn in seine Kabine sperren.«

»Niemand sperrt ihn irgendwo ein!«, ruft Lea. »Er ist unser Kapitän!«

Basil schüttelt den Kopf. »Das ist nicht anders, als wenn er spielt, da weiß er auch nie, wann er aufgeben muss.«

»Hast du es schon versucht?«, fragt Daeshim, und ich brauche einen Moment, bis mir klarwird, dass er mit mir redet.

»Ich?«, frage ich. »Wieso soll er denn auf mich hören?«

Niemand gibt eine Antwort.

»Ich sterbe jedenfalls nicht für dieses Schiff«, sagt Basil leise; der Atem und der Ärger sind ihm offenbar ausgegangen. »Ich sterbe nicht für Fische, Vögel oder irgendeinen anderen Scheiß.«

»Echte Seeleute gehen nie an Bord, ohne zu wissen, dass sie vielleicht …«, setzt Lea an, aber Basil faucht: »Klappe!«, und sie bricht ab.

Ich stehe auf. Oben auf dem Hauptdeck reißt eine Windböe an mir. Am Himmel sind weiße Schlieren, sie ziehen dahin wie die Gischt, die wir hinter uns aufwirbeln. Ich halte inne, versuche nachzudenken, einen konkreten Gedanken festzuhalten, aber sie sind flüchtig wie die Wolken und ebenso substanzlos. Ich weiß nicht, was ich tun, wie ich mich für ein Ende dieser Unternehmung aussprechen soll, fürs Anlegen, für die Polizei und eine Gefängniszelle, in die ich nie zurückkehren wollte, das habe ich mir geschworen. Aber bleibt mir etwas anderes übrig? Es wäre doch Wahnsinn, weiterzumachen, bis die *Saghani* ganz in Stücke bricht und wir alle sieben ertrinken oder, was wahrscheinlicher ist, verdursten.

Ich blicke zu dem Mann auf der Brücke empor. Sein zottiger Bart und die blutunterlaufenen Augen. Seine Verzweiflung. Seine Kinder. Er ist wie ein Gespenst. Nur ein Ziel vor Augen, sonst ist beim besten Willen nichts mehr übrig. Wenn wir anlegen, werden wir nie wieder wegkommen. Für immer gestrandet sein. Etwas in mir bäumt sich auf und sagt nein. Meine Willenskraft macht mich zum Monster, immer und immer wieder. Nach steuerbord hin bleibt mein Blick an etwas hängen. Es ist circa zwei Kilometer entfernt, vielleicht auch weniger. Umrisse im Wasser, unweit der Küste.

»Was ist das?«, frage ich Dae, der wieder an die Arbeit gegangen und mit der Takelage beschäftigt ist.

Er blinzelt gegen die Sonne. »Eine Fischzucht. Vermutlich Lachse.«

Ich runzele die Stirn, mustere das Schiff neben den Netzen.

Dann eile ich zur Messe zurück. »Anik«, sage ich. »Du musst mich wo hinbringen.«

Der Erste Offizier kneift die Augen zusammen.

Dann geht alles blitzschnell. Anik und ich klettern ins Skiff hinunter und schießen über das Meer davon. Ennis sagen wir nichts; Lea befürchtet, dass wir das Schiff nicht mehr in Gang kriegen, wenn wir einmal anhalten, und vor diese Entscheidung will ich ihn nicht stellen. Wir müssen uns also beeilen. Als wir uns dem Lachsboot nähern, sehe ich Leute an Deck, die uns beobachten. Das Schiff ist kleiner als die *Saghani*, aber nicht viel.

»*Ola*«, ruft ein Mann herunter. »*O que o traz para fora?*«

»Sprechen Sie Englisch?«, frage ich.

»Ja, ein bisschen«, gibt er zur Antwort.

»Wir brauchen Wasser«, sage ich. »Unser Generator ist ausgefallen, die Pumpen funktionieren nicht mehr. Wir brauchen Trinkwasser. Können Sie uns helfen?«

Er deutet Richtung Land. »Hafen, ganz nah.«

»Da können wir nicht hin.«

Das verblüfft den Seemann. »Es ist ganz nah. An Land es gibt Wasser.« Dann sagt er etwas zu seinen Leuten, und sie kehren an ihre Arbeit zurück. Der Mann marschiert davon, das Gespräch ist beendet.

»Mist.«

»Und jetzt?«, fragt Anik.

»Können wir uns irgendwie an Bord schleichen?«

»Siehst du den da?«

Mein Blick folgt Aniks ausgestrecktem Finger bis zu dem Mann im Mastkorb, der uns beobachtet. »Sind die Lagerräume bei allen Schiffen ungefähr am gleichen Ort?«

Anik mustert das Boot und zuckt die Achseln. »Weitgehend.«

»Fahr zur *Saghani* zurück. Ich treffe euch dort.«

»Was?«

»Ich hole das Wasser.«

Er schnaubt vor Lachen. »Es sind drei Kilometer. Bis du wieder loskommst, noch mehr. Und wie willst du das Wasser überhaupt tragen?«

In der Ablage sind Taue. Ich schlinge sie mir um die Schultern, warte, bis der Wachposten sich kurz abwendet, und gleite dann geräuschlos ins Wasser. Ich bleibe so lange unten, wie es geht, und tauche dicht am Rumpf des Lachsboots wieder auf. Als ich mich umsehe, stelle ich fest, dass zahlreiche Leitern zu den Fischzuchtanlagen hinunterführen – die Seeleute haben sie genutzt, um von Bord zu gehen und sich ringsherum auf die kreisrunden Anlagen zu verteilen und nach den Fischen zu sehen.

Ich vertue keine Zeit damit, mich zu überzeugen, dass mich keiner sieht – die *Saghani* entfernt sich schließlich mit jeder Minute weiter –, sondern hieve meinen durchtränkten Körper samt eingerolltem Tau aus dem Wasser und die Leiter hoch. Immerhin ist an Bord alles still. Die Fischzuchtanlage sieht aus wie ein brodelndes Meer aus kreisrunden, rosa Tentakeln. Tropfend tapse ich zum Niedergang und steige auf das Messedeck hinunter. Die Kombüse ist leer, auch im Vorratsraum ist niemand, und ich finde die Wasserkanister problemlos – Zwanzig-Liter-Behälter, die aufgereiht an der Wand stehen. Außerdem stoße ich auf einen Vorrat an Akkus und stopfe mir gleich mehrere in den Sport-BH. Mehr als zwei Kanister kann ich nicht tragen, also schnappe ich mir die und kämpfe mich zurück nach draußen, direkt dem Kapitän in die Arme.

Er starrt mich an, eine salzverkrustete Diebin, tropfnass und bibbernd. Zwei seiner Männer wirken genauso überrascht, mich zu sehen.

Ich hole Luft, mein Herz ein Presslufthammer, und weil mir nichts anderes einfallen will, sage ich: »Bitte!«

Der Kapitän scheint ebenso sprachlos wie ich.

Es folgt ein endloser, schmerzvoller Augenblick, in dessen Verlauf sich die *Saghani* noch weiter entfernt, es wird zunehmend unwahrscheinlicher, dass ich sie überhaupt noch erreiche, aber ich sehe auch, wie sich Verständnis über seine Miene senkt, denn natürlich weiß der Kapitän um die neuen Sanktionen, jeder weiß darum, und dann tritt er zur Seite und winkt mich vorbei. Ich werde ganz schlaff vor Erleichterung.

»Danke!«

Ich schleppe das Wasser den Niedergang hinauf, meine Schritte klatschen lautstark auf dem Deck. Jetzt das eine Ende des Taus mit einem Palstek um meine Taille legen, das andere Ende durch die Griffe der beiden Kanister ziehen und mit dem gleichen Knoten befestigen. Ich glaube, der Palstek ist wirklich mein Lieblingsknoten. Er verrutscht nicht. Dann auf den Rand der Reling. Das ist vielleicht das Dümmste, was ich je gemacht habe, was *irgendwer* jemals gemacht hat. Womöglich bin ich gerade im Begriff, mich selbst auf dem Grund des Meeres zu versenken.

Fast muss ich lachen, fast stockt mir der Atem. Aber die Panik ist mein Feind. Jedes Gefühl, egal welches, kann mein Verderben bedeuten. Ruhig atmen, tief atmen, die Atemzüge einem Taktschlag folgen lassen. Die Glieder entspannen, den Geist beruhigen, und dann hinein.

Ich versuche erst gar keinen Kopfsprung, die Kanister würden ihn sowieso zunichtemachen. Stattdessen springe ich mit den Füßen voran, tauche ins Wasser und schwimme schon los, bevor die Kanister hinter mir aufschlagen. Sie versinken und ziehen mich mit sich, und einen entsetzlichen Moment lang bin ich am Ende, ich bin tot, und es ist viel zu früh, unverzeihlich früh, es wird nichts übrig bleiben als ein aufgedunsen dahintreibendes Etwas, das sich mit selbst angelegten Ketten an den Meeresgrund fesselt, und dann strampele ich mit aller Kraft, die ich aufbringen kann, kämpfe mich mit Armen und Beinen wieder an die Oberfläche. Dabei hätte ich mir gar keine Sorgen machen müssen, dass es mich nach unten zieht, denn die Behälter mit dem Trinkwasser schwimmen. Ich falle in einen Rhythmus, achte nicht auf die Rufe der Seeleute, die dieser Verrückten bei allem zusehen, achte auf gar nichts, nur darauf, wie sich das Wasser um mich anfühlt.

Mam hat immer gesagt, nur die größten Narren würden das Meer nicht fürchten, und ich habe stets versucht, nach diesem Motto zu leben. Aber man kann Furcht nicht erzeugen, wo keine ist. Und die unentrinnbare Wahrheit lautet: Ich habe das Meer nie gefürchtet. Ich habe es geliebt, mit jedem Atemzug, mit jedem Herzschlag.

Jetzt zollt es mir Anerkennung, hebt meine Glieder in die Höhe, macht sie leicht und stark. Es trägt mich mit sich, umarmt mich, so wie ich es umarme. Ich kämpfe nicht dagegen an. Ich wüsste gar nicht, wie.

Wie schrieb mir Niall einmal in einem Brief?

Ich bin nur die zweitgrößte Liebe deines Lebens. Aber welcher Trottel wäre denn eifersüchtig auf das Meer?

Anik hievt mich unter heftigen Schimpftiraden in sein Skiff und bringt uns die letzten paar hundert Meter bis zum Schiff, wo wir von der gesamten Besatzung erwartet werden, einschließlich Ennis.

Meine Arme und Beine sind zu nichts mehr zu gebrauchen, sie müssen mich an Bord heben. Sie wickeln mich in eine Decke und tragen mich nach unten, und sie geben mir einen Kuss auf die Wange, einer nach dem anderen, bis ich lächeln muss, und sie bedanken sich bei mir, und ich glaube, sie stehen unter Schock, was mich dann doch nervös macht.

»Das reicht jetzt mal. Lasst mich in Frieden.«

Die Besatzung geht geschlossen hinaus, bis auf Ennis. Er bleibt.

Ich greife nach seiner Faust, streiche sie glatt, bis sie wieder eine normale Hand ist. Eine breite, derbe Hand mit schartigen, dreckigen Fingernägeln, mit Narben.

Sein Blick begegnet meinem.

»Die Akkus werden helfen. Aber das Wasser reicht höchstens eine Woche«, sage ich sanft. »Ich bin bei dir. Ich bin bei dir bis zum Schluss, so weit wir eben kommen, aber falls du einen Plan hast, Ennis, dann wird es jetzt Zeit, ihn umzusetzen.«

Er drückt meine beiden Hände, die zwergenklein in seinen verschwinden. »Franny«, brummt er, »du hast mir Angst gemacht.« Und dann küsst er mich auf die Stirn.

24

Küste vor Argentinien, an Bord der Saghani, zur Balzzeit

Früher war es mild hier, sogar im Sommer. Jetzt ist es sehr viel wärmer, als es sein soll. Das Klima wurde immer von der Antarktis bestimmt, die ihre kalten Finger nach Norden streckte, um diese fruchtbare Küste zu streicheln. Jetzt kommt sie längst nicht mehr so weit, weil sie sehr viel kleiner geworden ist. Wir sind bereits weit im Süden, als wir in eine Bucht einbiegen und unseren Motor zur Ruhe kommen lassen. Nicht weit von uns liegt die »Stadt am Ende der Welt«, wie Ushuaia auch genannt wird. In diese Bucht verirren sich laut Ennis keine Fischer, bloß Freizeitboote von Urlaubern und manchmal auch Einheimische zum Schwimmen. Das Fischen ist hier schon seit Jahrhunderten nicht mehr erlaubt. Bis hierher wollte unser Käpten es die ganze Zeit schaffen, bevor er sein defektes Schiff verloren gab, an die einzige Stelle, von der er weiß, dass sie privat und abgeschieden ist und uns vielleicht, nur vielleicht die Möglichkeit bietet, unentdeckt zu bleiben, während Lea und Dae losziehen und alles besorgen, was sie brauchen, um das Schiff zu reparieren. Er hatte also tatsächlich einen Plan, und dank der Extraration Wasser ist er aufgegangen.

Anik bringt die Besatzung mit seinem Skiff an Land, und Ennis und ich warten weit draußen auf der *Saghani*, so weit, dass wir jeden sehen können, der sich nähert. Über uns erheben sich ein sterbender Wald und die eindrucksvollen Martial-Berge, die früher von Schnee bedeckt waren, aber ich kann den Blick nicht vom Meer abwenden, nicht jetzt, wo wir so dicht dran sind.

Heute werde ich fünfunddreißig. Davon sage ich Ennis nichts. Stattdessen hole ich die Flasche französischen Wein, die Basil in seiner Kabine versteckt hält.

»Lass uns die trinken«, sage ich, als ich wieder an Deck bin.

Ennis wirft einen Blick auf die Flasche und lacht. »Dann bringt er dich um.«

»Ich kaufe ihm eine neue.«

»Das ist ein Pinot noir Domaine Leroy Musigny.«

Ich schaue verständnislos.

»Der kostet fünftausend Dollar. Er hebt ihn schon seit zwanzig Jahren auf.«

Mir bleibt der Mund offen stehen. »Jetzt will ich ihn erst recht trinken.«

Ennis grinst, und ich bringe die Flasche zurück.

Um die Zeit totzuschlagen, spielen wir Karten, und den Wein für fünftausend Dollar trinken wir nicht, dafür aber einen ausgesprochen süffigen Gin für vierzig Dollar. Die Sonne geht erst gegen zehn Uhr abends unter, durchzieht das bemerkenswert blaue Meer mit zarten goldenen Fäden. Die kleinen Schiffe, die das Ufer säumen, erstrahlen, blinken eins nach dem anderen auf und machen die Welt zum Wunderland.

»Meine Schwiegereltern trinken jeden Abend so eine Flasche«, sage ich, während mir der dritte Doppelte den Mund wärmt.

Ennis stößt einen langen, gedehnten Pfiff aus. »Da musst du ja mit der Zeit ein paar feine Tröpfchen getrunken haben.«

»Uns setzen sie nur die billigeren vor. Angeblich wissen wir das nicht genug zu schätzen.« Ennis verzieht das Gesicht, und ich lache leise. »Das Lustige ist ja, wahrscheinlich wüssten wir es tatsächlich nicht zu schätzen. Zumindest ich nicht.«

»Niall schon?«

»Ja, er vielleicht schon. Er würde es sich aber nicht anmerken lassen.«

»Ich glaube, ich mag Niall«, sagt Ennis.

»Er würde dich auch mögen.« Das ist gelogen. Niall hasst Fischer, ausnahmslos. »Er wird bestimmt ganz neidisch, wenn ich ihm das alles erzähle.« Auch gelogen. Niall hat sich nie nach Abenteuern um des Abenteuers willen gesehnt – ihm geht es nur darum, die Tiere zu retten.

»Hast du ihm denn nicht geschrieben?«

»Klar, aber …« Ich zucke die Achseln.

»Es gibt anderes, was zuerst geschrieben werden muss.«

»So ist das wohl.«

»Entschuldigungen?«

Ich zögere, dann nicke ich.

»Entschuldige dich aber nicht zu viel, Kleine. Das laugt dich nur aus.«

»Und was ist, wenn man sich für vieles entschuldigen muss?«

»Einmal reicht. Für alles.«

Da hat er wohl recht. Über die Vergebungsfähigkeit eines anderen Menschen hat man sowieso keine Kontrolle.

»Warum hast du dein Schiff *Rabe* genannt, Ennis?«, frage ich.

Er fährt mit der Hand über die hölzerne Reling, Raues auf Glattem. »Weil es fliegen kann.«

Kaum sind die anderen mit den Ersatzteilen zurück, arbeiten wir die ganze Nacht und den kompletten folgenden Tag durch und helfen Lea und Dae, so gut wir können. Es gibt derart viel Kleinteiliges zu reparieren, dass es kein Ende zu nehmen scheint. Mit jeder Minute werde ich unruhiger, immer wieder wandert mein Blick zum Wasser hin, in ständiger Erwartung der Hafenpolizei. Falls jemand melden sollte, dass ein gewerbliches Fischerboot festgemacht hat, wo es nicht hingehört …

Anscheinend habe ich Ennis' brennenden Wunsch übernommen, vom Festland weg zu sein, nur vom Wasser getragen zu werden, immerzu.

Am zweiten Abend gibt es nichts mehr zu tun. Lea hat bei einem Mechaniker an Land ein Ersatzteil bestellt, darauf können wir jetzt nur warten. Also trinken wir. Malachai ist so voll nervöser Energie, dass er kaum stillsitzen kann. Basil ist noch gemeiner als sonst. Lea mürrischer. Ennis schweigsamer. Anik ist genau wie immer, und so bleibt es Dae überlassen, die kümmerlichen Reste positiver Stimmung und Fröhlichkeit zusammenzukratzen, um uns zum Kartenspielen zu motivieren.

Was mit mir ist, weiß ich nicht.

Die Stunden vergehen. Ich zähle sie förmlich, obwohl das komplett sinnlos ist. Wir lassen die Lichter aus, sitzen nur beim Schein des Mondes auf Deck. Und man muss Dae zugutehalten, dass er es schafft, alle einzubeziehen und uns soweit aufzulockern, dass wir über seine schlechten Kartentricks lachen. Sogar Malachai beruhigt sich und erzählt uns von den Streichen, die er seinen Schwestern früher immer gespielt hat. Während wir alle lachen, kommt mir, ohne dass ich wüsste, woher und warum, der Gedanke, dass ich mich mit ihnen eins fühle. Gegen alle Wahrscheinlichkeit bin ich *glücklich* mit ihnen, und ich weiß, dass ich hierher auf die *Saghani* gehöre, wenn auch nur in einem anderen Leben.

Sie machen es mir schwerer, ans Sterben zu denken. Sie bringen mich dazu, mich einer schattenhaften Vorstellung hinzugeben, die mit einem Leben nach dieser Reise zusammenhängt, und das ist gefährlich.

Einmal wollte ich von Niall wissen, was seiner Ansicht nach aus uns wird, wenn wir tot sind, und er meinte, nichts, wir würden einfach verwesen, uns verflüchtigen. Ich fragte ihn, was das für unser Leben bedeute, wie wir es verbringen sollten, was für einen Sinn es habe. Er antwortete, unser Leben habe gar keinen Sinn, es sei nur ein Kreislauf ständiger Erneuerung, und wir seien unfassbar kleine Funken, so wie die Tiere, wir seien kein bisschen wichtiger als sie, des Lebens nicht würdiger als jedes andere Geschöpf. Weil wir uns selbst so wichtig nähmen und ständig verzweifelt nach *Sinn* suchten, hätten wir unser Gespür für diesen Planeten, dem wir unser Leben verdanken, verloren.

Heute Abend schreibe ich ihm einen Brief, in dem ich ihm

sage, wie recht er damit hatte. Dass ich aber trotzdem an einen Sinn glaube und dass dieser Sinn in der Zuwendung liegt, darin, uns selbst und denen, die bei uns sind, das Leben zu versüßen.

»Hörst du denn nie auf?«, fragt Lea, die neben mir sitzt. Ein Spritzer Wein aus ihrem Glas landet auf dem Blatt, verschmiert meine wirren Worte. »Du bist besessen. Was schreibst du ihm eigentlich?«, will sie wissen. »Erzählst du ihm auch von uns?«

»Manchmal.«

»Und was schreibst du über mich?«

Ich sehe sie an. Sie ist ein bisschen beschwipst, ein bisschen bedürftig. »Ich schreibe, dass du gnadenlos bist und abergläubisch und misstrauisch. Und ich schreibe, dass du wunderbar bist.«

Sie trinkt einen großen Schluck. »Völliger Quatsch. Schreib ihm, er spinnt. Schreib ihm, du brauchst ihn nicht. Du brauchst ihn nicht, Franny.« Dann sieht sie mich mit trüben Augen an: »*Stupide créature solitaire.*« Du dummes, eigenbrötlerisches Geschöpf.

»Was glaubst du, was aus uns wird, wenn wir tot sind?«, frage ich sie.

Sie lacht schnaubend. »Was ist eigentlich los mit dir? Spielt das eine Rolle?«

»Nein.«

Wir schweigen kurz, dann seufzt sie tief und nachdrücklich. »Ich glaube, wir kommen an den Ort, den wir verdienen, und die Entscheidung darüber kann nur Gott treffen.«

Danach sagt sie nichts mehr und ich auch nicht.

Später, als sie besoffen ins Bett fällt, hole ich ein Glas Wasser (aus unserem endlich wieder funktionsfähigen Wasserhahn) und stelle es ihr hin. Die anderen ziehen sich ebenfalls zum Schlafen zurück, aber ich bleibe noch ein Weilchen auf und kehre auf das leere Hauptdeck zurück. Basil hat den Wachdienst übernommen, ich sehe, wie er im Bug steht und raucht, den Blick fest auf die Küste gerichtet, falls von dort jemand kommen sollte. Ich spüre nicht das leiseste Bedürfnis, zu ihm zu gehen und mich erneut seinem Zorn auszusetzen, und so klettere ich aus einer Laune heraus in den Mastkorb hinauf. Eigentlich habe ich dort nichts verloren – wenn man nicht sein halbes Leben auf See verbracht hat, ist die Gefahr zu groß, den Halt zu verlieren und abzustürzen –, aber es ist sonst niemand da, und heute will ich so weit sehen können, wie es nur geht, ich will Abstand zwischen mich und die atmenden Körper der anderen bringen, ich will den Himmel über mir. Die hübschen Lichter auf den anderen Booten blinzeln und leuchten unter mir, und ich wünschte, sie würden verlöschen und die Welt in wohlverdiente Dunkelheit tauchen. All die vielen Menschen lassen keinen Platz mehr für anderes. Die Liebe zur Dunkelheit habe ich nicht von meinem Mann gelernt, obwohl er mir sonst so viel beigebracht hat, sondern damals auf der unteren Weide, in den unergründlichen, geisterhaften Stunden des frühen Morgens, wenn der Himmel voller Sterne in wahrhaftige Nacht gehüllt war, das Meer sanft in der Ferne rauschte und meine Großmutter schweigend neben mir saß. So viele Nächte haben wir dort auf der stockdunklen Weide verbracht, und nie fiel ein Wort zwischen uns, nur hin und wieder ein Seufzer von mir, weil ich lieber im Bett gelegen hätte.

Während ich jetzt hier sitze, am höchsten Punkt des Schiffs, würde ich alles dafür geben, jeden Teil von mir – mein Fleisch, mein Blut, ja sogar mein Herz –, noch einmal eine dieser Nächte zu erleben, wieder im Dunkeln an ihrer Seite zu sein, bei ihr, die mich zur Weißglut gebracht und verwirrt hat, die unergründlich und unerreichbar war, die mich geliebt hat, als es sonst niemand mehr tat, aber ich war viel zu sehr mit Einsamsein beschäftigt, um es zu merken.

Es ist schon spät, als ich plötzlich etwas höre. Ich muss wohl im Mastkorb eingeschlafen sein, denn das ferne Brummen eines Schiffsmotors lässt mich hochschrecken.

Vorsichtig richte ich mich auf. Halte mich am Rand des Mastkorbs fest. Blinzele in die Dunkelheit. Die Lichter, die sich da nähern, sind weiß und blau, und sie kommen vom Eingang der Bucht, vom offenen Meer.

Scheiße!

Warum hat Basil sie noch nicht gesehen? Ob er eingeschlafen ist? Ich schaue mich nach ihm um und sehe ihn an der Reling stehen, wo er dem Boot schweigend entgegenblickt. Er hat einen Rucksack auf. Er will fort, er hat etwas getan. Dunkel breitet sich die Gewissheit in mir aus, Fassungslosigkeit ist keine dabei, es ist viel zu logisch, als dass man noch fassungslos darüber sein könnte. Ein Teil von mir findet, ich hätte mir mehr Mühe geben müssen, mich ihm zuwenden sollen, das hätte ihn vielleicht davon abgehalten. Aber was nützt das jetzt noch? Es ist geschehen.

Ein Mastkorb ist nichts für Feiglinge. Er ist ungeheuer weit oben, und auch wenn das Hochklettern halbwegs machbar scheint, ist das Herunterklettern schwindelerregend. Eine Sprosse nach der anderen, runter runter runter, immer weiter, nicht aus dem Gleichgewicht geraten, nur auf die Sprossen schauen. Das Schiffsdeck dreht sich unter mir, als der Höhenschwindel mich erfasst, und ich muss anhalten, die Augen fest zudrücken und schnell und heftig durch die Nase atmen. Warten, bis die Welt wieder gerade steht, bis mein Magen sich beruhigt hat. Dann wieder weiter abwärts, die Schritte im Takt, bis die Füße schließlich auf Holz treffen.

Ich halte mich nicht lange damit auf, Basil zur Rede zu stellen, sondern eile hinunter in den Bauch des Schiffes.

Erst gehe ich zu Ennis, der seine Kajüte für sich hat. Er muss wohl einen leichten Schlaf haben, denn er ist sofort wach, als ich die Tür aufreiße. »Polizei«, sage ich, und er springt auf.

Da ertönt die Schiffssirene. Großer Gott, das ist wie Bombenalarm, ich habe das Gefühl, der Himmel müsste uns auf den Kopf fallen, das muss das Ende sein, und ich kann nicht zurück ins Gefängnis, ich kann es einfach nicht.

Die anderen sind jetzt auch wach, panisch und halb angezogen drängen sie sich in der Messe. Alle, bis auf Basil.

»Ich bring ihn um«, sagt Anik und hört sich dabei auf eine verstörende Weise glaubwürdig an.

»Was machen wir jetzt?«, fragt Malachai, und seine Stimme klingt drei Oktaven höher als sonst. Er bebt vor Angst. Dae legt ihm die Hand auf den Arm, versucht, ihn zu besänftigen.

Ich steige den Niedergang zum Hauptdeck hinauf, die anderen folgen mir. Hier hat sich alles verändert, nichts als blinkende Lichter und ohrenbetäubendes Sirenengeheul, muss das denn wirklich so laut sein?

Basil sieht uns an, und wir sehen ihn an. Niemand sagt etwas, ich ersticke beinahe an diesem Schweigen und würde ihm am liebsten den verstockten Ausdruck vom Gesicht reißen. Mir scheint, den anderen geht es ähnlich, denn Anik spuckt ihm vor die Füße, und da hat Basil immerhin noch so viel Anstand, etwas betreten dreinzuschauen.

Schließlich nimmt Lea meine Hand und zieht mich zurück, fort aus der lichtdurchtränkten Umgebung, hinein ins Dunkel. Ennis lässt die Strickleiter ins Wasser hinunter. Mir wird klar, was sie vorhaben, aber habe ich noch die Energie, erneut zu flüchten, mich in einem fremden Land durchzuschlagen und mir einen anderen Weg nach Süden zu suchen? Wie sich herausstellt, ja. Es braucht nur das Aufflackern einer Gefängniszelle in meinem Kopf, schon schwinge ich mich hastig über die Reling und hangele mich die Strickleiter hinab ins Dunkel.

»Los«, sagt Lea über mir, und mir wird klar, dass sie mit Ennis redet. Ennis, der genauso durchgedreht ist wie ich. Ennis, der glaubt, dass er nicht in sein Leben zurückkehren kann, wenn er gescheitert ist.

»Wir treffen uns wieder, wenn dieser Schlamassel geklärt ist«, sagt Lea. »Jetzt geh und bring zu Ende, was du begonnen hast.«

Er überlegt. Ich sehe ihn dort oben stehen, zögernd am Abgrund.

»Bleib«, widerspreche ich. »Geh nach Hause zu deinen Kindern, Ennis.«

Aber von Steuerbord kommt bereits die Polizei aufs Schiff, und Ennis folgt seinem Instinkt und klettert über mir die

Strickleiter herab. Er steckt schon zu tief drin, um jetzt aufzugeben.

Basil äußert irgendetwas, auch Daeshim und Anik mischen sich ein, und dann ertönt die Stimme der Polizei, lauter als alle anderen, sie verlangt nach Ruhe, erklärt das Boot für beschlagnahmt und fordert Riley Loach auf, sich zu melden, es liege ein Haftbefehl gegen sie vor.

Eine Frauenstimme antwortet, wohl in der Hoffnung, dass sie kein Foto gesehen haben. »Das bin ich.«

Lea.

Verflixt, das war nicht abgesprochen. Selbst wenn sie uns damit nur einen Vorsprung verschaffen will, selbst wenn sie schnell herausfinden werden, dass sie nicht Riley Loach ist und diesem Kerl kein Messer in den Hals gerammt hat, kann ich doch jetzt nicht einfach verschwinden. Ich hangele mich wieder die Leiter hinauf, dränge mich neben Ennis, weiß ganz genau, was ich tue, nachdem ich monatelang auf diesem Schiff gearbeitet habe. Ennis fasst mich um die Taille, um mich daran zu hindern, noch weiter hinaufzuklettern, aber es reicht schon, von hier aus kann ich alles sehen.

Es sind mehrere Polizisten. Und offenbar herrscht eine gewisse Feindseligkeit, warum, weiß ich nicht, aber einer von ihnen packt Lea an den Armen und zerrt sie zu der Planke, die hinüber zum Polizeiboot führt. »He, fassen Sie sie nicht so hart an«, ruft Basil, und Daeshim will Lea helfen, alle greifen irgendwie nach ihr, und jetzt reagiert auch sie, faucht etwas auf Französisch, entwindet sich dem Griff der Polizei, und Chaos bricht aus, der Polizist schubst sie, will sie mit Gewalt über die Planke zwingen, aber in dem Stoß liegt so viel Wut, darauf ist sie nicht vorbereitet und stolpert. Jemand will sie noch auffangen, aber ihr Kopf schlägt dumpf gegen die Reling, und sie sackt aufs Deck. Einmal versucht sie noch, sich aufzurichten, greift nach etwas, das ich nicht sehen kann, dann rührt sie sich nicht mehr.

Geschrei bricht los. Entsetzen, Fassungslosigkeit, immer wieder wird sie beim Namen gerufen, wird geschüttelt, aber sie rührt sich trotzdem nicht, sie wacht nicht auf, und ich denke: Nein, nicht schon wieder, bitte nicht schon wieder.

Ennis will mich nach unten zerren, aber ich klammere mich eisern fest. Ich kann den Blick nicht von ihr lassen, ich muss sie doch wenigstens dazu bringen, sich wieder zu bewegen, muss sehen, dass sie die Augen aufmacht.

»Franny«, sagt Ennis. »Runter.«

In mir ist alles ruhig und still.

»Franny.«

Ich rühre mich nicht. Ich kann nicht, wie sollte ich?

»Bitte«, sagt Ennis.

Im Schatten des Schiffsrumpfs blicke ich zu ihm hinab. Er sagt es noch einmal, *bitte*, also klettere ich abwärts. Wir lassen uns beide ins Wasser fallen, zusammen sinken wir, halten uns wie in einer Umarmung umschlungen, halten uns fest für die Zeit, die zwischen zwei Herzschlägen liegt, dann entgleitet er mir, und ich bin allein.

Die Welt über mir ist wilde Bewegung, Farbe und Lärm. Unter mir ist Ruhe.

Schwerelosigkeit.

Flucht.

Wie ein tauchender Kormoran halte ich aufs Ufer zu, die

Flügel nach hinten geklappt, mit paddelnden Beinen. Geschmeidig durchschneide ich das Wasser, mit angehaltenem Atem, um unten zu bleiben, immer der dunklen Gestalt vor mir nach. Starke Lunge, hat er einmal gesagt, und das stimmt, er bleibt ewig unter Wasser, und mir bleibt nichts anderes übrig, als es ihm möglichst gleichzutun, weil ich nicht schuld sein will, wenn man uns von oben sieht. Allzu bald tauchen wir wieder auf und atmen weiter, aber das ist gut so; wir haben eine ordentliche Strecke zurückgelegt, und noch suchen sie uns nicht, sie glauben ja, wir seien auf dem Schiff, sie glauben, ich läge reglos auf den Deckbohlen.

Wir schwimmen weiter, sind fast am Ufer. Jetzt kommen wir gleichauf mit den paar Booten, die dort liegen, wir wissen nicht, wo wir hinsollen, aber dass wir von hier wegmüssen, das wissen wir …

Ich halte inne.

Der Name am Bug ist *Sterna Paradisaea.* Der lateinische Name der Küstenseeschwalbe. Daher weiß ich, was zu tun ist. *Such nach den Hinweisen, sie sind überall versteckt.* Und das hier ist kein Hinweis mehr, sondern ein gottverdammtes Neonschild.

»Ennis«, sage ich, und er hält inne, wartet, bis ich im Dunkeln bei ihm bin. Er keucht heftig, er ist es nicht gewöhnt, so weit zu schwimmen. In seinen Augen flackert der Wahnsinn.

Auf der Zwölf-Meter-Yacht brennt kein Licht. Wir klettern an Deck und gehen direkt weiter zum abgedeckten Niedergang. Schlüssel stecken keine, aber als wir unter Deck sind, hat Ennis rasch welche gefunden. »Immer ein Ersatzschlüssel in der Speisekammer«, brummt er.

Ich ziehe mich in das winzige Bad zurück, lasse das Licht

aber aus. Ich betrachte den Umriss meines Spiegelbilds und ohrfeige mich, einmal, noch einmal, ich will, dass es weh tut, dass es blutet, und als das nicht passiert, als es nicht reicht, bin ich drauf und dran, die Stirn an die Scheibe zu schlagen, aber Ennis reißt mich weg, hält mich eisern fest und achtet nicht auf mein Zappeln und mein Schluchzen, bis ich schließlich aufgebe, mich fallen lasse und an seiner Schulter heule. Sobald er mich loslässt, bin ich fern von allem Trost, denn was, wenn sie tot ist?

Wir warten bis zum Morgengrauen. Bis die *Saghani* wieder leer ist, die Polizei verschwunden.

Ennis bringt die Yacht neben sein Schiff und wartet darauf, dass ich wieder an Bord gehe. »Du kommst doch mit, oder?«, frage ich, aber er sagt, er könne nicht. Stattdessen wartet er, bis ich das geplünderte Schiff inspiziert habe. Die Polizei hat praktisch alles mitgenommen, was von Interesse sein kann, auch meinen Rechner. Aber weil ich meinen Rucksack neurotisch hüte, wegen der kostbaren Briefe darin, halte ich ihn immer unter meinem Bett versteckt, und dort lässt mich ein großer Glücksfall ihn auch wiederfinden, er hat auf mich gewartet.

Für alle Fälle schaue ich noch auf die Brücke, aber wie Ennis schon prophezeit hat, ist das Steuer fixiert worden, selbst wenn das Boot also seetüchtig wäre, kämen wir damit nirgendwohin. Mit einem letzten Abschiedsgruß klettere ich auf die Yacht hinüber, und Ennis und ich fahren gemeinsam fort von der *Saghani*, einem Geisterschiff im grauen Morgenlicht, und ich frage mich, was wohl aus Lea geworden ist, ich frage mich, wo sie jetzt ist, irgendwo in einem Krankenzimmer oder im Leichenschauhaus, und ich möchte brüllen, halte es aber zurück, zurück an einem Ort, wo es brennen kann, denn dort, wohin wir unterwegs sind, werde ich das vielleicht noch brauchen.

Als wir den Eingang zur Bucht passieren, begegnet Ennis meinem Blick, etwas Unausgesprochenes liegt zwischen uns, und ich weiß, dass er es begreift. *Es könnte so enden, dass wir nicht überleben.* Nicht, wenn wir, nur zu zweit, mit einem so kleinen, gestohlenen Schiff aufbrechen, wenn wir die Peilsoftware und die kleinen roten Punkte hinter uns zurücklassen und dazu noch eine Spur der Zerstörung, wie die abgeworfene Haut einer Schlange. Wir haben keinen Abschiedsgruß mit auf den Weg bekommen, keine sehnsüchtigen Blicke. Wir haben auch keine Garantie dafür, dass die anderen sicher nach Hause zurückkehren, falls so etwas wie ein Zuhause für sie überhaupt noch existiert, nach allem, was durch einen unachtsamen Schritt, einen aufgeplatzten Schädel zu Asche verbrannt wurde.

Solange wir können, schauen wir zur *Saghani* zurück. Und während er uns nach Süden steuert, hinein in die gefährlichsten Gewässer, die dieser Planet noch zu bieten hat, weint der Käpten hemmungslos.

Ich selbst bin zu betäubt für weitere Tränen. Und zu sehr Tier.

Teil Drei

25

Als meine Tochter zur Welt kommt, ohne zu atmen, ertränkt von meinem Körper, da verfällt ein Teil von mir in Schlaf.

Ich mache mich auf die Suche nach etwas, das ihn wieder aufweckt.

NATIONALPARK YELLOWSTONE, USA,
SECHS JAHRE ZUVOR

Ich habe am Flughafen auf ihn gewartet. Das immerhin. Ich bitte ihn immer, mich zu begleiten, aber er ist ganz anders beschaffen. Er muss mit seiner eigenen Trauer fertigwerden, seine eigene Kraft wiederfinden, und für ihn liegt sie in der Arbeit, nicht in der Freiheit von aller Verantwortung, nicht im Reisen, im Unterwegssein, sondern im entschlossenen Blick nach vorn und nicht zurück. Darum habe ich ihn erneut verlassen, obwohl ich ihm versprochen hatte, es nicht mehr zu tun.

Ich werde damit aufhören, ihm so etwas zu versprechen. Das ist erniedrigend für uns beide.

Ich habe mich nach Yellowstone aufgemacht, in einen der letzten Kiefernwälder. Jetzt ist es hier sehr unbelebt, anders als früher. Das Rotwild ist längst tot. Die Bären und Wölfe sind vor Ewigkeiten verschwunden, sie waren schon zu wenige, um das Unvermeidliche zu überleben. Laut Niall wird nichts mehr überleben. Nicht bei dem Tempo, mit dem sich alles verändert. Kein Vogel singt, während ich zwischen den Bäumen hindurchgehe, und das ist auf katastrophale Weise falsch. Ich bereue es, hierhergekommen zu sein, wo es doch lebhafter zugehen sollte als anderswo. Stattdessen bin ich auf einem Friedhof gelandet.

Während der verdorrte Teppich aus Laub und Rinde unter meinen Stiefeln knirscht, höre ich sie schreien, so wie sie es hätte tun sollen, als sie geboren wurde. Ich werde wohl wahnsinnig. Panik setzt ein, wandert silbrig über meine Haut, wie das Licht sich in den schillernden Schuppen von Fischen bricht.

Ich habe Niall seit vielen Monaten nicht gesehen, auch wenn wir uns gewissenhaft schreiben, immerzu. Aber ein Brief genügt jetzt nicht mehr. Ich muss seine Stimme hören. Meine Augen schwimmen, als ich zur nächstgelegenen Lodge wandere. Zitternd buche ich dort ein Zimmer, schließe die Tür hinter mir und schalte mein Telefon ein. Das Zimmer dreht sich ein wenig, und ich kriege diesen Schmerz nicht mehr aus meiner Brust, aus meinen Eingeweiden, ich muss hier weg.

Das Telefon piepst, mehrere Dutzend verpasster Anrufe und Nachrichten strömen herein. Alle sind sie von Niall, und mir wird ganz kalt vor Angst, denn das ist nicht normal, er ruft nur an, wenn etwas passiert ist.

Gleich nach dem zweiten Klingeln meldet er sich. »Hallo, Liebling.«

»Ist alles in Ordnung?«

Er schweigt einen Moment. Dann sagt er: »Sie haben die Krähe für ausgestorben erklärt.«

Die Luft strömt in einem Schwall aus mir heraus. Verschwunden ist die Panik, einfach so. All das Kreisen um mich selbst löst sich auf, und mir bleibt nur noch die Erinnerung an die zwölf Freunde auf ihren Ästen in der Weide, die mich mit Geschenken bedachten. Ich habe eine gewaltige Traurigkeit in mir – und die Sorge um meinen Mann, die schwerer wiegt als alles andere. Ich weiß, was das mit ihm machen wird, was es längst mit ihm gemacht hat.

»Die gesamte Familie der Rabenvögel ist verschwunden«, berichtet Niall. »Der Turmfalke war der einzige Raubvogel, der noch übrig war, und vergangenen Monat ist der letzte in Gefangenschaft gestorben …« Ich höre, wie er den Kopf schüttelt, wie ihm die Stimme versagt. Ich höre, wie er alles zusammenrafft, was von ihm noch bleibt. »Achtzig Prozent der Wildtiere sind bereits ausgestorben. Die übrigen werden in den nächsten zehn, zwanzig Jahren verschwinden. Wir werden weiter Nutztiere halten. Die überleben natürlich, weil wir uns ja mit ihrem Fleisch die Bäuche vollschlagen müssen. Und auch den domestizierten Haustieren wird nichts passieren, weil wir durch sie die anderen vergessen, die, die sterben. Zweifellos werden auch die Ratten und Kakerlaken am Leben bleiben, aber die Menschen werden sich weiterhin grausen, wenn sie welche sehen, und versuchen, sie auszurotten, als wären sie gar nichts wert, dabei sind sie gottverdammte Wunderwerke.« Die Tränen sitzen ihm in der Kehle. »Aber die anderen, Franny. Der ganze Rest. Was wird sein, wenn die letzte Seeschwalbe stirbt? So ein mutiges Geschöpf wird es nie mehr geben.«

Ich warte, um sicherzugehen, dass er fertig ist, dann frage ich: »Was können wir tun?«

Er atmet tief ein und aus, ein und aus. »Ich weiß es nicht.«

Er hat schon häufiger von einem Kipppunkt gesprochen. Einem Punkt, von dem an das Artensterben Fahrt aufnehmen und sich alles auf eine Weise verändern wird, die sich direkt auf die Menschheit auswirkt. An seiner Stimme höre ich, dass wir jetzt an diesem Kipppunkt stehen. »Irgendetwas kann man tun«, sage ich. »Das weißt du besser als jeder andere von uns. Also, Niall, was machen wir?«

»Es gibt da eine Naturschutzgesellschaft in Schottland. Sie sagen das alles schon seit Jahrzehnten voraus, züchten Tiere mit größerer Widerstandskraft, versuchen, neue Lebensräume zu schaffen, die Wildtiere zu retten.«

»Dann lass uns nach Schottland gehen.«

»Kommst du denn mit?«

»Ich bin praktisch schon auf dem Weg.«

»Und was ist mit Yellowstone?«

»Viel zu einsam ohne dich.«

Er wiederholt es nicht. Sonst wiederholt er es immer, aber diesmal nicht. Stattdessen sagt er: »Noch mal überstehe ich das nicht.«

Und ich glaube ihm.

»Ich komme nach Hause«, verspreche ich. »Warte auf mich.«

Im Gefängnis von Limerick, Irland, zwei Jahre zuvor

»Hey, Stone, aufwachen!«

Ich will nicht. Im Traum bin ich ein Seehund, der beobachtet, wie die Sonnenstrahlen sich im Wasser bewegen. Als ich die Augen öffne, sehe ich Beth und unsere Zelle, und alles Wärmende entgleitet mir.

»Los, komm. Sie haben einen gefunden.«

»Wie, einen?«, frage ich, aber sie hat sich schon wieder in Bewegung gesetzt.

Mürrisch rappele ich mich vom Bett hoch und folge ihr in den Aufenthaltsraum. Dort drängen sich alle Frauen um den Fernseher.

In Alaska wurde ein einzelner Wolf entdeckt und eingefangen und hat die Wissenschaft, die die Spezies längst für ausgestorben hielt, in Erstaunen versetzt. Das Tier hatte die Aufmerksamkeit der Behörden erregt, nachdem es südlich vom Nationalpark Gates of the Arctic *einige Nutztiere gerissen hatte. Experten zufolge tritt ein solches Verhalten dann auf, wenn der natürliche Lebensraum des Tieres und seine Nahrungsquellen zerstört werden, sie können sich jedoch nicht erklären, wie das Tier – ein Weibchen – so lange allein und unentdeckt überleben konnte.*

Ich dränge mich näher an den Fernseher, um die Bilder zu sehen, während sich in mir alles zusammenzieht und beschleunigt. Die Wölfin ist mager, ausgemergelt und prachtvoll. Sie haben sie in einen Käfig gesperrt, und wir sehen, wie sie darin umhertrabt und uns mit so viel gelassener Weisheit in den Augen betrachtet, dass ich erschauere.

Der Farmer, dessen Herde gerissen wurde, hat dazu aufgerufen, das Tier zu beseitigen, doch der öffentliche Aufschrei war daraufhin so laut und beharrlich, dass die Staatsregierung sich eingeschaltet und angeordnet hat, die Wölfin – vermutlich das letzte Tier weltweit – unversehrt zu lassen. Sie soll nun in die Obhut der Tierschutzgesellschaft MER gegeben werden, die ihren Sitz in Edinburgh hat. Berichten zufolge kommen Menschen aus aller Welt nach Schottland, um die Wölfin zu sehen, die Letzte ihrer Art.

Aus diesem Anlass möchten wir noch einmal daran erinnern, dass Sie sich umgehend auf die Warteliste eintragen sollten, falls Sie oder Ihre Bekannten einen Besuch in den verbliebenen Wäldern dieser Welt planen sollten. Aller Vermutung nach wird die Länge der Listen die Lebensdauer der Wälder bald übersteigen.

Ich höre den Berichterstatter schon nicht mehr, so sehr habe ich mich in den schwarzen Augen der Wölfin verloren. Ich stelle sie mir im MER vor, bei den eifrigen, todunglücklichen Wissenschaftlern und Ehrenamtlichen dort, und bin mir sicher, dass man sie umhegen wird. Aber da es keine Möglichkeit zur Fortpflanzung mehr für sie gibt, nicht einmal in Gefangenschaft, muss ich mich unwillkürlich fragen, ob es nicht besser gewesen wäre, sie ihr einsames Leben in der Wildnis beenden zu lassen. Ich kann nicht gegen meine Überzeugung an, dass kein Tier jemals im Käfig leben sollte. Dieses Schicksal haben nur Menschen verdient.

Reservat der MER im Nationalpark Cairngorms, Schottland, sechs Jahre zuvor

Die Menschen, die im Reservat der Naturschutzgesellschaft *Mass Extinction Reserve* leben und arbeiten, lassen sich grundsätzlich in zwei Arten unterteilen. Zum einen: die ernsthaften, nervtötenden Optimisten. Zum anderen: die Zornigen, die kein Interesse daran haben, je anders als zornig zu sein.

Niall ist der Einzige unter ihnen, der irgendwo dazwischen steht. Ich spreche von »ihnen«, weil es im ganzen Reservat sicher niemanden gibt, der auch nur im Ansatz behaupten würde, ich gehörte dazu. Außer Kochen und Putzen kann ich nichts beitragen, und das bedeutet den Wissenschaftlern dort herzlich wenig. Sie haben nur ein Ziel vor Augen. Und so soll es auch sein. Sie kämpfen schließlich dagegen, dass die Welt sich wandelt.

Am Flughafen von Edinburgh wurden wir von einem jungen Paar empfangen, das sich benahm, als wäre Niall der wiedergekehrte Messias. Im Reservat haben alle seine Arbeiten gelesen und sind aufs innigste damit vertraut – bei ihren Besprechungen zitieren sie daraus. (Das weiß ich nur, weil Niall mich manchmal zum Zuhören einlädt, was ich dann auch stolzgeschwellt tue.) Wir verbrachten eine Woche im Hauptquartier und wurden dann weiter nach Norden in den Nationalpark Cairngorms gebracht, wo die Wildtierreservate liegen und die Luft ungeheuer rein ist. Bisher habe ich mitbekommen, dass die Naturschützer bei bestimmten Spezies phantastische Fortschritte erzielt haben und bei den übrigen überhaupt nicht weiterkommen. Laut Niall war damit von Anfang an zu rechnen. Sie mussten sich für die wichtigeren Arten entscheiden, die, die wir brauchen und die auch eine Überlebenschance haben, während die hoffnungslosen Fälle dem Aussterben überlassen wurden. Interessanterweise stehen Insekten auf der MER-Liste ganz weit oben: Bienen, Wespen, Schmetterlinge, Motten, Ameisen und bestimmte Käfer, sogar Fliegen. Ebenso wie Kolibris, Affen, Beutelratten und Fledermäuse. All diese Tiere betätigen sich als Bestäuber; und ohne Pflanzen sind wir endgültig geliefert.

Das war der Punkt, an dem Niall und mir einhellig der Mut sank. Das Retten bestimmter Tiere allein auf der Grundlage, wie viel sie der Menschheit nützen, mochte zwar pragmatisch sein, aber war diese Haltung nicht das eigentliche Problem? Unsere überwältigende, alles vernichtende Selbstsucht? Was war mit den Tieren, die nur um der Existenz willen existierten, weil viele Millionen Jahre der Evolution sie zu wundersamen Geschöpfen geformt hatten?

Genau diese Frage stelle ich heute, nachdem ich einen Monat lang zu dem Thema geschwiegen habe, und sämtliche Köpfe im Raum wenden sich mir zu. Niall sitzt neben mir, hält unter dem Tisch meine Hand. Sie haben sehr viel Geduld mit mir, weil ich mit Professor Lynch verheiratet bin.

James Calloway, Professor für Genetik, Mitte siebzig, antwortet schlicht: »So viele sind wir nicht. Leben heißt Prioritäten setzen.«

Dagegen lässt sich nichts einwenden.

Niall drückt meine Hand, was mich freut. Seit Iris tot zur

Welt gekommen ist, berühren wir uns nur noch selten. Es ist über ein Jahr her, seit wir das letzte Mal miteinander geschlafen haben, was womöglich auch daran liegt, dass wir dieses Jahr größtenteils getrennt verbracht haben; aber selbst jetzt, wo wir zusammen sind, kann ich mir manchmal kaum vorstellen, dass wir es je wieder tun werden. Zwischen unseren Körpern liegen Welten.

Andererseits hat er heute meine Hand genommen und hält sie ganz fest, und das ist schon eine Menge.

Das Gespräch wendet sich künftigen Vogelzügen zu und dem Umstand, wie hochproblematisch diese für die verbliebenen Brutpaare der unterschiedlichen Arten sind. Sie sind genetisch darauf programmiert, auf Futtersuche zu gehen, aber wenn sie kein Futter finden, endet die Reise tödlich für sie. Die Vögel sterben vor Erschöpfung.

»Professor Lynch hat über menschliches Einwirken auf die Vogelzugmuster als mögliche lebensverlängernde Maßnahme im Artenschutz gearbeitet«, sagt James, der die Besprechung leitet.

»Es ist nur eine These«, sagt Niall leise.

»Wir können doch nicht auf gut Glück den Vögeln hinterherreisen«, wendet Harriet Kaska ein, die grundsätzlich gegen alles ist. »Das wäre völlig unpraktikabel. Wir müssen die Vögel festsetzen, damit ihr Zugbedürfnis schwindet. Vereinfachen und vorbeugen.« Harriet ist Professorin für Biologie in Prag, sie hat einen Doktortitel in Klimaforschung und einen weiteren in Ornithologie. Sie ist regelrecht besessen davon, mit Niall zu diskutieren, vermutlich weil er sie professionell auf eine Weise herausfordert, wie es sonst niemand tut. Ihr

Vorschlag, den Vogelzug einzudämmen, wurde bereits endlos diskutiert. Meine eigene Meinung zu dem Thema, nach der aber niemand fragt, liegt auf der Hand.

»Der Vogelzug ist Teil ihrer Natur«, sagt Niall.

»Aber das muss er nicht sein«, sagt Harriet. »Wir befinden uns in einer Phase, in der Anpassungen unvermeidlich sind. Das ist es, was jetzt von ihnen verlangt wird – es ist die einzige Möglichkeit zu überleben, das war nie anders.«

»Aber haben wir sie durch unsere Verheerungen nicht schon zu genug Anpassungen gezwungen?«

Das ist wohl das Einzige, was sie in diesem Zimmer tun: immer und immer wieder dieselben Argumente durchkauen.

Jetzt wendet sich das Gespräch den Küstenseeschwalben zu, denn über sie hat Niall häufig geschrieben und prophezeit, dass sie von allen Vögeln am längsten durchhalten werden, weil sie sehr viel weiter fliegen können als alle anderen.

»Das spielt doch keine Rolle«, sagt Olsen Dalgaard aus Dänemark, ein weiterer Biologe. »Geben wir ihnen noch fünf bis zehn Jahre, dann schaffen sie die Strecke auch nicht mehr. Wie denn, wenn sie unterwegs keine Nahrung finden?«

»Sie müssen verrückt sein zu glauben, dass ausgerechnet fleischfressende Seevögel bis zum Schluss durchhalten werden«, sagt Harriet zu Niall, als wollte sie eine Wette eingehen. »Das werden die pflanzenfressenden Spezies sein, die im Sumpfland leben. Nur ihr Lebensraum bleibt noch erhalten. Es gibt keine Fische mehr, Niall.«

»Das stimmt so nicht«, entgegnet er ruhig, immer so ruhig, als ginge es ihn gar nichts an. Dabei weiß ich doch genau, dass seine schreckliche Angst ihn kaum noch schlafen lässt.

»So gut wie keine«, berichtigt sich Harriet.

Niall hält nicht weiter dagegen, aber ich kenne ihn. Er glaubt, dass die Seeschwalben so lange weiterfliegen werden, wie sie müssen; wenn es irgendwo auf diesem Planeten noch Futter gibt, dann werden sie es finden.

Ich entschuldige mich, weil ich müde bin und frische Luft brauche. An der Tür warten meine Schneestiefel und mein Anorak auf mich. Ich streife beides über und trete hinaus in die winterliche Welt. Meine Füße führen mich direkt zu der größten Anlage. Ich meine gehört zu haben, dass sie die Hälfte des gesamten, gut viertausendfünfhundert Quadratkilometer großen Parks einnimmt und ganz von einem gewaltigen Zaun umgeben ist. Hier gibt es die wundersamsten Tiere, und nicht nur solche, die in Schottland heimisch sind, sondern auch viele, die gerettet und hier im Park angesiedelt wurden, um sie vor dem Aussterben zu bewahren. Es wimmelt von Füchsen und Hasen, von Rehen, Wildkatzen und Luchsen, den seltenen roten Eichhörnchen, den scheuen kleinen Baummardern, Igeln, Dachsen, Bären, Elchen, sogar Wölfe haben hier einmal gelebt, bis der Letzte von ihnen gestorben ist. Ein Schutzgebiet, wie es auf der ganzen Welt kein zweites gibt, das aber auch nur Begrenztes leisten kann. Das Gleichgewicht zwischen Raub- und Beutetieren ist höchst fragil, und die Tiere hier sind die Letzten ihrer Art.

Ich wünschte, ich könnte den Maschendraht überwinden. Was dahinter ist, interessiert mich so viel mehr als alles auf dieser Seite, aber so blöd bin selbst ich nicht. Stattdessen gehe ich hinunter ans Ufer des Sees, der zwar kein Meer ist, aber doch eine große Wohltat für meine Lunge. Eigentlich ist es verboten, darin zu schwimmen, aber ich mache es trotzdem. Nur einmal kurz ins eisige Wasser tauchen und heraus, hastig wieder die Kleider überstreifen, so viel lebendiger als vorher. Einmal habe ich einen Otter gesehen und bin dahingeschmolzen.

Es ist ein Privileg, das mir in den Schoß gefallen ist, als ich Niall geheiratet habe. Hier leben zu dürfen, in diesem kostbarsten Teil der Welt, wo die letzten Wildtiere hausen. Ich habe mir das Hiersein nicht verdient – ich trage nichts bei, bis auf die Liebe zu einem Mann, der ungeheuer viel beiträgt. Und die ehrliche Liebe zu den Lebewesen. Das immerhin, so wenig es auch zählen mag.

Ich gehe langsam zurück zum Speisesaal, wo alle gemeinsam essen, nur Niall arbeitet immer noch, sodass ich allein essen muss, um mich dann in unserer kleinen Hütte ins Bett zu legen. Als er zurückkommt, schlafe ich längst, das ist in den meisten Nächten so. Und wenn ich wach werde, ist er in aller Regel längst wieder auf und unterwegs. Die Küsse, die er mir früher in meine Träume schickte, sind schon vor einer ganzen Weile versiegt.

Heute ist das Einschlafen schwierig. Anscheinend kriege ich eine Erkältung, denn ich kann nicht aufhören zu husten. Es kitzelt in der Kehle, und so viel Wasser ich auch trinke, es geht einfach nicht weg. Weil ich Niall nicht wecken will, stehe ich auf und ziehe dicke Socken und einen Wollpullover über. Ich will ins Bad. Es liegt direkt neben dem Schlafzimmer, kommt mir im Dunkeln aber sehr viel weiter weg vor als gedacht. Schlurfend und kälter, als sie sein dürften, schieben sich meine Füße voran. Schließlich ertaste ich den Lichtschalter, aber als ich ihn betätige, ist der Strom anscheinend ausgefallen. Es ist kalt in dem dunklen Bad. Die Luft ist eisig – vielleicht ist ja ein Fenster offen geblieben. Im rötlichen Schein des Lämpchens an Nialls Rasierapparat sehe ich meinen Umriss im Spiegel, sehe Augen leuchten. Ich blinzele, störe mich daran, wie das rote Licht in meinen Pupillen glänzt, wie bei einem Tier im Dunkeln.

Da ist das Husten wieder, diesmal noch schlimmer. Es kratzt und wütet in meiner wunden Kehle, irgendetwas sitzt da fest, reibt an mir. Ich stecke die Finger in den Mund, greife bis ganz nach hinten und ertaste etwas Weiches, Kitzelndes. Ich greife danach, ziehe daran, huste und pruste, während es sich aus meiner Kehle löst. Ich kann nicht erkennen, was es ist, aber im Waschbecken sieht es aus wie eine Fed…

»Franny«, flüstert jemand.

Im Dunkeln fahre ich herum, aber es ist nur Niall.

Mein angsterfülltes Herz tut trotzdem nicht, was es soll. Es hämmert weiter, weiß etwas, das ich nicht weiß. Er greift nach meinem Hals, erst zärtlich, dann fester, und ich kriege keine Luft mehr. Innerhalb von Sekunden hat sich die unheimliche Stille im Bad aufgelöst, unsere Glieder verknäueln sich gewaltsam, ich werfe mich nach vorn, er knallt meinen Kopf gegen den Spiegel …

»Wach auf!«

Ich blinzele, und der Schmerz verschwindet aus meiner Kehle, meinem Kopf, wandert hinunter zu meinen Füßen, die jetzt brennen. Hier, wo immer ich bin, ist es heller, das Licht ist nicht mehr rot, sondern silbrig. Wir sind im Wald, mitten in der Nacht, mondheller Schnee und Sterne und meine Hände an Nialls Hals.

Entsetzt keuche ich auf, und er windet sich los, hustet einmal und noch einmal, dann greift er nach meiner Hand und zieht mich zwischen den Bäumen hindurch.

»Schnell«, flüstert er, als hätte er Angst, dass man ihn hört.

»Wo sind wir?«

»In der Schutzzone.«

Meine nackten Füße verharren. *Träume ich?*

»Komm schon, Franny.«

»Wie sind wir hier reingekommen?«

»Du bist geschlafwandelt. Ich bin deinen Fußspuren gefolgt.« Wie ein Fährtenleser im Dunkeln.

Ich schaue mich um an diesem Ort, an den ich immer so gern wollte. Dann mustere ich Niall, er wirkt geisterhaft im Mondlicht. »Habe ich dir weh getan?«, frage ich ihn.

Sein Blick wird weicher. »Nein. Aber hier sind ein paar hungrige Tiere unterwegs.«

Ich nicke, und wir eilen weiter. Ich sehe die Spuren, denen er gefolgt ist. Sie sind nicht von mir, sondern von der Frau, die in mir lebt, die sich so sehr nach der Wildnis sehnt, dass sie von mir Besitz ergreift, sobald es dunkel ist. Manchmal glaube ich, wenn sie die Wildnis nicht haben kann, will sie stattdessen meinen Tod. Ihr ist alles recht, solange es sie befreit.

Wir kommen an einen Abhang, gehen langsamer, damit wir nicht abrutschen. Weiter unten liegt der See direkt am steil abfallenden Hang, an dieser Seite gibt es keinen schützenden Strand. Ich erkenne, was Niall im Sinn hat – er will dicht am See entlang, damit wir schneller wieder beim Zaun sind, aber ich halte ihn zurück.

»Da sollten wir lieber nicht so nah rangehen.«

»Oben über den Hügel dauert zu lange.«

»Ach komm, das geht schon. Mach kein Drama draus.«

»Wir dürfen hier nicht sein, Franny. Womöglich schmeißen sie uns raus.«

»Ich bitte dich, wer würde *dich* denn hier rausschmeißen!«

»Hör auf«, fährt er mich so unvermittelt an, dass ich zusammenzucke. »Das ist kein Abenteuer. Das ist bitterer Ernst.«

»Weiß ich doch …«

»Das glaube ich nicht. Du nimmst nichts ernst. Du lässt dich auf nichts richtig ein.«

Im Mondlicht starren wir einander an.

»Auf dich habe ich mich eingelassen«, sage ich.

Darauf antwortet er nicht, zumindest nicht mit Worten, aber die Luft ist merklich dicker geworden. »Komm«, sagt er nur. »Deine Füße müssen doch längst Eisklötze sein.«

Das sind sie in der Tat, durch nichts geschützt als die dicken Wollsocken, die ich im Traum angezogen habe.

»Zieh meine Stiefel an«, schlägt er vor, aber ich schüttele nur den Kopf und folge seinem Weg, steil abwärts auf das Wasser zu.

Aber nicht ich stürze, sondern Niall.

Fast lautlos gleitet er am vereisten Rand des Sees aus und bricht direkt durch das Eis. Es muss tief dort sein, denn er geht sofort unter, ohne jeden Laut.

Ich folge ihm ins Wasser, lasse mich entlang der Messerklinge, die mir durch den Rücken fährt, nach unten sinken. Mein Gott, diese Kälte! Ihn macht sie ganz unbeweglich. Aber ich habe mein Leben in kaltem Wasser verbracht, mein Körper weiß, wie er sich bewegen, wie er nach Niall greifen und ihn bis zum Rand ziehen muss. Allerdings weiß er nicht, wie er uns beide wieder herausbringen soll; da gibt es nichts, um sich festzuhalten, nur glitschigen Schnee. Das Ufer des Sees ist wie eine Mauer.

»Niall«, stoße ich zähneklappernd hervor.

Er sagt nichts, und ich schüttele ihn heftig, so lange, bis er nickt und etwas wie ein Brummen hören lässt. Ich finde etwas zum Festhalten und ziehe uns mühselig am Seeufer entlang, bis wir schließlich an eine Stelle kommen, die flach genug zum Rausklettern ist.

»Halt dich am Rand fest«, kommandiere ich und hieve mich auf den Schnee hinauf. Es ist so verdammt kalt. Meine Glieder gehorchen mir kaum noch. »Niall«, sage ich. »Ich kann dich nicht rausziehen, du musst klettern.«

»Kann nicht.«

»Klar kannst du – ich habe es gerade auch gemacht.«

Ich sehe, dass er es versucht, aber er ist ganz durchnässt und eiskalt.

»Niall«, sage ich. »Gib dir mehr Mühe. Lass mich nicht allein.«

Er kämpft sich aus dem Wasser, und mit Hilfe meiner Arme, die ihn ziehen, schafft er es an Land. Für einen Moment sackt er im Schnee zusammen, aber ich zerre grob an seinen Händen. »Los, schnell.«

Wir stolpern um den See herum, diesmal mit gebührendem Abstand. Im Unterholz raschelt es, aber wir sehen nichts, weder aufleuchtende Augen noch Schatten in der Nacht. Ich verschließe das Tor hinter uns und stütze ihn dann, bis wir wieder an unserer Hütte sind. Kein Mensch hat gemerkt, dass wir im Schutzgebiet waren; es wird sein, als hätte es diese Nacht nie gegeben.

Bis auf die Kälte, die wir mit uns nach draußen geschmuggelt haben, die uns tief in den Knochen sitzt.

Ich drehe die Dusche auf, stelle sie nicht zu heiß und helfe Niall beim Ausziehen. Er zittert so unsagbar, aber als ich ihn endlich unter dem warmen Wasser habe, wird er ruhiger. Ich ziehe mich auch aus und klettere zu ihm hinein, schlinge die Arme um ihn, gebe ihm das bisschen Wärme, das ich noch habe.

Einige Zeit später. »Alles okay mit dir?«

Er nickt, schließt die Hände um meinen Hinterkopf. Unsere Lippen liegen auf der Schulter des anderen. »War ja nur ein kleines Mitternachtsbad, nicht? Du machst so was ständig.«

Ich lächele. »Stimmt.«

»Muss wohl dein Selkie-Blut sein«, murmelt er.

»Muss wohl.«

»Ich hab dich vermisst, Liebling.«

»Ich dich auch.«

»Warum bist du fortgegangen?«

Erst antworte ich nicht. »Ich weiß es nicht genau.«

»Kannst du versuchen, es zu erklären?«

Ich lege den Mund an seinen Hals, drücke ihn darauf. Versuche es. »Wenn ich bleibe«, flüstere ich, »dann bringt das nur Leid.«

»Ich glaube, du hast einfach Angst.«

Es ist wie eine Erleichterung, das zuzugeben. »Ich habe Angst. Immerzu.«

»Das kann nicht ewig so bleiben, Liebste.«

Ich schlucke, denke daran zurück, wie sich die Federn in meiner Kehle angefühlt haben. »Nein, ich weiß.«

Lange ist bis auf das Rauschen des Wassers nichts zu hören.

»Mein Vater hat einen Mann erwürgt«, erzähle ich ihm leise. »Meine Mutter hat sich an einem Strick erhängt. Edith ist am Wasser in ihrer eigenen Lunge erstickt. Und mein Körper hat unserer Tochter die Luft abgeschnürt.

Ich träume, dass ich ersticke, und dann wache ich auf und bin dabei, dir an die Gurgel zu gehen. Da ist etwas Kaputtes in meiner Familie. Und ich bin besonders kaputt.«

Niall streicht mir lange übers Haar. Dann sagt er laut und deutlich: »Dein Körper hat unserer Tochter nicht die Luft abgeschnürt. Sie ist gestorben, weil manche Babys eben vor der Geburt sterben, mehr ist nicht dabei.« Dann sagt er es noch einmal: »Ich hab dich vermisst.« Und die Welten zwischen uns interessieren mich nicht mehr. Diese Liebe ist so voller Gefahren, aber er hat schon recht, ich werde keine Feigheit mehr in meinem Leben dulden, ich werde mich nicht mehr kleinmachen, und ich werde kein kleines Leben führen, und so suche ich seinen Mund mit meinem, und wir erwachen endlich wieder, kehren zurück in ein längst verlassenes Land, das Land unserer beider Körper.

Es kommt mir vor wie eine Ewigkeit, seit ich ihn hatte, und ich klammere mich an ihn, während er mich fester an sich zieht und hart in mich hineinstößt, als wollte er auch noch den letzten zivilisierten Rest in mir zerstören, mich durch diesen Rest hindurch in etwas Unzivilisiertes, Barbarisches befördern, und als ich spüre, wie mich das von meiner eigenen Scham befreit, komme ich sprunghaft, fühle mich in die Luft katapultiert, fort von etwas und hinein ins Wilde, Üppige, Unkontrollierte, an einen Ort, von dem ich nicht mehr flüchte, nicht mehr fortgehe, einen Ort, an dem ich Ruhe finde.

26

Reservat der MER im Nationalpark Cairngorms, Schottland, vier Jahre zuvor

Niall und ich beobachten sie mit angehaltenem Atem. Als sie die Flügel ausbreitet, nach hinten oben, wie die Nike von Samothrake, spüre ich, wie sich mein Puls beschleunigt. Ihr Schnabel, sonst orange wie ihre Beine, jetzt aber von der Winterkälte dunkel, schießt erst nach oben, dann hinunter zu dem Busch. Sie verspeist erst einen, dann zwei, drei Grassamen.

Das versammelte Publikum, das kollektiv die Luft angehalten hat, atmet auf.

»Braves Mädchen«, flüstere ich.

»Seht ihr!«, ruft Harriet. »Hab ich's doch gewusst. Anpassung!«

Nialls Miene bleibt ausdruckslos; zum ersten Mal könnte ich nicht sagen, was er denkt. Man muss ihm allerdings zugutehalten, dass er nie behauptet hat, die Vögel würden sich nicht anpassen, nur, dass sie es mit etwas Unterstützung unsererseits vielleicht nicht müssten. Er hat sich um die Erlaubnis bemüht, Fischfarmen in der Antarktis einzurichten, aber das war – in seinen Worten – »etwa so erfolgreich wie der

Versuch, einen Haufen Scheiße den Berg hochzurollen«. Alle Regierungen scherten sich einen feuchten Kehricht darum, Vögeln Nahrung zu verschaffen, wenn die Fischfarmen doch auch Menschen ernähren könnten. Die allgemeine Lethargie ist niederschmetternd.

Ich betrachte die Zwergseeschwalbe, einen Seevogel, der kleiner ist als seine Brüder und Schwestern, die Küstenseeschwalben. Normalerweise wäre sie längst an die Ostküste Australiens gezogen, wenn wir sie nicht hier im Käfig hielten und sie zwingen würden, Gras anstelle von Fischen zu fressen.

Ich wünschte, ich könnte sie anfassen, aber das ist strengstens verboten, außer in absolut unvermeidlichen Fällen. Das Verbot stammt nicht vom Reservat, sondern von Niall. Ihm zufolge ist es zerstörerisch und grausam, wenn Menschen Tiere berühren. Der Gefährte der Zwergseeschwalbe ist lauter als sie, lässt seinen charakteristischen knarzenden Ruf hören. Er frisst die Samen schon länger. Das Weibchen hat gewartet und gewartet, hat unbeugsam die Hoffnung auf Freiheit sehr viel länger nicht aufgegeben. Eine Zeitlang sah es so aus, als müssten wir hier stehen und zusehen, wie sie sich zu Tode hungert, aber heute hat sie endlich nachgegeben.

Niall und ich kehren in unser Häuschen zurück. Er ist schweigsam und in sich gekehrt.

»Woran denkst du?«, frage ich, aber er gibt keine Antwort.

»Lief doch gut heute«, sage ich begriffsstutzig.

Er nickt.

»Also, was ist?«

»Wir hätten ihr etwas Besseres ermöglichen müssen«, sagt er. »Harriet glaubt, das heißt, dass sie ihre Route und ihre

Brutorte wechseln werden. Dass sie künftig an den Küsten von Australien und Südamerika nisten.«

»Alle Seeschwalben?«

Er nickt.

»Und was glaubst du?«, frage ich.

»Es ist sicher klug, eine Pflanze zu finden, die unwirtliche Witterungen überstehen und auf praktisch allen Kontinenten wachsen kann. Es ist klug, weil die Vögel sie ja offensichtlich fressen, wenn ihnen nichts anderes übrigbleibt.«

»Aber …?«

»Ich glaube einfach nicht, dass sie einmal um die Welt fliegen werden, um Gras zu fressen.«

»Harriet sagt, sie müssten gar nicht mehr um die Welt fliegen.«

Er wirft mir einen Blick zu, der mich schon als Verräterin stempelt, weil ich Harriet überhaupt zuhöre. Eine Zeitlang schweigen wir, konzentrieren uns auf unsere Schritte auf dem glitschigen Untergrund, auf die Wolken unseres Atems.

Ich bin mir sicher, dass wir beide an das kleine Geschöpf in seinem Käfig denken.

»Du glaubst, sie fliegen einfach weiter«, sage ich.

Niall nickt nur einmal, langsam.

»Warum?«

»Weil es in ihrer Natur liegt.«

Am nächsten Morgen reisen wir nach Galway, um mit Nialls Eltern Weihnachten zu feiern. Der Wagen wartet schon, um uns nach Edinburgh zu bringen, aber erst gehen Niall und ich noch zu den Vogelgehegen, um uns zu verabschieden. Es zieht uns beide ganz automatisch zu den Zwergseeschwalben. Das Männchen frisst wieder seine Grassamen, gibt sich damit zufrieden. Aber das Weibchen fliegt im Käfig herum, immer im Kreis, vergeblich streifen seine Flügel die Metallstäbe bei dem Versuch, den Himmel zu erreichen.

Ich wende mich ab, kann das nicht mit ansehen.

Aber Niall sieht hin und bezeugt es, obwohl ich weiß, dass es ihm das Herz brechen muss.

Südatlantik, an Bord der Sterna Paradisaea, zur Balzzeit

In meiner Hand halte ich den Schädel eines jungen Zaunkönigs. Ich habe ihn heute früh in einem der Nester draußen im Garten gefunden, ganz hinten, auf einer Weide. Wahrscheinlich haben die Eltern ihn dort zurückgelassen, als er tot war. Ihn einfach liegenlassen. Vielleicht haben sie aber auch bei ihm ausgeharrt, solange es ging. Der Schädel sieht aus wie eine Eierschale, nur noch viel kleiner, noch viel zarter. Er passt kaum auf meinen kleinen Finger. Die ganze Zeit denke ich, wie leicht es wäre, ihn zu zerquetschen. Er erinnert mich an sie. Aber nicht an dich. Du bist aus anderem Material. Sehr viel widerstandsfähiger. Ich konnte es nie erkennen, dieses Etwas, von dem du meintest, dass es den ausgestopften Vögeln bei mir im Labor fehlt. Aber jetzt sehe ich es oder, besser gesagt, sein Fehlen. Dein Fehlen war nie furchtbarer. Ich habe dich nie gehasst, bis jetzt. Ich habe dich nie mehr geliebt.

Irgendwie riecht der Brief noch nach ihm. Ich halte ihn mir gerade ans Gesicht, als …

»Tschuldige, Schätzchen.«

Ennis duckt sich linkisch unter dem Türsturz durch. Ich falte Nialls Brief wieder zusammen und stecke ihn sorgsam zurück in den Packen zu den anderen. Er stammt aus einer besonders dunklen Phase, kurz nach Iris' Tod.

»Könnte stürmisch werden«, sagt Ennis.

»Was soll ich tun?«

»Bleib hier unten. Und zieh die Schuhe aus.«

»Falls wir schwimmen müssen.« Meine Mundwinkel heben sich leicht.

Ennis nickt. Ich glaube fast, er freut sich ein bisschen auf die berüchtigte Drakestraße. Ihm bleibt nichts mehr, nur diese Reise, darin sind wir beide gleich. Ich empfinde allerdings keine Freude daran, nur Müdigkeit bis in die letzte Zelle, nur das Bedürfnis, ihr Ende zu erleben.

Wir haben nichts mehr, dem wir folgen könnten. Keine Seeschwalben mit Peilsendern. Das Ziel der Vögel können wir nur erahnen, und es scheint mir Ewigkeiten her zu sein, seit ich mich zuletzt überzeugen konnte, dass sie überhaupt vorankommen. Wie lange ist es her, seit ich mir sicher sein konnte, dass sie noch leben?

Anstatt in der kleinen Kajüte zu bleiben – es gibt auch noch eine schlicht eingerichtete Kombüse, ein winziges Bad, einen Esstisch und ein Stockbett, das Ennis galant übernommen hat –, gehe ich hinauf auf die Brücke und beziehe Posten neben dem Käpten. Die Luft ist aufgeladen. Der Himmel schwarz. Ich spüre, wie das Meer allmählich erwacht, sich bereit macht; ich spüre es tief in den Eingeweiden.

»Weißt du, wie man das macht?«, frage ich leise.

»Wie man was macht?«, fragt er zurück, dabei weiß er genau, was ich meine. Nach einer kurzen Pause zuckt er die Achseln. Wir blicken auf das dunkle, brodelnde Wasser und die Wellen vor uns, die stetig größer werden. Noch ist kein Land in Sicht. »Keine Ahnung, ob das überhaupt irgendwer weiß«, sagt Ennis.

Und dann. Er reißt das Steuer hart herum und steuert uns seitlich die Wand einer heranwalzenden Welle hinauf, entrinnt ihren hungrig zuschlagenden Zähnen, bis wir die Lippe erreichen und auf der anderen Seite nach unten gleiten, den steilen Abhang hinab. Als wir landen, lasse ich den angehaltenen Atem aus der Lunge entweichen, aber Ennis wendet das Boot bereits in die Gegenrichtung und steuert uns die nächste Welle hinauf, erreicht den höchsten Punkt gerade in dem Moment, als ich glaube, wir müssten hintenüberkippen und verschluckt werden. So macht er lange weiter, lenkt uns im Zickzack zwischen den Wellen hindurch, folgt ihnen und entkommt ihnen, steuert immer die sanfteren Wölbungen und Ränder an. Er manövriert das winzige Schiff durch die Ungeheuerlichkeit dieses gefährlichsten aller Meere; es ist wie ein Tanz, ganz gemächlich, der Himmel schaut uns zu, und näher werde ich dem Gefühl, ganz eins zu sein mit solch einem gewalttätigen Meer, nie mehr kommen.

Mit dröhnendem Beben setzt der Regen ein.

Die Kunststoffscheibe tut ihr Bestes, um uns zu schützen, trotzdem sind wir schon bald völlig durchnässt, und jetzt schlagen die Wellen von allen Seiten auf uns ein. Ennis hat uns beide am Steuer festgebunden, und wir versuchen nach Kräften, aufrecht zu bleiben, verletzlich und ausgesetzt.

Falls sie tot sind, die Seeschwalben, dann ist das hier ganz umsonst. Aber wie in aller Welt soll ein kleiner Vogel, der kaum etwas wiegt, ein erschöpfter kleiner Vogel, der fast ohne Nahrung einmal um die Welt geflogen ist, der schon so viel geleistet hat, *das hier* noch überleben?

Es ist zu viel verlangt.

Endlich begreife ich. Und so lasse ich sie im Herzen ziehen. Nichts sollte so sehr kämpfen müssen. Wenn die Tiere tot sind, dann werden sie nicht schweigend gestorben sein. Sie werden nicht ohne verzweifelten Kampf aufgegeben haben. Wenn sie tot sind, allesamt, dann sind sie tot, weil wir ihnen das Dasein auf dieser Welt unmöglich gemacht haben. Und so entbinde ich, um meiner eigenen geistigen Gesundheit willen, die Küstenseeschwalben von der Last zu überleben, was kein Geschöpf je überleben müssen sollte, und ich sage ihnen Lebewohl.

Dann krieche ich ins Bad, um mich zu übergeben.

Ich träume von Motten, die im Scheinwerferlicht eines Wagens tanzen. Vielleicht ist es ja das nahe Ende, das mich zurückdenken lässt. Vielleicht aber auch mein Scheitern.

Gefängnis von Limerick, Irland, zwölf Monate zuvor

Die Seelenklempnerin heißt Kate Buckley. Sie ist ausgesprochen klein und ausgesprochen angespannt. In den letzten drei Jahren habe ich eine Stunde pro Woche mit ihr verbracht.

Heute eröffnet sie unsere Sitzung so: »Ich werde keine Empfehlung zur Bewährung für Sie aussprechen.«

»Warum denn nicht, zum Teufel?« Abgesehen von ein paar anfänglichen Vorfällen habe ich mich bestens geführt, und das weiß sie auch. Sowohl der selbstzerstörerische Drang, durch den ich auf schuldig plädiert habe und der mich überhaupt hierhergebracht hat, als auch der Selbsthass, der mich zum Selbstmordversuch getrieben und mich das erste halbe Jahr vollständig gelähmt hat, wurden in eine andere Richtung gelenkt. Jetzt will ich nur noch raus.

»Ich kann ja schlecht behaupten, dass Sie aktiv zu Ihrer emotionalen Rehabilitierung beitragen, oder?«

»Klar können Sie das!«

»Und wie soll ich das machen?«

»Sie könnten lügen.«

Sie stutzt kurz, dann lacht sie. Zündet uns beiden eine verbotene Zigarette an. Neben einem »definierteren Ich-Gefühl« hat sie auch meine Nikotinsucht gefördert. Jedes Mal, wenn ich mir eine zwischen die Lippen schiebe, schmecke ich Niall.

»Ich verstehe das nicht«, sage ich, wieder ruhiger. »Sie meinten doch, ich mache mich gut.«

»Das stimmt auch. Aber Sie reden immer noch nicht über das, was passiert ist. Und die Bewährungskommission wird mich als Erstes fragen, ob Sie fähig sind, echte Reue zu zeigen.«

Mein Blick wandert automatisch zum Fenster, meine Gedanken gehen fort von den Worten und hin zu den feinen Wolkenfetzen, die ich dort sehen kann. Ach, jetzt auf einer Windböe dahintreiben, schwerelos, schlaff …

»Franny.«

Ich zwinge mich, wieder zu Kate hinzusehen.

»Konzentrieren Sie sich«, sagt sie. »Nutzen Sie Ihren Werkzeugkasten.«

Widerwillig atme ich einmal tief und langsam ein, spüre den Stuhl unter meinem Hintern, den Boden unter meinen Füßen, richte meinen Blick erst auf ihre Augen, dann auf ihren Mund, verenge die Welt auf meine körperliche Wahrnehmung, auf diesen Raum, auf sie.

»Bewusste Distanzierung ist ein hochgefährlicher Geisteszustand. Ich will, dass Sie in der Gegenwart bleiben.«

Ich nicke. Ich kenne das schon; sie sagt es mir jede Woche.

»Haben Sie sich entschieden, das Gespräch mit Penny zu suchen?«

»Nein.«

»Warum nicht?«

»Sie konnte mich schon vor dieser Sache nicht ausstehen.«

»Wieso das denn?«

»Weil ich flatterhaft bin.«

»Hat sie das so gesagt?«

»Mehr oder weniger. Und sie ist auch Seelenklempnerin, sie muss es also wissen.«

»Wie fühlen Sie sich damit?«

Ich zucke die Achseln. »Durchschaut.«

»Mir kommen Sie gar nicht flatterhaft vor, Franny. Im Gegenteil.«

»Inwiefern?«

»Welche Ihrer Meinungen haben Sie je geändert?«, fragt Kate. »Ich würde Sie eher als eigensinnig und stur bezeichnen«, setzt sie leiser hinzu, und ich schnaube verächtlich. »Warum stört Sie das alles so? Was Penny von Ihnen denkt. Die Vorstellung, mit ihr zu reden.«

Ich schaue zum Fenster …

»Konzentrieren Sie sich.«

Und wieder in ihr Gesicht.

»Glauben Sie, sie könnte vielleicht Dinge sagen, die es schwerer für Sie machen, Ihre Wahnvorstellung aufrechtzuhalten?«

»Ich habe keine Wahnvorstellungen. Ich habe Ihnen doch gesagt, dass ich die losgelassen habe.«

»Und wir haben auch darüber gesprochen, dass sie sich als Bewältigungsmethode bei hoher emotionaler Belastung neu bilden können.«

Ich schließe die Augen. »Mir geht's prima. Ich muss nur endlich hier raus. Ich habe genug.«

»Sie sind zu neun Jahren verurteilt.«

»Aber nur zu dreien ohne Bewährung. Lassen Sie mich den Rest draußen abgelten. Ich mache meine Sozialstunden. Ich bleibe vor Ort. Ich werde zur Vorzeigebürgerin. Aber diese Wände halte ich nicht mehr aus.«

»Haben Sie Ihre Übungen gemacht?«

»Die nützen nichts, sie bringen mich hier nicht raus!«

»Atmen Sie.«

Ich habe die Zähne fest zusammengebissen, zwinge mich aber, Luft zu holen. Bei diesen Sitzungen auszuflippen hilft mir schließlich auch nicht weiter.

Kate wartet, bis ich ihr so ruhig vorkomme, dass sie weitermachen kann. Aber jetzt guckt sie mich komisch an. Auf den Blick folgt meistens etwas Unangenehmes. »Haben Sie von Niall gehört?«, fragt sie.

»Seit unserem letzten Gespräch? Nein.«

»Ich frage Sie, ob Sie überhaupt von ihm gehört haben, seit Sie hier sind. Gab es Anrufe? Briefe? Hat er Ihnen geschrieben, Franny?«

Ich gebe keine Antwort.

»Warum nicht?«, fragt Kate sehr gezielt.

Und sie kann stolz auf mich sein, denn als ich jetzt die Augen auf den Himmel richte, tue ich es mit solcher Konzentration, dass ich nicht mehr höre, was sie noch sagt, und stattdessen schwerelos dahintreibe.

»Mrs. Lynch«, sagt der Richter bei der Bewährungsanhörung zu mir. »Im Gutachten Ihrer Psychologin steht, dass Sie nur aufgrund Ihres traumatisierten Zustands in der Mordanklage auf schuldig plädiert haben und man Sie damals in adäquate psychologische Betreuung hätte geben sollen. Für mich liest sich das, als hätte die Zeit im Gefängnis Ihnen eine neue Sichtweise ermöglicht, so dass Sie Ihre Ehrlichkeit zum Zeitpunkt der Verhandlung inzwischen bereuen. Eines muss Ihnen klar sein: Wiederaufnahmeverfahren für Frauen, die ihre Meinung ändern, haben wir nicht im Angebot.«

Ich fixiere ihn, trotz aller Warnungen, das zu tun. Anscheinend wirkt mein Blick irgendwie verstörend. »Ich beantrage ja auch kein Wiederaufnahmeverfahren«, sage ich laut und deutlich. »Dies ist eine Bewährungsanhörung. Ich beantrage Bewährung.«

Neben mir zuckt Mara leicht zusammen. »Der Antrag ist

klar und eindeutig, Euer Ehren«, sagt sie. »Mrs. Lynch hat in ihrer gesamten Haftzeit keinen einzigen Verweis wegen Fehlverhaltens bekommen. Sie hat sich als vorbildliche Insassin erwiesen, trotz wiederholter tätlicher Angriffe, die Krankenhausaufenthalte zur Folge hatten. Und wie ich schon bei der ursprünglichen Verhandlung mehrfach gesagt habe, handelt es sich um ihre erste Straftat. Mehrere Sachverständige haben ihren psychischen Zustand zum Zeitpunkt des Vorfalls als labil eingestuft, was bis über die Verhandlung hinaus anhielt. Aufgrund der damaligen Beweislage habe ich ihr nachdrücklich empfohlen, in der Mordanklage auf nicht schuldig zu plädieren und sich zum weniger gravierenden Tatbestand des Totschlags zu bekennen. Sie befand sich damals aber nicht in einer Verfassung, die es ihr erlaubt hätte, meinem Rat zu folgen, dafür war sie zu belastet von Schuldgefühlen und Reue über das, was sie verursacht hatte, und zu fest entschlossen, sich eine Strafe zu sichern, die weit über das der Tat entsprechende Maß hinausgeht.«

»Sie erachten es also nicht als Straftat, Miss Gupta, wenn dabei zwei Menschen ums Leben kommen?«

»Nicht, wenn es sich um einen Unfall handelt, Euer Ehren. Und nicht mit einem Strafmaß von neun Jahren Haft.«

»Als sie in der Verhandlung nach ihrem Vorsatz befragt wurde, hat die Angeklagte ausgesagt, sie habe beide Todesfälle verursachen wollen. Das ist mir besonders im Gedächtnis geblieben, weil sie so eisern daran festgehalten hat.«

»Ich kann Sie nur erneut darauf hinweisen, dass sie unter Schock stand.«

»Und die forensischen Beweise?«, fragt der Richter. Aber

dann reicht es ihm, noch bevor meine Anwältin etwas erwidern kann. Er klappt den Ordner mit den Formularen zu. »Wir sind nicht hier, um alte Fälle wieder aufzurollen. Die Frage, um die es hier geht, ist doch, ob Mrs. Lynch eine Gefahr für die Allgemeinheit darstellt oder mit hoher Wahrscheinlichkeit erneut straffällig werden könnte.«

»Nein«, sage ich. »Ich bin für niemanden eine Gefahr.«

Er mustert mich abwägend. Ich überlege, was genau er da wohl vor sich sieht. Schließlich seufzt er. »Trotz all dem, was Ihre höchst selbstsichere Verteidigung so beharrlich behauptet, hat ein Geschworenengericht Sie für schuldig befunden. Aber mir liegt hier ein Schreiben Ihrer Schwiegermutter vor, Mrs. Penny Lynch, die Ihr Anliegen unterstützt. Sie gibt an, dass sie bereit ist, Sie für die Dauer Ihrer Bewährungsfrist bei sich zu beherbergen, und ich muss Ihnen sicher nicht erklären, wie hoch gerade diese Fürsprache unter den gegebenen Umständen zu bewerten ist. Allein aus diesem Grund werde ich Ihrem Bewährungsantrag stattgeben. Aber bitte, Mrs. Lynch, vergessen Sie nicht, dieses Land toleriert keine Verstöße gegen die Bewährungsauflagen, und selbst der kleinste Fehltritt wird mit dem vollen Strafmaß sowie zusätzlicher Haftzeit geahndet werden. Ich möchte Ihnen also nachdrücklich raten, die Regeln, die Ihnen von Ihren Bewährungshelfern unterbreitet werden, sorgfältig zu beachten.«

Und damit ist es vorbei, ich bin frei. Am liebsten würde ich ihm den Mittelfinger zeigen und ihm von meinem Plan erzählen, mich auf der Stelle aus diesem beschissenen Land abzuseilen, diesem Land, das mir nichts als Leid eingebracht hat.

Stattdessen bedanke ich mich höflich bei ihm, umarme Mara und mache mich auf den Weg.

Nialls Mutter wartet vor dem Gefängnis auf mich. Ein bisschen komme ich mir vor wie im Film, als ich sie dort an ihr Auto gelehnt stehen sehe. Nur ist sie nicht die Sorte Frau, die an Autos lehnt – das wäre eine viel zu lässige Pose für jemanden von ihrem Kaliber; was soll das also? Argwöhnisch gehe ich auf sie zu. Aber gleich darauf sehe ich es: Sie hat ihre Härte verloren. Womöglich ist dieses Auto das Einzige, was sie noch aufrecht hält.

»Hallo, Franny«, sagt sie.

»Hi, Penny.«

Dann schweigen wir lange. Es ist zur Abwechslung einmal sonnig, so grell, dass wir einander kaum richtig sehen können.

»Warum machst du das?«, frage ich sie.

Sie geht um den Wagen herum, zur Fahrerseite. »Nicht für dich. Für meinen Sohn.«

»Bringst du mich zu ihm?«

Penny zögert kurz, dann nickt sie.

Ich steige in den Wagen.

27

Südatlantik, an Bord der Sterna Paradisaea, zur Balzzeit

Ennis findet mich schlafend zwischen den Briefen, erschöpft, weil ich mich fast die ganze Nacht übergeben habe. Er allerdings ist noch viel erschöpfter als ich – die ganze Nacht hat er uns über die Wellen gesteuert und Wunder vollbracht. Jetzt fühlt sich alles ruhig an, er muss wohl vor Anker gegangen sein.

Ich rutsche zur Seite, damit er sich auf die harte Matratze sinken lassen kann. Durch die niedrige Decke und die nahen Wände ist es hier unten klaustrophobisch eng, trotzdem finde ich es schön, ihn bei mir zu haben.

»Wo sind wir?«, frage ich.

»Ich glaube, wir sind noch etwa eine Tagesfahrt weg. Kannst ruhig schauen gehen.«

Ich nicke, halte dann aber inne. »Du hast das letzte Nacht so gut gemacht. Was habe ich für ein Glück, dass ich dir begegnet bin, Ennis Malone.«

Er lächelt mit geschlossenen Augen. »Ich bin nur auf den Goldenen Fang aus, Mädchen. Was willst du hier draußen?«

Darauf antworte ich nicht.

Ennis macht ein Auge halb auf und schaut zu den Briefen, auf denen ich liege. »Weiß dein Mann eigentlich, wie sehr du dich nach ihm sehnst?«

Mein Herz taumelt. Wenn er es nicht weiß, dann liegt die Schuld daran bei mir, bei mir allein.

»Das ist die Sehnsucht eines Abschieds«, sagt Ennis.

»Sprichst du aus Erfahrung?«

Er lächelt leicht. »Ja.«

Ich habe dich nie mehr gehasst.

»Mit deiner Frau …«, fange ich an, ohne genau zu wissen, wonach ich frage, aber irgendetwas brauche ich.

»Vor langer Zeit war es mal schön«, entgegnet er. »Einfach.«

»Warum dann?«

Ennis dreht sich auf den Rücken und blickt zur Decke hinauf. »Sie heißt Saoirse«, sagt er. »Sie war sechsunddreißig, als die Huntington-Krankheit bei ihr diagnostiziert wurde.«

Er sieht mich an, und etwas in ihm reckt sich mir entgegen, um den Schock abzufedern, den ich empfinde, die Traurigkeit, und ich weiß, wie großherzig das von ihm ist.

»Es war verheerend. Es ging schnell bergab mit ihr, und dann hat sie beschlossen, dass ich sie verlassen muss.«

»Warum?«

»Weil wir in ihrem Kopf an einem heiligen Ort existierten und sie nicht zulassen wollte, dass der zerstört wird. Sie wollte nicht, dass ich sehe, wie sie … nachlässt. Ich glaube, es ging ihr um Würde. Darum, das, was wir hatten, intakt zu halten. Sie wollte, dass ich wieder zur See fahre, damit wenigstens einer von uns weiterlebt.«

»Und dann bist du gegangen?«

»Erst nach sehr langer Zeit.« Ich sehe, wie er kämpfen muss, nicht darüber reden will. Er schüttelt den Kopf. »Ich wollte nicht gehen. Ich habe mich aufgelehnt. Aber ich glaube, ich musste. Es war das Einzige, was sie noch von mir wollte. Ich konnte sie nicht gesund machen, und ich hatte ihr auch sonst nichts mehr zu geben … Die Kinder wollte sie mir nicht anvertrauen, mich nicht zur Konstante in ihrem Leben machen, sie hielt es für das Beste, wenn ich frei bin, und so kamen sie zu ihren Eltern.«

»Ist sie …?«

»Sie lebt noch.«

Ich atme langsam und zittrig aus. »Das verstehe ich nicht.«

Ennis steht auf. In seiner Plötzlichkeit hat es etwas Aggressives. »Sie hat mich angefleht. *Angefleht*, sie zu verlassen.«

Von jetzt auf gleich ist es unerträglich. Es reißt mir mein ganzes Herz entzwei. »Was hast du hier verloren, Ennis?«, will ich wissen. »Du hast deine sterbende Frau und deine Kinder verlassen, für diese Kamikaze-Mission!«

Er wendet den Blick ab. »Die Kinder sind ohne mich besser dran. Einen Wahnsinnigen als Vater.«

»So ein Quatsch! Du musst zurück«, sage ich. »Du musst zurück zu deiner Familie. Du begreifst gar nicht, wie wichtig es ist, bei ihr zu sein, wenn sie stirbt, sie zu halten. Und deine Kinder werden dich brauchen, wenn sie geht.«

»Franny …«

Ich verlasse die Kabine. Versuche, das fernzuhalten, was sich hereingeschlichen hat.

Tanzende Motten im Scheinwerferlicht.

Hoch zur Brücke, weiter heckwärts und – *oh!* Um mich her treiben Eisberge, ein kristallklares Meer wie aus blauem Glas und ein endloser Schneehimmel. Wie kann es sein, dass so viel Schönheit noch existiert? Wie kann sie unsere Zerstörungswut überlebt haben?

Nie habe ich so klare Luft geschmeckt.

Und doch:

Eine Tasche mit Fußballtrikots fest in meinen Händen.

Nackte Füße im Schnee.

Den Geruch von Blut in der Nase.

Galway, Irland, vier Jahre zuvor

Es war absehbar, dass ich die Entscheidung heute Abend treffen würde, nachdem ich den Nachmittag auf der Geburtstagsfeier eines zweijährigen Kindes verbracht habe. Die ganze Zeit habe ich zugeschaut, wie mein Mann mit den Kindern spielt, habe mir angesehen, wie er ihnen Kuchenkleckse vom Mund wischt, wie er ihnen einen Gutenachtkuss gibt, als sie bei Einbruch der Dunkelheit von ihren Eltern ins Bett gebracht werden und die Erwachsenen-Party beginnt. Nialls frühere Kollegin, Shannon von der NUI, hat das Fest für ihr Kleinkind veranstaltet, und mich erinnert es vor allem an meine Vorstellung von einer Party nach der Oscar-Verleihung, inklusive Champagnerbrunnen, schwimmenden Lichtern und formeller Abendgarderobe. Ich habe keine Ahnung, woher sie das Geld hat, denn Akademikergehälter sind nicht gerade üppig. Vielleicht kommt es ja aus der Familie, wie bei

Niall. So oder so finde ich diese Verschwendungssucht widerlich.

Jetzt, wo die Kinder weg sind, merke ich, wie müde ich bin, und ich glaube, Niall geht es ähnlich, denn trotz des eisigen Wetters finden wir uns draußen hinter dem Haus wieder und reichen uns eine Flasche Dom Pérignon hin und her, die wir aus der Küche stibitzt haben. Shannon wäre entsetzt, wenn sie uns dabei ertappen würde, dass wir keine Champagnerflöten benutzen.

»Weißt du noch, unser erstes Weihnachten?«, fragt er.

Ich lächele. »In dem Häuschen.«

»Du hast gesagt, du willst es kaufen und dort leben.«

»Das geht mir immer noch so.«

»Glaubst du nicht, wir würden durchdrehen, nur wir zwei da draußen, ganz allein?«

»Nein«, sage ich, und Niall lächelt, als hätte ich die richtige Antwort gegeben.

»Willst du heim?«, fragt er. »Die einzig interessanten Menschen auf dieser Party sind ja schon gewaltsam ins Bett verfrachtet worden.«

Fast sage ich: *Ich will vor allem noch ein Kind*, fange mich aber gerade noch. »Ja. Ist vielleicht besser. Bevor Shan mit dem Koks ankommt und total ausflippt.«

»Ich glaube, das macht sie nicht mehr«, sagt Niall nach einem weiteren Schluck. »Nicht, seit das Baby da ist.«

»Ach ja, klar.« Wie könnte es auch anders sein. »Aber sie ist auch so in Bestform. Beleidigt Gott und die Welt.«

»Ben hat mir erzählt, er habe manchmal Albträume, in denen sie ihn bei lebendigem Leib verschlingt.«

Wir lachen, weil man sich das nur zu gut vorstellen kann. Ben, Shannons Mann, hat offensichtlich eine Heidenangst vor ihr. Dann merke ich, was Niall tut, und mir bleibt der Mund offen stehen. »Zündest du dir da etwa gerade eine Zigarette an?«

Niall grinst und nickt.

»Warum?«

»Weil es kalt ist.«

»Was hat das mit der Außentemperatur zu tun?«

»Nichts. Sie liefert mir nur den Vorwand.«

Ich mustere ihn im goldenen Schein des Außenheizstrahlers.

»Ich bin das Kämpfen leid«, sagt er und nimmt einen langen Zug. »Es hat doch alles eh keinen Sinn.«

Ich atme aus. »Tu das nicht, Liebling. Gib nicht auf.«

Es gibt zurzeit vieles, was ihn traurig macht. Er hat sich entschlossen, die MER zu verlassen, weil es ihm das Herz gebrochen hat und er es nicht mehr aushält – ich weiß, dass er nicht einmal die Hälfte von dem erreicht hat, was er erreichen wollte. Unsere Ersparnisse sind aufgebraucht, wir müssen also beide wieder arbeiten gehen. Und heute Vormittag haben wir seine Mutter besucht, die so kalt zu mir war, dass sie dem schneebedeckten Garten, in dem wir jetzt sitzen, Konkurrenz machen würde. Nach all den Jahren bin ich daran gewöhnt, aber Niall verabscheut ihre unverändert herablassende Art und ihre Weigerung zuzugeben, dass sie mit ihrer Behauptung falschlag, unsere Ehe würde allenfalls ein Jahr halten. Ich weiß nicht, warum es ihm so viel bedeutet, recht zu haben, aber so ist es. Und. Iris natürlich. Um sie zu trauern hören wir niemals auf.

»Rauch, wenn's unbedingt sein muss«, sage ich. »Aber gib nicht auf, und glaub bloß nicht, dass ich dich küsse.«

Er grinst. »Da frag ich in einer Stunde noch mal.«

Ich ziehe die Brauen hoch.

Ein kalter Windstoß weht heran, direkt durch mich hindurch, und nimmt auf seinem Weg die Flamme des Heizstrahlers mit. Auf einmal ist es dunkler und kälter. Ich nehme Nialls Hand und halte sie fest, ergriffen von einer Unruhe, einer Art Vorahnung.

»Alles gut, Liebling?«, fragt er leise, drückt seine Zigarette aus und steht dann auf, um nach dem Heizstrahler zu sehen. Aber ich halte ihn fest, halte ihn zurück, und er lässt sich wieder auf den Stuhl sinken, greift nach meiner Hand. »Franny?«

»Nichts.« Ich schüttele den Kopf. »Nur … Bleib noch kurz.«

Das tut er, und wir sitzen ruhig und still da, bis es vorübergezogen ist, unergründlich und felsenfest.

Neben dem Champagner hat Niall noch etwa fünf Whisky getrunken, es sieht also aus, als müsste ich fahren, obwohl es bei mir immerhin drei waren. Er wirft mir den Autoschlüssel zu, und ich lasse ihn fallen und lache über seine entgeisterte Miene.

»Ich hab dir nie versprochen, dass ich fangen könnte.«

»Stimmt, Liebste, hast du nicht.«

In der Stille macht sich komischerweise der gemeinsame Gedanke breit, dass wir einander im Grunde nie etwas versprochen haben. Zumindest nicht mit Worten. Es wird wohl

Versprechen gegeben haben, die aus Lippen, Händen und Blicken gemacht sind. Ja, davon gab es Tausende.

Ich drehe die Heizung voll auf, und wir bleiben kurz sitzen, um uns die Hände vor dem Gebläse zu wärmen, treiben es an, einen Zahn zuzulegen.

»Großer Gott«, brummt Niall. »Allmählich habe ich echt genug von diesem Winter.«

»Dabei ist er noch lange nicht vorbei.« Ich starte zur Heimfahrt, die Scheibenwischer kämpfen tapfer gegen den wirbelnden Schnee. Ich fahre langsam, weil ich im Dunkeln kaum etwas sehe, aber um diese Zeit sind hier nie andere Autos unterwegs.

»Hattest du einen schönen Abend, Liebling?«, frage ich.

Er nimmt meine freie Hand, drückt sie. »Er war höllisch langweilig.«

»Schwindler. Ich habe genau gesehen, wie du so laut gelacht hast, dass dir der Champagner aus der Nase kam.«

»Okay!« Er versucht, sein Grinsen zu verstecken. »Er war halbwegs in Ordnung. Und du?«

Ich nicke.

Aus irgendeinem Grund beschließe ich, es ihm jetzt zu sagen. *Ich möchte noch mal ein Kind. Du auch?*

Aber dann sagt er: »Ich muss wirklich zurück in die MER. Und ich glaube, diesmal solltest du nicht mitkommen.«

Ich bin überrumpelt. »Ich dachte, du bist fertig mit der MER.«

»Ich war frustriert und habe mich kindisch verhalten, aber du hast recht. Es gibt noch viel mehr zu tun.«

»Gut. Und natürlich komme ich mit.«

Er schüttelt den Kopf. »Ich finde, du solltest reisen.«

»Ich weiß, es ist nur Schottland, Baby, aber als Reise zählt es trotzdem.«

Eine ganze Zeitlang sagt er nichts. Dann, sehr entschieden: »Ich will nicht, dass du mitkommst.«

»Warum nicht?«

»An solchen Orten kann man nicht ständig kommen und gehen. Wenn man einmal dort ist, muss man bleiben.«

Es ist still im Auto. Ich lecke mir über die trockenen Lippen. Ruhig frage ich: »Bin ich in der Zeit, die wir dort waren, auch nur einmal fortgegangen?«

»Nein.« Er schweigt kurz, dann fährt er fort: »Aber ich war Tag und Nacht darauf gefasst.«

Ich sehe ihn an.

»Die Straße«, ermahnt er mich, und ich blicke widerwillig dorthin zurück.

»Willst du mir jetzt sagen, ich soll nicht bleiben?«

»Ich sage dir überhaupt nicht, was du tun sollst, Franny.«

Verwirrte Wut steigt in mir hoch. »Und wie komme ich da jetzt wieder raus?«, frage ich. »Ist das irgendeine Falle? Wenn ich bleibe, bist du darauf gefasst, dass ich gehe, dann kann ich's ja verdammt nochmal auch tun!«

Niall nickt langsam. Es ist das Allerletzte, was ich von ihm erwartet hätte. Hitze durchströmt mich, verursacht mir Übelkeit. Ich atme tief, bis sie wieder verfliegt, dann versuche ich, es ihm zu erklären. »In der Nacht, als du in den See gefallen bist, hat sich etwas verändert. Ich habe mich verändert.«

Wieder nimmt er meine freie Hand, drückt sie. »Nein, hast du nicht, Liebling.«

»Ich weiß, dass es lange dauern wird, bis du mir wieder vertraust, aber …«

»Ich vertraue dir rückhaltlos.«

»Und warum hörst du mir dann nicht zu?«

»Tue ich doch.«

Mein Herzschlag beschleunigt sich, weil ich nicht begreife, was dieses Gespräch eigentlich soll. Allmählich bringt mich seine Gelassenheit aus dem Gleis – mit meiner eigenen ist es völlig vorbei, meine Knöchel am Lenkrad sind schon ganz weiß. Das Schneegestöber verwandelt die Straße vor mir in einen Tunnel, den die Scheinwerfer graben. »Du hast immer gesagt, ich würde gehen, weil ich Angst hätte, und das gehe nicht, und du hattest recht damit – es war nicht gut genug, also bin ich geblieben. Schon seit Jahren.«

Ich werfe einen Blick zu ihm hinüber – er mustert mich erstaunt.

»Das meinte ich doch gar nicht«, sagt Niall. »Ich meinte, du hast Angst davor, dir den wahren Grund einzugestehen, warum du so rastlos bist.«

Ich schaue auf die Straße, mein Kopf ist leer.

»Es liegt in deiner Natur«, sagt Niall schlicht. »Wenn du bloß diese Scham endlich loslassen könntest, Franny. Man sollte sich nie für das schämen müssen, was man ist.«

Heiße Tränen. Sie fluten meine Augen.

»Bist du also geblieben, weil ich dir gesagt habe, es würde dich tapfer machen?«

Ich sage nichts, aber die Tränen laufen mir jetzt ungehindert über Wangen, Kinn und Hals. Ich bin es auf einmal so leid, den Drang in mir zu unterdrücken.

»Ach, Liebling«, sagt er, und ich glaube fast, er weint auch. »Es tut mir leid. Ich werde dich immer lieben, wo auf der Welt du auch bist. Ich will, dass du die Freiheit hast, so zu sein, wie du bist, zu gehen, wohin du willst. Ich will dich nicht an mich ketten.«

Er ist kein John Torpey, der sich davor fürchtete, eine Frau zu haben, die wilder ist als er, der sie dafür bestraft hat und dann ein Leben in Reue führte. Nein, Niall ist eine ganz andere Art von Mann. Er beugt sich zu mir, küsst meine Hand, drückt sie an sein Gesicht, als würde er das Leben selbst oder etwas noch Brennenderes an sich drücken, und dann ändert mein Mann mein ganzes Leben, indem er zu mir sagt: »Es ist ein Unterschied, ob man Wanderfüße hat oder fortgeht. In Wahrheit hast du mich doch kein einziges Mal verlassen.«

Ein Schwall von Luft unter meinen Flügeln, die sich langsam entfalten, und schon bin ich oben, steige schwerelos empor. Ich könnte keinen Menschen mehr lieben. Aber im selben Moment kommt die furchtbare Erkenntnis. Er hat die Käfigtür geöffnet, die ich eigenhändig vor mir geschlossen habe, und ich werde fliegen, ich muss. Ich sehe, wie sich das alles vor uns ausbreitet, wie ich immer und immer wieder auf Wanderschaft gehen und deswegen keine weiteren Kinder mehr wollen werde, und ganz gleich, was er sagt, ganz gleich, wie großherzig er auch ist, es wird uns beide jedes Mal ein Stückchen mehr kaputtmachen.

»Franny, du solltest lieber anhalten.«

Eine schneeweiße Eule fliegt tief über die Straße hinweg, sie schießt an der Windschutzscheibe vorbei, hinein in die schwarze Nacht, das Federkleid mondhell und unheilkündend. Verblüfft, wie erstarrt sehe ich ihr nach. Eulen sind längst ausgestorben. Aber da ist eine. Vielleicht heißt das ja, dass sich irgendwo noch mehr verborgen halten, vielleicht gibt es von allem noch mehr, und die Welt atmet doch noch. Sie füllt mein gebrochenes Herz ganz an, es fliegt mit ihr davon, sucht Zuflucht in dieser dunklen, endlosen Nacht, es verschwindet darin, und dann ist es fort, mit einem Lichtblitz, einem lauten Geräusch, und stattdessen sehe ich mich, nackt und abscheulich, und für den Bruchteil einer Sekunde will ich mich einfach nur zerstören, und das tue ich auch …

»Fran …«

Ein Knall.

Kaum etwas ist so brutal wie zwei Autos, die mit hoher Geschwindigkeit aufeinanderkrachen. Metall kreischt, Glasscherben stieben, Gummi raucht. Welche Chance hat ein menschlicher Körper darin? Wir sind Flüssigkeit und Gewebe. So schwach und brüchig, wie man nur sein kann. Es ist genau so, wie es geschildert wird, und auch wieder nicht. Es geschieht langsam und auch wieder nicht. Der Moment dehnt sich und auch wieder nicht. Mir kommt ein Gedanke, so schlicht wie komplex. In der schlichtesten Form: Ich habe uns umgebracht. Und in der komplexesten Form wird er zu all den Tagen, die ich niemals erleben, den Kindern, die ich niemals küssen werde. Er lebt tief in mir, dieser Gedanke. Er enthält mich ganz, und irgendwo tief darin, in dieser endlosen Intimität, ist auch Niall Lynch.

Ich werde langsam wach. Vielleicht auch schnell. Wir sind noch aufrecht, stehen aber schräg. Erst spüre ich keine Schmerzen und dann doch. In der Schulter, im Mund. Dann in der Brust.

»… ny, wach auf. Franny! Franny! *Wach auf!*«

Ich mache die Augen auf, eine Sekunde lang bin ich von der Helligkeit wie geblendet, und dann, in der nächsten Sekunde, blendet mich die Schwärze. Ein Laut kommt aus meinem Mund, erschrocken.

»So ist's gut, da bist du ja.«

Ich zwinkere so lange, bis ich Niall neben mir erkennen kann. Er sitzt immer noch auf seinem Platz, hält immer noch meine Hand. »Scheiße!«, sage ich.

»Allerdings.«

Wir sind auf einer Weide. Aus unserem Wagen wächst ein Baum. Sein Stamm und die Äste sind winterlich knochig, sie leuchten silbrig in der Nacht. Die Scheinwerfer graben zwei Löcher in die Dunkelheit; ich sehe Motten auf die Lichtquelle zuflirren, über einer weißen Schneefläche, makellos wie eine Glasscheibe.

Ich ringe mit meinem Gurt – den ich als Quelle der Schmerzen in meiner Brust ausmache –, bis mir einfällt, einfach auf den Knopf zu drücken.

»Bist du verletzt?«, fragt Niall. »Untersuch dich am ganzen Körper.«

Ich taste mich ab, spüre aber nichts Dramatisches. Ich habe mir auf die Zunge gebissen. In einer Schulter steckt eine Scherbe vom Fenster. Dazu die Prellungen im Brustbereich. Aber sonst … »Ich glaube, ich bin soweit okay. Und du?«

»Mein Fuß ist im Eimer, aber sonst ist nichts«, sagt Niall. »Wir müssen zu dem anderen Wagen.«

Oh Gott. Ich recke den Hals, sehe ihn auf der Straße, er liegt auf dem Dach. »*Scheiße!* Oh, gottverdammte Höllenscheiße!« Mit einem Quietschen kriege ich die Fahrertür auf, aber Niall schließt sich mir nicht an.

»Mir geht's gut«, versichert er mir. »Ich kriege nur meinen Fuß nicht raus. Geh nachsehen, ob denen was passiert ist, ich versuche es weiter. Hast du dein Handy?«

Ich wühle in der Handtasche, bis ich es gefunden habe, und ziehe es dann heraus. »Tot.«

»Meins hat keinen Empfang. Geh zu dem anderen Wagen.«

Ich sehe ihn an.

»Ruhig«, sagt er. »Einfach weiteratmen. Egal, was du vorfindest.«

Ich hieve mich aus dem Auto. Draußen ist es eisig. Meine Beine versinken in zwanzig Zentimetern Schnee und sind auf der Stelle taub, aber ich schleppe mich trotzdem zurück zur Straße.

Die Räder des Wagens drehen sich. Wie viel Zeit ist vergangen? Vielleicht sind die Insassen ja noch … Auf einmal kann ich mich nicht mehr rühren. Ich habe eine so unvorstellbare Angst vor dem, was ich vorfinden werde. Tod und, schlimmer noch als Tod, die Abwesenheit von Leben im Fleisch. Ich kann mich nicht rühren.

»Franny«, ruft mein Mann.

Ich drehe mich nicht zu ihm um. Ich starre auf das Rad, das sich langsam dreht.

»Es sind nur Tote«, sagt er.

Aber versteht er denn nicht? Genau das ist ja das Problem.

»Und wenn sie noch leben?«

Natürlich. Schon bewege ich mich; die Worte sind noch nicht einmal bis in mein Gehirn vorgedrungen, da haben sie meinen Körper schon erreicht und steuern ihn zu dem Wagen. Ich lege mich flach auf die vereiste Straße, um zu sehen, wer am Steuer sitzt. Sie ist allein im Wagen. Eine Frau, etwa in meinem Alter. Schwarze Haare, kurzgeschoren.

»Sie ist nicht … wach«, rufe ich. »Ich weiß nicht, ob … Ach, verdammte Scheiße …«

»Versuch, sie zu wecken!«

Ich schüttele sie sanft. »Hallo, wachen Sie auf! Sie müssen aufwachen.«

Aber sie wacht nicht auf. Verdammt verdammt verdammt … Meine Hände zittern, als ich zu ihr hineinfasse – ich will sie wirklich aus tiefstem Herzen nicht anfassen, Herrgott, nun mach's einfach – und nach einem Puls taste. Es dauert einen Moment, einen viel zu langen Moment, und ich bin schon sicher, dass sie tot ist und ich etwas Verwesendes berühre, einen Leichnam, und dann, endlich, spüre ich das fernste, flatternde Pochen, wie das Flügelschlagen der Motten, die ich im Scheinwerferlicht gesehen habe. Ich stelle mir vor, dass auch in ihr noch so ein Flackern ist, eine plötzliche, trotzige, gefährdete Lebenskraft, so schwach wie nie, aber immer noch da, drängend. Das zentriert mich, und ich klettere in den Wagen, um an ihren Sicherheitsgurt zu kommen. Ich kriege ihn nicht los, ich zerre daran und …

Sie wacht auf.

Ein halberSticktes Wimmern. Dann ein gewaltiges Aufheulen, ein vernichtender Ton.

»Ruhig«, sage ich instinktiv, wie ein fremdes Wesen aus einer anderen Welt, und sie wird wieder still. »Sie sind noch am Leben.«

Sie stößt ein leises, gedehntes Stöhnen aus, fängt an zu weinen, gerät in Panik.

»Sie sind am Leben«, sage ich noch einmal, »Sie hängen kopfüber in Ihrem Wagen fest, und ich werde Sie rausholen.«

Der allumfassende Nebel der Angst in mir verzieht sich. Ich klammere mich an die Fakten, die uns zusammenhalten, uns alle drei, und die Fakten, die ich weiß, sind diese: Sie lebt, und ich werde sie da rausholen.

»Hilfe«, haucht sie. »Ich muss raus. Ich muss raus.«

»Ich hole Sie raus«, sage ich zu ihr und war mir mit nichts jemals sicherer. Ich krieche nach draußen, renne um das Auto herum und klettere mit den Füßen voran wieder hinein, damit ich den Fuß gegen den Gurthalter rammen kann. Die Schuhe sind zu nichts zu gebrauchen, elegante Schuhe mit Absatz, zum ersten, verdammten Mal in meinem Leben. Ich krieche wieder heraus und streife sie ab, werfe sie von mir mit aller Wut, die ich aufbringe, und dann kehrt die Gelassenheit zurück, die Gewissheit, ich krieche wieder hinein und trete mit dem nackten Fuß gegen den Kunststoff, und es tut weh, es tut so weh, ich spüre, wie mir das Blut warm über Fuß und Knöchel rinnt, trotzdem trete ich wieder und wieder zu, bis ich merke, wie sich der Kunststoffknopf löst und die Frau freigibt. Sie fällt auf den Kopf, und ich drehe mich so, dass ich eine Hand unter ihren Hinterkopf schieben kann. Wozu das gut sein soll, weiß ich auch nicht.

Sie weint, schluchzt, blutet. Es ist entsetzlich. Mir kommt ein schlichter, klarer Gedanke: Das ist Wahnsinn.

Unsere Gesichter liegen dicht an dicht. Einander zugewandt wie Liebende.

»Ich habe die Trikots im Kofferraum.«

»Wie war das, Liebes?«

»Für die Fußballmannschaft von meinem Sohn. Die habe ich heute abgeholt. Hätte ich schon vor einer Woche tun sollen, aber ich hab's immer wieder vergessen, und sie mussten im Laufzeug trainieren. Er war so sauer deswegen. Manchmal ist er ein richtiger Rotzbengel.«

Wir lachen zusammen, beide.

Ich streichele ihr das Gesicht. »Ich glaube, wir sollten versuchen, aus dem Wagen zu kommen.«

»Ja. Aber denken wir an die Uniformen?«

»Na klar. Wie heißt du?«

»Greta.«

»Hallo, Greta. Ich bin Franny.«

Sie zittert, ihre Stimme ist nur noch ein Krächzen.

»Kannst du dich bewegen, Greta? Ich habe die Tür offen gelassen, damit du rauskriechen kannst, falls du das schaffst.«

»Mein Haar ist so kurz wegen Krebs«, sagt sie.

»Was?«

»Ich hab's abgeschnitten. Um Geld zu sammeln. Nicht, weil ich Krebs habe. O Gott, tut mir leid, ich meinte doch nicht, dass ich Krebs habe …«

»Ganz ruhig, schon gut, ich verstehe.« Sie gerät schon

wieder in Panik, darum sage ich: »Sieht rattenscharf aus«, und sie lächelt, irgendwie gestärkt.

»Stimmt«, murmelt sie. »Es sieht rattenscharf aus.« Dann: »Ich muss jetzt wirklich hier raus.«

Mir wird klar, dass ich bisher noch keine Bewegung von ihr gesehen habe, und vielleicht kann sie sich ja auch nicht bewegen, vielleicht sollte sie es lassen. »Wollen wir nicht lieber auf den Krankenwagen warten …«

»Nein, ich muss raus. Ich muss raus.« Sie windet sich, und ich habe Angst, sie könnte sich noch mehr verletzen.

»Okay, warte«, sage ich. »Ich komme rüber auf deine Seite und helfe dir. Warte, bis ich da bin.« Rückwärts klettere ich wieder hinaus und renne noch einmal um den Wagen herum.

»Niall, sie ist wach!«

»Gut«, antwortet er.

»Ich hole sie raus.«

»Kannst du sie denn gefahrlos bewegen?«

»Sie bewegt sich selbst, ich muss ihr nur helfen.«

»Okay, du machst das gut.«

Die arme Greta ist ganz verdreht in ihrem Sitz, benommen liegt sie da, auf Kopf und Hals gestützt, und ich bete, dass sie keine Rückenmarksverletzungen hat, ich bete, dass wir alles nicht noch schlimmer machen werden, aber wenn ich es irgendwie schaffe, sie zu uns ins Auto zu kriegen, dann kann ich sie vielleicht, falls es überhaupt noch fährt, ins Krankenhaus bringen.

»Kannst du erst die Trikots holen?«, fragt sie.

»Nein, Liebes, erst müssen wir dich nach draußen kriegen, dann hole ich die Trikots, versprochen. Also los, kannst du die Arme ein bisschen anheben, damit ich … Ja, genau, so …« Ich weiß nicht, wie ich sie nach draußen ziehen soll, ich finde nirgends Halt, ihr ganzer Körper ist glitschig vom Blut …

Noch einmal hole ich tief Luft und zwinge mich, wieder ins Auto zu steigen, zwänge mich über sie, damit ich ihr die Arme um den Oberkörper schlingen kann. »Warte«, sagt sie verängstigt, »warte mal, warte«, aber darüber sind wir längst hinaus, ich halte sie jetzt genau richtig, um mich mit den Knien abzustützen und sie buchstäblich nach draußen zu zerren, und anfangs bewegt sich nichts, sie ist eingeklemmt, aber ich beiße die Zähne zusammen, verlange mir alles ab, was geht, brülle vor Anstrengung, und dann gleitet sie über das verbogene Metall und den rauen Asphalt der Straße hinweg und …

Ich sehe, wie ihr die Augen zufallen.

Alles Blut weicht aus ihrem Gesicht. Sie wird wächsern, verschwindet. Ich weiß nicht, woher ich das so gleich, so schnell weiß, aber ich sehe, dass sie nicht mehr da ist.

»Greta!«, schreie ich.

Sie ist tot.

Ich stehe auf, weiche vor ihr zurück. All das Blut. Jetzt sehe ich es erst. Es breitet sich rings um meine nackten Füße aus. Ich habe sie praktisch mitten entzweigerissen.

»Niall«, sage ich. »Niall, sie …«

Ich drehe mich um und stolpere zu unserem Wagen zurück. Ich öffne die Tür auf Nialls Seite, beuge mich über ihn, um seinen Gurt zu öffnen, den er komischerweise selbst nicht gelöst hat, drücke den Knopf, damit er aussteigen kann, und sage: »Los, komm, wir können hier nicht bleiben …« Und dann wird es mir klar.

Seine Augen sind noch offen.

Sie sind so wunderschön, so veränderlich. Ich sehe so viele Farben, die sich darin verbergen, die Rosttöne des Herbstlaubs, lohfarbene Wälder und im richtigen Licht sogar goldene Sprenkel. Sie konnten dunkelbraun sein, haselnussbraun und grün und endlos nächtlich schwarz.

Schwarz sind sie auch jetzt, und still.

Und grauenhaft.

Und ich bin nicht mehr eine, sondern zwei.

Eine davon ist eine alte Frau, die auf seinen toten Körper klettert. Jedes Gelenk ächzt und knarzt, sie kann es kaum noch steuern, aber irgendwie schafft sie es, sich auf ihn zu legen, und sie umfasst seinen Kopf mit dem dunklen, perfekt gekämmten Haar, sie drückt ihren Mund auf seinen kalten Mund und schmeckt den Rauch. »Oh, mein Liebling, nein«, flüstert sie. »Bitte nicht.« Er strahlt keine Wärme mehr ab, aber sie zwingt ihre, auf ihn überzugehen, zwingt sie mit aller Kraft ihres ganzen Seins, er soll jedes letzte Atom davon bekommen. Er soll ihre Seele haben. Andernfalls wird sie die hier bei seiner lassen.

Mein anderes Ich bleibt auf der Straße stehen, voller Angst vor Totem jeder Art.

Stunden vergehen.

Als der Gedanke kommt, habe ich längst beschlossen, hier mit ihm und Greta zu sterben. Wenn ich einfach stehen bleibe und das bisschen Wärme festhalte, das längst verschwunden ist, werde ich langsam, aber sicher erfrieren, meine nackten Füße und Hände sind starr, die Nase schmerzt, die Ohren stechen, die Wimpern sind umhüllt von gefrorenen Tränen.

Der Gedanke ist: die Fußballtrikots. Ich muss sie aus Gretas Kofferraum holen.

»Niall«, sage ich leise von der Straße aus. »Niall.«

Ich möchte ihm etwas geben, etwas, das uns im Guten scheiden lässt, damit sein Geist weiß, dass ich ihm folgen werde, aber mir fällt nichts ein, ich bin blank und leer und aller Gnade entkleidet. Zu sehr entsetzt mich dieses Ding, das früher einmal er war.

Wie kann er hier in der Kälte so ganz beiläufig sterben? Wie kann er sterben, ohne dass ich ihn ansehe, wenn er geht? Wie kann es sein, dass wir keine letzten Worte, letzten Momente, letzten Blicke verdient haben? Wie kann die Welt so grausam, so derart grausam sein, ihn allein dahinscheiden zu lassen, ungesehen, während ich meine Liebe an eine Frau verschwende, die ich gar nicht kenne? Es ist unerträglich.

Ich trete auf den kalten Boden. Ich gehe zum Kofferraum von Gretas Wagen und ziehe die Tasche mit den Fußballtrikots ihres Sohnes heraus. Mit einem kaputten, blutenden Fuß gehe ich die Straße entlang, zurück in eine Welt, in die ich nie auch nur eine Sekunde lang gehört habe.

Kurz vor der Stelle, wo der Strahl unserer Scheinwerfer endet, bleibe ich stehen. Vor mir liegt ein Abgrund. Nicht ein Stern steht am Himmel. Ich schaue zu ihm zurück. Ich kann nicht fort. Ich kann nicht fort. Ich kann ihn nicht hierlassen. Nicht ganz allein.

Meine Knie geben nach. Ich sacke zu Boden, die Tasche fest umklammert. Ich lege das Gesicht darauf und denke: ich geh nicht fort ich geh nicht fort ich geh nicht fort, und am Ende trifft etwas sehr viel Schlichteres, Archaischeres die Entscheidung. Es treibt mich an, mich aufzurappeln, mich von dem Lichtstrahl abzuwenden und mitten in die pechschwarze Nacht dieser Straße hineinzugehen, von der ich weiß, dass sie nur in den Schmerz führt.

Es ist weder Liebe noch Angst.

Es ist die Wildnis in mir, die fordert, dass ich weiterlebe.

28

GALWAY, IRLAND, ZWÖLF MONATE ZUVOR

»Er wollte beerdigt werden?«, frage ich und starre auf den Grabstein.

»Ja«, sagt Penny. »Habt ihr nie darüber gesprochen?«

»Nein. Aus irgendeinem Grund dachte ich, er möchte eingeäschert werden …«

»Weil er Wissenschaftler war und kein religiöser Mensch?«

Ich zucke die Achseln. »Wahrscheinlich.«

Wir schweigen lange, dann gibt etwas in Penny nach. Sie kommt näher, bis sie neben mir vor dem sonnenbeschienenen Grab steht. »Er wollte seinen Körper der Erde zurückgeben und den Geschöpfen, die in ihr leben. Er wollte, dass seine Lebensenergie noch einer guten Sache dient. Es stand in seinem Testament.«

Ich atme aus. »Natürlich.«

Niall Lynch, geliebter Sohn und Ehemann.

»Danke«, flüstere ich. »Dass ihr das geschrieben habt. Das hättet ihr nicht tun müssen.«

»Aber es stimmt doch, oder?«

Ich schlucke meine Tränen. »Und wie.«

Später, im Herrenhaus, das für die Dauer der Bewährungsfrist meine Heimat sein soll, kapere ich Nialls altes Kinderzimmer und schlafe neunzehn Stunden durch. Mitten in der Nacht wache ich auf, desorientiert und unfähig, wieder einzuschlafen. Ich schaue mir seine Fossiliensammlung an, nehme zärtlich jedes einzelne Stück in die Hand. Dann blättere ich ein Buch durch, das einen wahren Schatz sorgsam getrockneter Blumen enthält. Ein Tagebuch mit endlosen Beobachtungen zum Verhalten von Tieren, ein Fotoalbum voller Federn, Steine in allen Größen und Formen, Käfer und Motten, auf ewig in schichtenweise Haarspray erstarrt, gesprenkelte Eierschalen … Jedes kleine Ding ist kostbarer, als ich es mir je ausmalen könnte, und obwohl Niall immer geglaubt hat, seine Mutter wäre nicht fähig, ihn zu lieben, wird mir klar, dass hier der Gegenbeweis liegt: Über viele Jahre hat sie all diese Schätze so innig aufbewahrt.

In einer Ecke stehen Kisten mit der Aufschrift *Aktuell*. Darin finde ich stapelweise Papiere, seine Veröffentlichungen, seine Vorlesungsnotizen und Tagebücher. Ich kenne das alles. Ich habe ihn jahrelang daran arbeiten sehen. Aber eins der Tagebücher unterscheidet sich von den anderen, ich habe es noch nie gesehen. Es trägt den Titel *Franny*.

Ich bin nervös, als ich es aufschlage. Kurze, akkurate Einträge bilden die Studie einer Frau, die meinen Namen trägt, mir aber anfangs ganz fremd vorkommt.

9.15 Uhr: Gerade hat sie ein benutztes Kondom auf den Flur vor der Herrentoilette geworfen und wie ein Rohrspatz darüber gezetert, wie widerwärtig Männer sind.

16.30 Uhr: Sie sitzt schon wieder im Hof und liest Atwood, die Essays, aus denen ich zitiert habe.

Etwa 1 Uhr morgens: Sie ruft nach ihrer Mutter, ich muss sie wachrütteln.

Es ist ein Logbuch meines Lebens. Meiner Taten. Je weiter ich lese, desto weniger wissenschaftlich werden die Einträge, desto einfühlsamer, poetischer. Und während meine anfängliche Panik abklingt, erkenne ich dieses Buch als das, was es ist. Eher eine Studie meines Mannes als eine über mich. So bringt er sich selbst bei, Dinge zu begreifen, Dinge zu lieben.

Der letzte Eintrag, den ich lese, ist dieser:

Bevor meine Frau zu meiner Frau wurde, war sie ein Geschöpf, das ich studiert habe.
Jetzt, gerade heute früh, liegen ihre Finger auf der Beule direkt neben ihrem Bauchnabel, wo sich uns ein Ellbogen, eine Faust oder ein Fuß entgegenstreckt, sich zum Klang meiner Stimme bewegt, näher heran will. Er hat sich bewegt, dieser winzig kleine Mensch, und in Frannys Augen lag ein so helles Licht, als sie mich ansah, voller Staunen, Angst und Freude.
Sie liebt dieses Kind, aber es ist auch ihr Käfig. Ich glaube, sie hat nur eingewilligt, es zu bekommen, weil sie möchte, dass mir etwas bleibt, wenn sie in die Freiheit ausbricht. Dieses Etwas, das nach ihr ruft, wird immer wieder nach ihr rufen, was es auch sein mag. Aber sie denkt nicht an mein Versprechen. Ich werde warten, immer. Unsere Tochter wird mit mir warten. Vielleicht wird auch sie eines Tages fortgehen, zu einem Abenteuer aufbrechen. Dann warte ich eben auch auf sie.

Nachdem ich alles in seinem Zimmer ausgegraben habe, gehe ich barfuß hinaus in den Garten, um den Teich herum, bis zum Gewächshaus. Die Voliere im hinteren Teil ist immer noch leer – Penny hat nie Ersatz für die Vögel besorgt, die ich freigelassen habe –, aber ich trete trotzdem hinein, erinnere mich so lebhaft an die gefiederten Flügel, die mein Gesicht streiften, und daran, wie seine Lippen geschmeckt haben.

»Franny?«

Ich drehe mich zu Penny um, und mir wird klar, dass ich wohl stundenlang wie festgefroren in diesem Käfig gestanden habe, als wäre ich nicht ganz richtig im Kopf. Ein unangenehmes Déjà-vu drängt sich mir auf. So standen wir schon einmal hier, sie und ich. »Tut mir leid«, sage ich.

»Möchtest du etwas frühstücken?«

Ich nicke und folge ihr ins Haus. Arthurs Platz am oberen Ende des Frühstückstischs ist leer, schon seit Jahren. Nach Nialls Tod ist er fortgegangen, ertrug es nicht, in dem Haus zu bleiben, in dem sein Sohn aufgewachsen ist. Seither wohnt Penny allein in diesem leblosen Mausoleum, und alle negativen Gefühle, die ich ihr je entgegengebracht habe, verflüchtigen sich. Ich möchte nichts anderes mehr, als sie vor diesem undenkbaren Verlust zu schützen.

Wir essen schweigend, bis sie mich fragt: »Warum hast du gesagt, du hättest es gewollt?«

Ich lasse meinen Löffel sinken. Seit es passiert ist, haben wir nicht mehr gesprochen, im Gefängnis wollte ich sie nicht sehen, es leuchtet also ein, dass das ihre Frage ist, die Frage, die sie besonders umtreibt.

»Ich wollte einfach … bestraft werden. So hart wie möglich.« Es war nicht schwer gewesen, das Gericht von meiner Schuld zu überzeugen: der Alkoholgehalt in meinem Blut und die forensischen Beweise am Wagen, die Reifen, die keinen Versuch des Ausweichens oder Bremsens zeigten, sondern direkt auf das entgegenkommende Fahrzeug zuhielten, als wären sie auf Vernichtung aus, und auch der Schaden, den ich Gretas Körper zugefügt habe.

»Was ist mit den Reifenspuren? Du bist direkt auf die andere Fahrbahn gefahren, und du hast nicht gebremst. Warum hast du nicht gebremst, Franny?«

»Da war eine Eule«, sage ich, und mir bricht die Stimme. Mein Kopf sinkt auf die Arme, während mich die Flutwelle ganz verschluckt.

Eine gefühlte Ewigkeit später streicht mir eine Hand sanft übers Haar. »Ich möchte dir etwas zeigen.«

Penny nimmt mich mit in ihr Büro und zieht einen Aktenhefter aus einer Schublade. Sie reicht ihn mir, und ich lese die Worte *Letzter Wille und Testament*. Ich bin nicht bereit dafür, trotzdem lasse ich mich auf dem Teppich nieder und blättere die Seiten durch, bis ich es gefunden habe.

Sollte es keine Seeschwalben mehr geben, dann möchte ich beerdigt werden, damit mein Körper seine Lebensenergie der Erde spenden kann, die ihm so viel gegeben hat. Er soll ihr Nahrung schenken, ihr etwas zurückgeben und nicht nur von ihr nehmen.

Sollte es aber noch Seeschwalben geben …

Einen endlosen Moment lang kneife ich die Augen zu. Wappne mich.

Sollte es aber noch Seeschwalben geben und es sich als machbar erweisen und nicht zu schwierig sein, möchte ich, dass meine Asche dort verstreut wird, wohin sie fliegen.

Das tosende Meer wird ruhig. Ich stehe auf, habe endlich Gewissheit.

»Können wir ihn exhumieren lassen?«, frage ich.

Penny ist geschockt. »Was? Aber es gibt doch keine Möglichkeit … Sie sind alle fort.«

»Nein«, sage ich. »Noch nicht. Und ich weiß, wohin sie fliegen werden.«

»Woher denn?«

»Niall hat es mir gesagt.«

Südatlantik, an Bord der Sterna Paradisaea, zur Balzzeit

Die Eisfläche vor uns strahlt und prangt aufs überwältigendste. Sie fordert die Hoheit über eine komplette Winterwelt, ist das wahre Herz ihres Universums. Sie ist herrisch, rau und ganz und gar gleichgültig.

Und leer.

Obwohl ich sie losgelassen habe, obwohl ich mir klargemacht habe, dass es vorbei ist, muss ich wohl doch noch irgendwie daran geglaubt haben, einen Himmel voller Vögel zu sehen, eine von Seehunden bedeckte Eisfläche oder sonst etwas, irgendetwas Lebendiges. Denn als die *Sterna Paradisaea* jetzt langsam auf die Küste zuhält, vorbei an großen, schwimmenden Eisstücken, und ich nirgends auf dieser gewaltigen Fläche auch nur eine Bewegung sehe, bricht mir von neuem das Herz.

»Weißt du, wo wir sind?«, frage ich Ennis. Immer wieder zerreißt ein ganz erstaunliches Getöse die Stille, Eisschollen brechen ab und fallen mit einem Krachen, das jeden Donner übertrifft, ins Meer. Solche Laute hätte ich mir nie ausmalen können.

»Wir nähern uns der Antarktischen Halbinsel. Von da fahren wir weiter nach Osten, zum Weddell-Meer.«

Ich sehe dem näher kommenden Land entgegen.

Mit einem Mal kommt mir irgendetwas falsch vor. Zum Weddell-Meer sind sie immer geflogen. Es war seit jeher der Bereich der Antarktis mit den meisten Wildtieren, dicht gefolgt vom Wilkesland im Nordosten, wo die Seeschwalben landen, wenn sie Australien überquert und sich erst dann nach Süden gewendet haben, was früher manchmal vorkam.

»Warte mal«, sage ich. »Kannst du ein bisschen langsamer fahren?«

Ennis schiebt den Gashebel ein Stück zurück und sieht mich fragend an.

Ich bin mir nicht sicher, wie ich meine plötzliche Verunsicherung formulieren soll. »Hier sind sie immer hingeflogen. Zum Weddell-Meer oder ins Wilkesland.«

»Bis nach Wilkes schaffen wir es nie, weder mit den Treibstoff- noch mit den sonstigen Vorräten. Das würde mindestens zwei Monate dauern.«

Ich schüttele den Kopf. Das meine ich auch gar nicht, scheint mir. Mein Kopf arbeitet fieberhaft, geht sorgenvoll alles durch, woran er sich aus Nialls Besprechungen und Forschungen und den vielen tausend gottverdammten Aufsätzen, die er zu dem Thema geschrieben hat, erinnern kann. Sowohl das Weddell-Meer als auch das Wilkesland wurden engmaschig überwacht, weil die Tiere sonst immer dorthin zogen. Wir wissen, dass an beiden Orten keine Vögel mehr angekommen sind – die Arten, die es bis dorthin schaffen konnten, sind alle längst ausgestorben, bis auf die Seeschwalben.

Harriet hat immer eine Zeit vorhergesagt, in der sie weniger weit fliegen und andere Nahrung fressen würden. Aber Niall glaubte fest, dass sie ins Eis fliegen würden, weil sie es kennen, und dass sie so lange durchhalten würden, bis sie entweder auf Fische stoßen oder sterben.

»Bieg rechts ab«, sage ich hastig. »Steuerbord.«

»Was? Aber im Westen ist doch nichts …«

»Fahr nach Westen, sofort!«

Ennis schimpft wie ein Rohrspatz, ändert aber den Kurs und beeilt sich dann, das Großsegel neu zu setzen. Wir bahnen uns unseren Weg durch das Meer, lassen die Halbinsel und die Südlichen Shetlandinseln links liegen, und vielleicht bin ich ja nicht mehr ganz dicht, vielleicht grenzt dieser Blindflug wirklich an Wahnsinn, vielleicht habe ich uns gerade beide in den Tod geschickt.

Im Rossmeer sind schon Menschen verschollen. Es gibt kaum Zuflucht, man ist den Elementen schutzlos ausgeliefert, und ab Februar friert es zu, so dass man weder hinein- noch hinauskommt.

Heute ist der dritte Januar. Wahrscheinlich kommen wir hier nie wieder weg.

Ennis dreht sich zu mir um. Er grinst, ohne erkennbaren Grund, und salutiert kurz. Ich erwidere den Gruß. Scheiß drauf. Warum nicht?

Denn plötzlich kommt es mir vor, als dürfte man, wenn das Ende wirklich und wahrhaftig da ist, wenn man sich zum letzten Mal auf die Reise begibt, nicht vorzeitig aufgeben – das gilt für das eigene Leben ebenso wie für das der gesamten Gattung. Selbst wenn man erschöpft und halb verhungert ist und keine Hoffnung mehr hat. Man hält immer weiter durch.

Schwer verbeult von der Reise, aber beharrlich tuckert unsere Stahlyacht an der antarktischen Küste entlang, und wir bringen unsere Zeit damit zu, auf den blendend hellen Schnee und das jeweilige Stück Himmel zu starren, haben fast Angst zu blinzeln, damit wir auch nichts verpassen. Das Wetter ändert sich schnell. Die Temperaturen sinken auf zwei Grad minus ab. Die Wellen werden höher. Ennis hat mehr als genug damit zu tun, den gefährlichen Eisbrocken auszuweichen, die früher einmal zum Land gehörten, jetzt aber abbrechen und frei umhertreiben. Das Geräusch, das sie machen, wenn sie im Meer landen, klingt wie ein gewaltiges *Uuumpf*. Ennis bezeichnet sie als Hümpel, und jeder Einzelne von ihnen kann uns zum Kentern oder Sinken bringen.

Am vierten Tag unserer Reise nach Westen erreicht der Wind eine Stärke von fünfundsiebzig Knoten, was laut Ennis bei so niedrigen Temperaturen dramatische Auswirkungen haben kann. Ich begreife nicht, warum, und frage auch nicht nach, aber am sechsten Tag wird es mir klar.

An der Takelage bilden sich Eiskrusten. Ennis und ich hasten hin und her, versuchen, sie abzuhacken, bevor sie sich richtig bilden können, aber es hat keinen Sinn, und so steuert Ennis uns nach Backbord, in Richtung Küste. Inzwischen haben wir die Amundsensee erreicht, deren Küste sanfter verläuft als die des Rossmeeres, vielleicht war es also Schicksal, dass wir nicht so weit gekommen sind, wie wir wollten. Ich gehe nach unten und packe alles, was noch an Vorräten übrig ist, in meinen Rucksack. Die Yacht hält einen wahren Schatz an dicker Winterkleidung, Mänteln und Stiefeln bereit, die über Leben und Tod entscheiden können. Ich habe Angst, aber was bedeutet das jetzt noch? Im Zweifel fühle ich mich dadurch nur lebendiger.

»Was machst du da?«, fragt Ennis. Er steht am Steuer und setzt eine Notfunkbake ab – eine Art Funksender, der den Rettungsdiensten helfen soll, unsere Position zu orten. Das Schiff ist hinüber. Es wird uns nicht weiter tragen.

»Ich gehe zu Fuß weiter«, sage ich. »Warte hier. Ich komme wieder.«

Das ignoriert er und packt seinen eigenen Rucksack.

Dann ziehen wir gemeinsam los, hinein ins Eis.

Es geht nur sehr schleppend voran. Ich kann mich nicht erinnern, wann ich meine Gliedmaßen zuletzt gespürt hätte. Trotzdem ist es wärmer als in früheren Zeiten. Alles ist wärmer, schmilzt, verändert sich, stirbt. Womöglich sind wir nur aus diesem einen Grund nicht längst erfroren.

Tagsüber ruhen wir uns aus, unterm Schnee vergraben, nachts wandern wir, um warm zu bleiben. Wir achten darauf, das Meer immer rechts von uns zu haben, damit wir auch wieder zurückfinden. Manchmal gehen wir Hand in Hand, weil wir uns dann weniger allein fühlen. Ich denke an all meine verlorenen Lieben, an meine Mutter und an meine Tochter, an Greta, an Lea – von ihr hoffe ich gegen alle Wahrscheinlichkeit, dass sie gar nicht zu ihnen zählt – und natürlich an Niall, fast mit jedem Schritt.

Am dritten Tag dieser Wanderung bin ich mir fast sicher, dass Ennis am Ende ist. Er geht inzwischen erschreckend langsam, und es macht ihm Mühe, ein Gespräch in Gang zu halten. Wir bleiben stehen, lassen uns auf den kalten Boden sinken. Ich reiche ihm eine Dose Baked Beans aus meinem Rucksack, und wir teilen sie uns schweigend, während unsere Blicke über die reglose Welt ringsum wandern. Ich glaube nicht, dass ich ohne ihn weitergehen kann. Nicht, wenn ich immer nur noch mehr Eis vorfinde.

»Warum bist du hier, Ennis?«, frage ich.

Er antwortet nicht, isst nur weiter seine Bohnen, konzentriert sich ganz auf die Mühe, die ihm das Schlucken bereitet.

Aber nach einer langen Pause sagt er schließlich: »Ich wollte nicht, dass du das allein machen musst.«

Es trifft mich mitten ins Herz. Die Großherzigkeit darin, die Liebe. Zwischen uns gibt es eine Liebe, die sich nicht leugnen lässt. Ich bin so dankbar dafür, dass ich nicht allein sein muss. Und dadurch erkenne ich auch, dass alle Vorwände, an denen ich festhalte, nichtig sind. Es hat keinen Sinn mehr, jetzt, wo wir das Ende erreicht haben.

»Er ist tot«, sage ich leise. »Mein Mann.«

Und Ennis erwidert: »Ich weiß, Schätzchen.«

Die Welt dreht sich einmal, langsam.

»Wir sind ganz allein hier draußen«, murmele ich. »Stimmt's?«

Er nickt.

»Sie sind alle fort.« Ich stecke die leere Dose mit den beiden Gabeln in den Rucksack zurück. Aber ich kann noch nicht aufstehen. Mir fehlt die Kraft dazu. »Ich wäre fast bei ihm gewesen«, sage ich. »Ich war ganz in der Nähe. Aber als es zu Ende ging, war ich nicht da.«

»Du warst da.«

»Nein. Ich habe ihn immer und immer wieder verlassen. Das wird sein Geist mit sich nehmen.«

»Bockmist.«

»Ich hätte bei ihm sein müssen.«

»Das warst du. Und trotzdem musste er allein gehen. Das müssen wir alle. Immer.«

»Dieser Weg ist viel zu weit, um ihn allein zu gehen.« Ich drücke die zitternden Finger auf die Augen. »Ich spüre ihn nicht mehr.«

»Doch. Warum wärst du sonst immer noch unterwegs?«

Und damit steht er auf, und ich stehe auf, und wir gehen weiter.

Es dauert nur noch zwei Stunden. Ich stapfe gerade eine besonders mühselige Steigung hinauf und sorge mich um Ennis, der weit hinter mir zurückgeblieben ist, schaue zurück, um mich zu überzeugen, dass er überhaupt noch geht, und dann blicke ich wieder nach vorn.

Und halte an.

Denn gerade ist etwas über den Himmel geflogen.

Ich renne los.

Jetzt kommen noch weitere, sie flattern und schießen herab, und dann bin ich oben an der Steigung und …

Oh!

Vor mir ist das Eis bedeckt von vielen hundert Küstenseeschwalben. Schrill und heiser ertönt ihr Kreischen, sie tanzen mit ihren Gefährten durch die Luft, jubeln vor Freude. Schwalben des Meeres heißen sie, weil sie mit so viel Anmut ins Wasser tauchen, und genau das kann ich jetzt beobachten, als sie sich hungrig auf die Fische stürzen, in einem Meer, das von Abermillionen Schuppen wimmelt.

Ungelenk sacke ich zu Boden und weine.

Wegen der Reise, die sie hinter sich haben. Wegen dieser letzten erhaltenen Schönheit. Wegen dir und wegen der Versprechen und wegen eines Lebens, das sich ganz dem Schicksal ergeben hat, aber nicht begreifen konnte, weshalb dein Tod dazugehören musste.

Ennis ist bei mir und lässt ein grollendes Lachen hören. Genau in diesem Moment stößt eine gewaltige Walflosse durch die Wasseroberfläche und winkt uns aus der Ferne zu, und wir fahren vor Staunen fast aus der Haut, dann jubeln wir und springen auf und ab, und es ist so wunderschön, von einer so verzweifelten Tiefe, dass ich es kaum aushalte. Was verbirgt sich noch in diesen reinen, unberührten Gewässern, an diesem Zufluchtsort?

»Es tut mir so leid, dass die *Saghani* nicht hier ist«, sage ich und wische mir die triefende Nase. »So viele Fische, und wir können sie gar nicht fangen.«

Er wirft mir einen seltsamen Blick zu. »Ich will schon seit

Ewigkeiten keine Fische mehr fangen. Aber ich musste einfach wissen, dass sie noch irgendwo sind, dass es noch Leben im Meer gibt.«

Ich umarme ihn, und wir halten einander lange fest, während um uns herum die Rufe der Vögel hallen.

»Ich wünschte, Niall könnte das sehen«, sage ich viel später. Großer Gott, ich wünsche es mir so sehr!

Ennis atmet tief und endlos aus. »Wie lange willst du hier bleiben?«

»Für immer?«, schlage ich ihm mit einem Lächeln vor. »Wir können schon wieder gehen. Aber vorher muss ich noch etwas erledigen. Er wollte, dass seine Asche bei ihnen verstreut wird.«

Ennis drückt mir die Hand. »Dann gehe ich vielleicht mal vor, oder? Damit du hier mit ihm allein sein kannst.«

Ich nicke, lasse seine Hand aber nicht los. »Danke, Käpten. Du bist ein guter Mensch, und am Ende hast du auch ein gutes Leben gelebt.«

Er grinst. »Noch ist es nicht vorbei, Mrs. Lynch.«

»Nein, ganz sicher nicht.«

Ich sehe ihm nach, wie er den Hang hinunterstapft, denselben Weg, den wir gekommen sind. Dann wende ich mich in die Gegenrichtung, gehe hinunter bis zum Wasser. Ich ziehe Nialls Briefe aus dem Rucksack und die kleine Holzkiste, die seine Asche birgt. Eigentlich wollte ich die Briefe fliegen lassen, aber ich stelle fest, dass ich das nicht kann. Niall fände die Vorstellung entsetzlich, dass seine Worte diese unberührte Umgebung verschmutzen. Also stecke ich sie wieder in den Rucksack, fahre nur noch einmal mit den Fingern über seine Handschrift.

Ich hebe die Kiste sanft an die Lippen, um ihm einen Abschiedskuss zu geben, was ich nicht tun konnte, als er noch lebte.

Der Wind ist nicht mehr so heftig wie zuvor, aber er reicht aus, um die Asche zu ergreifen und sie zwischen den flatternden weißen Federn zu verteilen, bis ich kaum noch sagen kann, wo sie aufhört und die Vögel anfangen.

Dann streife ich meine Kleider ab und gehe ins Meer.

29

Irland, zehn Jahre zuvor

»Was hast du da gefunden?«

»Ein Ei.«

Er tritt neben mich, und gemeinsam betrachten wir das kleine Gebilde dort im Gras. Es ist von einem höchst ungewöhnlichen Stahlblau mit Sprenkeln.

»Ist das echt?«, hauche ich.

Niall nickt. »Es ist ein Krähenei.«

Ich bücke mich, um es aufzuheben, aber …

»Nicht anfassen!«, mahnt Niall.

»Wir müssen es doch zurück ins Nest legen.«

»Wenn du es anfasst, riecht die Vogelmutter das und lehnt es ab.«

»Dann … lassen wir es einfach so hier liegen? Ist das nicht sein Tod?«

Er nickt. »Trotzdem. Je weniger wir anfassen, desto besser. Alles, was wir anfassen, zerstören wir damit nur.«

Ich greife zärtlich nach seiner Hand. »Wir könnten es mitnehmen. Es selbst ausbrüten und den Vogel später freilassen.«

»Er würde sich merken, wie wir aussehen.«

Ich lächele. »Wie schön.«

Er sieht mich an. Erst ist da ein Schatten von Mitleid. Ein Schatten seiner tieferen Einsicht in die Dinge. Seines Pessimismus. Aber ich erwidere seinen Blick und zeige ihm meine eigene Gewissheit, gebe ihm vielleicht auch einen Fingerzeig, dass wir nicht immer nur schädlich sein müssen, nicht immer nur eine Geißel für die Welt, dass wir sie auch nähren können, und ganz allmählich verändert sich etwas in seinen Augen.

Niall erwidert mein Lächeln.

An der Amundsensee im Westen der Antarktis, zur Balzzeit

Die Kälte geht tief, aber ich bin ganz ruhig. Noch bin ich nicht mit dem Kopf untergetaucht. Das muss ich auch erst ganz zum Schluss. Das Wasser wird sein Werk am Rest meines Körpers schnell verrichten. Und ich möchte den Seeschwalben so lange zusehen, wie ich kann, um sie vielleicht sogar mitzunehmen.

Ich nehme auch ein Stück von dir mit, Mam. Du hast deinem Körper die Luft abgeschnürt, so wie ich es jetzt tue. Du hast mir Bücher und Gedichte geschenkt und den Willen, die Welt zu sehen, und dafür stehe ich tief in deiner Schuld. Ich nehme die Stimme des Windes mit, der klagend durch unser kleines Holzhaus zieht, den Geruch deiner salzigen Haare und die Wärme, wenn du mich ganz fest gehalten hast. Auch von dir, Grandma, nehme ich ein Stück mit, denn du hast mir Stille geschenkt und Kraft, und es tut mir so leid, dass mir das nicht früher klargeworden ist. Auch von dir, John, nehme ich etwas mit, das Foto, das auf deinem Kaminsims steht, und all die Liebe, die du darin verborgen hast und die immer noch weiter gewartet hat, als sie längst fort waren. Ich nehme jedes Einzelne der Geschenke mit, die die Krähen mir gebracht haben, jedes für sich ein Schatz. Ich nehme das Meer mit, tief im Mark, seine Gezeiten, die durch meine Seele wandern. Und ich nehme das Gefühl mit, meine Tochter im Bauch zu spüren, sie nehme ich ganz mit mir und werde sie auf ewig bewahren.

Aber von dir, Niall, mein Geliebter, brauche ich nichts mitzunehmen. Dir möchte ich lieber etwas schenken.

Meine Natur. Die Wildnis in mir. Die gehören dir.

Ich sinke ganz ins Wasser hinein.

Meine Finger und Zehen sind bereits weiß, weil mein Körper mit aller Macht das Blut von ihnen abzieht, um es in meiner Mitte zu halten, wo noch Wärme ist, krampfhaft versucht, das Herz weiterschlagen zu lassen.

Über mir malt die Sonne Muster auf das Wasser. Ich glaube, davon habe ich schon mal geträumt.

Die Vögel sind jetzt nur noch Umrisse, die weit oben kreisen. Ich sehe sie lange, lange an, dann schließe ich die Augen.

Wir können sie auch nähren.

Meine Augen springen wieder auf. Fische schießen vorbei, glitzern im Sonnenlicht. Mir ist so kalt.

Was hast du gesagt?

Du hast es mir gezeigt. Wenn wir nur mutig genug sind, können wir sie auch nähren.

Aber ich habe doch nichts mehr.

Da ist immer noch das Wilde.

Stille.

Und dann.

Würdest du noch weiter auf mich warten? Ein Weilchen noch?

Immer.

Ich tauche auf, durchbreche die Oberfläche, berste hindurch, die Luft eine brutale Gewalt in meiner Lunge. Ich weiß kaum, wie, aber plötzlich bewegt sich alles, Teile von mir klammern sich ans Leben, stoßen sich ab vom Meeresboden, befreien sich doch noch irgendwie davon, befreien sich von dieser ganzen endlosen, ertränkenden Scham.

Ich kann mich eigentlich nicht mehr bewegen, um mich wieder anzuziehen, aber irgendwie schaffe ich es, und ich kann kaum aufrecht stehen, aber irgendwie schaffe ich es, und ich kann nicht gehen, keinesfalls kann ich mehr gehen, aber ich schaffe es. Ich mache einen Schritt nach dem anderen, einen Schritt nach dem anderen.

Wir sind nicht allein hier, noch nicht. Sie sind noch nicht alle fort, und darum bleibt mir zum Ertrinken keine Zeit. Es gibt noch so viel zu erledigen.

Ich weiß nicht, wie lange es dauert. Es können Stunden gewesen sein, Tage oder Wochen. Aber schließlich sehe ich ein Fahrzeug, das über das Eis näher kommt, und ich höre das ferne *Schrapp-schrapp-schrapp* eines Hubschraubers, und ich erlaube mir, zu Boden zu sinken.

Ich werde dir nichts mehr versprechen. Das habe ich längst aufgegeben. Ich werde es dir einfach zeigen.

Epilog

Im Gefängnis von Limerick, Irland, sechs Jahre später

Es regnet, als ich zum zweiten Mal aus diesen Mauern entlassen werde, und anders als beim ersten Mal bin ich diesmal nicht ganz ausgedörrt vom Durst nach einem Ende, ich bin voll bis zum Rand und habe einiges dabei, unter anderem einen hart erkämpften Studienabschluss und die Erinnerung an einen gewaltigen, unberührten Lebensraum am anderen Ende der Welt.

Ich rechne nicht damit, dass jemand auf mich wartet.

Ein dunkler Fleck hinter einem Vorhang aus Regen. Er lehnt an seinem Laster. Ohne Schirm.

Ich komme näher, glaube schon, dass es Ennis ist, vielleicht auch Anik – sie wissen alle, dass ich heute entlassen werde, aber ich hätte nie damit gerechnet, dass sie den weiten Weg zurücklegen …

Aber es ist niemand von der Besatzung der *Saghani*. Diesen Mann habe ich noch nie gesehen. Vielleicht wartet er ja gar nicht auf mich.

Trotzdem gehe ich zu ihm hinüber.

Groß ist er, schwer und grau, mit einem Ölmantel, wie ihn

Edith immer trug, wenn sie im Regen auf die Weide ging, und er trägt schmutzige Stiefel und hat Falten rund um den breiten Mund und die Augen – und dann erkenne ich ihn.

»Hallo«, sagt mein Vater.

In Dominic Stewarts Laster riecht es nach abgestandenem Kaffee, und als ich im Fußraum auf rund dreißig alte Kaffeebecher trete, wird mir auch klar, warum.

»Tut mir leid«, brummt er.

Ich zucke die Achseln und ziehe die Tür zu.

Schweigend sitzen wir da und lauschen dem Regen, der auf das Dach prasselt.

»Wohin?«, fragt Dom. Er hat einen breiten australischen Akzent, der mich zu meiner Überraschung mit einem Heimatgefühl erfüllt.

Ich versuche, mir zu überlegen, wohin er mich fahren könnte, aber mir fällt nichts ein. Stattdessen denke ich an all die Jahre, die ich damit verbracht habe, diesen Mann zu hassen, für das, was er getan hat, das, wozu er getrieben wurde, an all die Jahre, die ich damit verbracht habe, mich dafür zu schämen, wie ähnlich ich ihm doch bin, und an die Jahre, in denen ich mir einfach nur gewünscht habe, ich hätte eine Familie, selbst wenn sie nur aus einem Mitglied bestünde, einem einzigen.

»Warst du schon mal in Schottland?«, frage ich.

»Nein.«

»Lust hinzufahren?«

Er sieht zu mir, dann wieder hinaus in den Regen. Ohne ein weiteres Wort lässt er den Wagen an. Und ich sehe ganz deutlich die alte, verblasste Tätowierung auf seiner Hand. Ein Vogel.

Dom bemerkt meinen Blick und lächelt scheu. »Den mochte Iris immer am liebsten.«

Ich lächele zurück.

Mam hat mir immer eingeschärft, auf die Hinweise zu achten.

»Hinweise worauf?«, habe ich beim ersten Mal gefragt.

»Auf das Leben. Sie sind überall versteckt.«

Danksagung

Zuallererst möchte ich meiner wunderbaren Agentin Sharon Pelletier danken, die das Wagnis eingegangen ist, sich einer unbekannten australischen Autorin anzunehmen, und mich dazu ermutigt hat, dieses Buch zu schreiben. Du warst immer geduldig und hast mich unterstützt, und ohne diesen Vertrauensvorschuss gäbe es vielleicht gar keine *Zugvögel*. Zumindest hätte das Buch ohne deine harte Arbeit nie die perfekte Heimat gefunden, die es jetzt bei Flatiron hat, und dafür danke ich dir sehr.

Ein gewaltiger Dank geht auch an meine Lektorin, Caroline Bleeke, die vom ersten Moment an dieses Buch geglaubt und sich so unermüdlich dafür eingesetzt hat, den Roman noch viel stärker zu machen und ihn schließlich auf seinem Weg in die Hände des Lesepublikums zu begleiten. Caroline, du warst die absolute Traumlektorin, und ich kann dir gar nicht genug danken für deine Liebenswürdigkeit, deine Großherzigkeit und deinen Einsatz. Gleichermaßen geht mein Dank an die gesamte Belegschaft bei Flatiron, die das Potenzial des Romans erkannt und hart dafür gearbeitet hat, dieses Potenzial auch auszuschöpfen, angefangen bei der großartigen Gestaltung sowohl der Buchseiten als auch des Covers über die mutigen Marketingideen bis hin zu der internationalen Reichweite, die sie erzielen konnten. Mehr hätte ich mir nicht wünschen können.

Ich danke meiner klugen Lektorin in Großbritannien, Charlotte Humphrey, der Verlegerin Clara Farmer und dem ganzen Team bei Chatto & Windus sowie meiner reizenden australischen Verlegerin Nikki Christer und ihrem Team bei Penguin Random House. Es war mir ein Fest, mit euch zu arbeiten, und ich freue mich auf alles, was noch vor uns liegt.

Ein großer Dank geht an meinen unglaublichen Freundeskreis. Sarah Houlahan, die mir damals die ersten wissenschaftlichen Aufsätze über Küstenseeschwalben geschickt, mir mit so viel Begeisterung so viele Expertentipps gegeben und mir immer zugehört hat. Kate Selway, die das Manuskript gelesen und es einer »wissenschaftlichen Prüfung« unterzogen hat – deine Hinweise waren ganz entscheidend. Rhia Parker, die, wie eigentlich immer, die allerersten Manuskriptfassungen gelesen und mich mit vielen phantastischen Einfällen unterstützt hat. Caitlin Collins, Anita Jankovic und Charlie Cox, die sich meine Klagen über die diversen Höhen und Tiefen angehört haben, die das Schreiben von Büchern so mit sich bringt, und zwar immer mit einem Lächeln!

Ich danke auch meiner Familie, Hughen, Zoe, Nina und Hamish, für all die Liebe und Unterstützung, und Dad – danke, dass du mir die Esel erklärt hast! Ich danke meiner Großmutter Charmian und meinem verstorbenen Großvater John für seine kenntnisreiche Beschreibung, wie sich ein Schiff im Sturm bewegt. Ich danke meiner Cousine Alice, die mir Galway gezeigt und mich zu irischen Musiksessions mitgenommen hat. Ich danke meinem Bruder Liam, meiner

Großmutter Alex und vor allem meiner Mum, Cathryn – ihr drei wart so unfassbar großartig, ohne euch hätte ich dieses Buch niemals schreiben können, und ich habe ein solches Glück, dass ihr meine Familie seid. Und ich danke meinem Lebensgefährten Morgan, du warst während dieser ganzen Phase mein Fels in der Brandung, hast an mich geglaubt, meine Aufregung geteilt und mich aufgebaut, wenn es schwer wurde. Ich danke dir.

Und schließlich möchte ich den wilden Geschöpfen dieser Welt meinen Dank aussprechen und sagen, dass ich dieses Buch für euch geschrieben habe, aus der Trauer und dem Bedauern über all die von euch, die bereits vernichtet wurden, und aus der Liebe zu denen, die noch da sind. Ich hoffe aus tiefstem Herzen, dass es eine Welt ohne Tiere, wie sie in *Zugvögel* dargestellt wird, niemals geben wird.